U0122030

零点起飞学

Premiere Pro CS6

视频编辑

◎ 博雅文化 编著

清华大学出版社

北 京

内 容 简 介

本书从专业、实用的角度出发，全面、系统地讲解了Premiere Pro CS6的使用方法，内容精华、学练结合、文图对照、实例丰富，帮助学习者全面、轻松地掌握软件的所有操作并应用于实际工作中。

全书共分为11个章节，在内容安排上基本涵盖了视频编辑所使用到的全部工具与命令。其中前10章主要介绍视频编辑的基础知识及Premiere Pro CS6的使用方法、核心功能和操作技巧。第11章通过4个大型的综合案例，分别介绍Premiere在影视预告、电视广告、宣传片和电子相册中的应用，不仅使读者巩固了前面学到的技术技巧，还可以为以后的实际工作进行提前"练兵"。

本书适合从事影视动画或者后期制作的工作者，以及准备从事这项职业的读者，同时也适合作为艺术院校相关专业的学生使用。

本书随书赠送的2张DVD光盘中包括124个400分钟实例视频教学及素材、工程文件。

本书封面贴有清华大学出版社防伪标签，无标签者不得销售。

版权所有，侵权必究。侵权举报电话：010-62782989 13701121933

图书在版编目（CIP）数据

零点起飞学Premiere Pro CS6视频编辑/博雅文化 编著. —北京：清华大学出版社，2014
（零点起飞）
ISBN 978-7-302-35283-9

Ⅰ. ①零… Ⅱ. ①博… Ⅲ. ①视频编辑软件 Ⅳ. ①TN94

中国版本图书馆CIP数据核字（2014）第018872号

责任编辑：杨如林
封面设计：张　洁
责任校对：胡伟民
责任印制：何　芊

出版发行：清华大学出版社
　　　　网　　　址：http://www.tup.com.cn，http://www.wqbook.com
　　　　地　　　址：北京清华大学学研大厦 A 座　　　　邮　　编：100084
　　　　社 总 机：010-62770175　　　　　　　　　　邮　　购：010-62786544
　　　　投稿与读者服务：010-62776969，c-service@tup.tsinghua.edu.cn
　　　　质 量 反 馈：010-62772015，zhiliang@tup.tsinghua.edu.cn
印 装 者：北京鑫海金澳胶印有限公司
经　　销：全国新华书店
开　　本：190mm×260mm　　印　张：24　　　　　字　　数：870 千字
　　　　　（附 DVD 光盘 2 张）
版　　次：2014 年 6 月第 1 版　　　　　　　　　　印　　次：2014 年 6 月第 1 次印刷
印　　数：1～3000
定　　价：55.00 元

产品编号：054368-01

前　言

软件介绍

　　Adobe Premiere 是目前非线性编辑软件中最流行的软件，其数码视频编辑功能非常强大，包括尖端的色彩修正、强大的新音频控制和多个嵌套的时间轴，并专门针对多处理器和超线程进行了优化。它利用新一代基于处理器，运行于Windows 系统下的速度方面的优势，提供了能够自由渲染的编辑功能。

　　Premiere 广泛地应用于电视节目制作、广告制作及电影剪辑等领域。Adobe Premiere 以其全新的人性化界面和通用高端工具，兼顾了广大视频用户的不同需求，在一个并不昂贵的视频编辑工具箱中，提供了前所未有的生产能力、控制能力和灵活性。Adobe Premiere CS6以其强大的实时视频和音频编辑能力，成为了使用最多的视频编辑软件之一。

内容导读

　　第1章 介绍影视制作基础，线性与非线性编辑知识，Premiere 基本操作知识等内容。

　　第2章 讲解软件的基本操作知识，如工作区编辑与应用及面板的相关知识。

　　第3章 讲解标记点的添加、跳转与清除。

　　第4章 讲解素材的基本操作及素材的切割、插入、覆盖、提取、提升、嵌套和新元素的创建等剪辑的相关知识。

　　第5章 讲解常用的各种切换特效，如三维运动、伸展、光圈、卷页、叠化、擦除、映射、滑动、特殊效果与缩放。

　　第6章 讲解为视频添加与编辑特效的方法，以及17类120多种特效的用法。

　　第7章 介绍字幕的创建方法及文字属性的设置，以及设置简单的文字动画效果的方法。

　　第8章 介绍为影片添加音频添加与编辑以及添加音频特效的方法。

　　第9章 讲解将完成的节目输出成影视作品的方法。

　　第10章 通过5个案例巩固素材编辑、特效制作、字幕制作等知识及视频编辑流程。

　　第11章 通过4个综合实例的讲解，来综合运用导入素材、字幕制作、特效处理、添加背景音乐以及输出等知识。

　　本书实例涉及面广，几乎涵盖了Premiere动画设计制作的各个方面，力求使读者通过不同的实例掌握不同的知识点。

本书优点

　　⇨ 内容全面。几乎覆盖了Premiere Pro CS6中文版所有操作和命令。

　　⇨ 语言通俗易懂，讲解清晰，前后呼应。以最小的篇幅、最易读懂的语言来讲述每一项功能和每一个实例。

　　⇨ 实例丰富，技术含量高，与实践紧密结合。每一个实例都倾注了作者多年的实践经验，每一个功能都经过技术验证。

　　⇨ 版面美观，图例清晰，并具有针对性。每一个图例都经过作者精心策划和编辑。只要仔细阅读本书，就能从中能够学到很多知识和技巧。

　　参加本书编写工作的有陈月娟、刘蒙蒙、徐文秀、刘蒙蒙、任大为、刘鹏磊、白文才、于海宝、孟智青、周立超、吕晓梦、李茹、赵鹏达、张林、王雄健、李向瑞、荣立峰、李娜、王玉、刘峥、张云，在此一并表示感谢。

　　在创作的过程中，错误在所难免，希望广大读者批评指正。

编者

目　录

第1章

初识Premiere Pro CS6

本章重点：

本章主要讲解Premiere Pro CS6软件的基础知识。通过本章的学习可以了解影视的色彩编辑、常用的图形图像格式，以及Premiere Pro CS6软件的常用术语，熟悉Premiere Pro CS6强大的操作界面和丰富的菜单命令。

学习目的：

掌握线性和非线性编辑知识，影视制作的视频编辑常识与术语，安装与卸载软件的方法，快捷键的设置的方法。

参考时间：45分钟

主要知识	学习时间
1.1　认识Premiere Pro CS6	5分钟
1.2　线性与非线性编辑	5分钟
1.3　影视制作基础知识	5分钟
1.4　Premiere Pro CS6的安装、启动与退出	10分钟
1.5　文件操作	5分钟
1.6　设置键盘快捷键	5分钟
1.7　设置首选项	5分钟
1.8　实战：设置自动保存	5分钟

1.1 Premiere Pro CS6简介

Adobe Premiere Pro目前是非线性编辑软件中最流行的，是Adobe公司基于Macintosh（苹果）平台开发的视频编辑软件，其数码视频编辑功能非常强大，包括尖端的色彩修正、强大的新音频控制和多个嵌套的时间轴，并专门针对多处理器和超线程进行了优化，利用新一代基于奔腾处理器、运行于Windows XP系统下的速度方面的优势，提供了能够自由渲染的编辑功能。

它作为功能强大的多媒体视频、音频编辑软件，广泛应用于电视节目制作、广告制作及电影剪辑等领域。制作效果令人非常满意，足以协助用户更加高效地工作。Adobe Premiere Pro以其新的人性化界面和通用高端工具，兼顾了广大视频用户的不同需求，在一个并不昂贵的视频编辑工具箱中，提供了前所未有的生产能力、控制能力和灵活性。Adobe Premiere Pro是一个创新的非线性视频编辑应用程序，也是一个功能强大的实时视频和音频编辑工具，是视频爱好者使用最多的视频编辑软件之一。

Premiere可以在计算机上观看并编辑多种文件格式的电影，还可以制作用于后期节目制作的编辑制定表（Edit Decision List，EDL）。通过其他的计算机外部设备，Premiere还可以进行电影素材的采集，可以将作品输出到录像带、CD-ROM和网络上，或将EDL-输出到录像带生产系统。

1.2 线性与非线性编辑

一般来讲，电影、电视节目的制作需要专业的设备、场所及专业技术人员，这些都由专业公司来完成。不过近年来，影像作品应用领域呈现出了多样化的趋势，除了电影电视之外，在广告、网络多媒体以及游戏开发等领域也得到了充分地应用。随着摄像机的便携化、数字化以及计算机技术的普及，影像制作业走入了普通家庭。从影像存储介质角度上看，影视剪辑技术的发展经历了胶片剪辑，磁带剪辑和数字化剪辑等阶段；从编辑方式角度看，影视剪辑技术的发展经历了线性剪辑和非线性剪辑的阶段。

1.2.1 线性编辑

线性剪辑是一种基于磁带的剪辑方式。它利用电子手段，根据节目内容的要求将素材连接成新的连续画面。通常使用组合编辑将素材顺序编辑成新的连续画面，然后再以插入编辑的方式对某一段进行同样长度的替换。但要想删除、缩短、加长中间的某一段就非常麻烦了，除非将那一段以后的画面抹去，重新录制。

线性编辑方式有如下优点：

（1）能发挥磁带可随意录、随意抹去的特点。

（2）能保持与控制信号同步的连续性，组接平稳，不会出现信号不连续、图像跳闪的感觉。

（3）声音与图像可以做到完全吻合，还可各自分别进行修改。

线性编辑方式的不足之处有以下几点：

（1）效率较低。线性编辑系统是以磁带为记录载体，节目信号按时间线性排列，在寻找素材时录像机需要进行卷带搜索，只能按照镜头的顺序进行搜索，不能跳跃进行，非常浪费时间，编辑效率低下，并且对录像机的磨损也较大。

（2）无法保证画面质量。影视节目制作中一个重要的问题就是母带翻版时的磨损。传统编辑方式的实质是复制，是将源素材复制到另一盘磁带上的过程。而模拟视频信号在复制时存在着衰减，信号在传输和编辑过程中容易受到外部干扰，造成信号的损失，图像品质难以保证。

（3）修改不方便。线性编辑方式是以磁带的线性记录为基础的，一般只能按编辑顺序记录，虽然插入编辑方式允许替换已录磁带上的声音或图像，但是这种替换实际上只能替掉旧的。它要求要替换的片断和磁带上被替换的片断时间一致，而不能进行增删，不能改变节目的长度。这样对节目的修改非常不方便。

（4）流程复杂。线性编辑系统连线复杂，设备种类繁多，各种设备性能不同，指标各异，会对视频信号造成较大的衰减。并且需要众多操作人员，过程复杂。

（5）流程枯燥。为制作一段十多分钟的节目，往往要对长达四五十分钟的素材反复审阅、筛选、搭配，才能大致找出所需的段落；然后需要大量的重复性机械劳动，过程较为枯燥，会对创意的发挥产生副作用。

（6）成本较高。线性编辑系统要求硬件设备多，价格昂贵，各个硬件设备之间很难做到无缝兼容，极大地影响了硬件的性能发挥，同时也给维护带来了诸多不便。由于半导体技术发展迅速，设备更新频繁，成本较高。

对于影视剪辑来说，线性编辑是一种急需变革的技术。

1.2.2　非线性编辑

非线性编辑是相对于线性编辑而言的。非线性编辑借助计算机来进行数字化制作，几乎所有的工作都在计算机里完成，不再需要那么多外部设备，对素材的调用也非常方便，不用反反复复在磁带上寻找，突破了单一的时间顺序编辑限制，可以按各种顺序排列，具有快捷简便、随机的特性。非线性编辑可以多次编辑，信号质量始终不会变低，可节省设备人力，提高效率。非线性编辑需要专用的编辑软件和硬件，现在绝大多数的电视电影制作机构都采用了非线性编辑系统。

从非线性编辑系统的作用来看，它能集录像机、切换台、数字特技机、编辑机、多轨录音机、调音台、MIDI创作等设备于一身，几乎包括了所有的传统后期制作设备。这种高度的集成性，使得非线性编辑系统的优势更为明显，在广播电视界占据了越来越重要的地位。

非线性编辑系统

1.2.3　非线性编辑的特点

非线性编辑系统有如下特点：

（1）信号质量高。在非线性编辑系统中，信号质量损耗较大的缺陷是不存在的，无论如何编辑、复制次数有多少，信号质量都始终保持在很高的水平。

（2）制作水平高。在非线性编辑系统中，大多数的素材都存储在计算机硬盘上，可以随时调用，不必费时费力地逐帧寻找，能迅速找到需要的帧画面。整个编辑过程就像文字处理一样，灵活方便。同时，多种多样、花样翻新、可自由组合的特技方式，使制作的节目丰富多彩，将制作水平提高到一个新的层次。

（3）系统寿命长。非线性编辑系统对传统设备的高度集成，使后期制作所需的设备降至最少，有效地降低了成本。在整个编辑过程中，录像机只需要启动两次，一次输入素材，一次录制节目带。避免了录像机的大量磨损，使录像机的寿命大大延长。

（4）升级方便。影视制作水平的不断提高，对设备也不断地提出新的要求，这一矛盾在传统编辑系统中很难解决，因为这需要不断投资。而使用非线性编辑系统则能较好地解决这一矛盾。非线性编辑系统所采用的是易于升级的开放式结构，支持许多第三方的硬件和软件。通常，功能的增加只需要通过软件的升级就能实现。

（5）网络化。网络化是计算机的一大发展趋势，非线性编辑系统可充分利用网络方便地传输数码视频，实现资源共享，还可利用网络上的计算机协同创作，很方便对数码视频资源进行管理和查询。目前在一些电视台中，非线性编辑系统都在利用网络发挥着巨大的作用。

非线性编辑方式也存在如下一些缺点：

（1）需要大容量存储设备，录制高质量素材时需要更大的硬盘空间。

（2）前期摄像仍需用磁带，非线性编辑系统仍需要磁带录像机。

（3）计算机稳定性要求高，在高负荷状态下计算机可能会发生死机现象，造成工作数据丢失。

（4）制作人员综合能力要求高，要求制作人员在制作能力、美学修养、计算机操作水平等方面均衡发展。

1.3 影视制作基础知识

Premiere Pro CS6支持处理多种格式的素材文件，这大大丰富了素材来源，为制作精彩的影视作品提供了有利的条件。要制作视音频效果，应该首先将准备好的素材文件导入到Premiere Pro CS6的编辑项目中，由于素材文件的种类不同，因此导入素材文件的方法也不尽相同。

1.3.1 常用图像文件格式

Premiere Pro CS6支持的图像和图像序列格式如下：
- AI/EPS（Adobe Illustrator和Illustrator序列）
- BMP
- DPX
- EPS（Encapsulated PostScript专用打印机描述语言）
- GIF（Graphics Interchange Format图像互换格式和序列）
- ICO（仅Windows）
- JPEG(JPE、JPG、JFIF)
- PICT
- PNG
- PSD
- PSQ
- PTL/PRTL (Adobe Premiere字幕)
- TGA/ICB/VDA/VST
- TIF/TIFF（Tagged Image File Format图像和序列）

1.3.2 视频编辑常识

在影视制作中，最为基础的就是色彩的编辑和图像的处理，其次是影视的剪辑技术，对于一个剪辑员来说，Premiere Pro CS6的基础操作是非常必要的。

在影视编辑中色彩与图像是必不可少的，一个好的影视作品需要好的色彩搭配和漂亮的图片结合。另外，在制作时需要对色彩的模式、图像类型分辨率等有一个充分的了解，这样在制作中才能够知道所需的素材类型。

1. 色彩模式

在计算机中表现色彩，是依靠不同的色彩模式来实现的。下面介绍几种常用的色彩模式。

（1）RGB色彩模式

RGB是由红、绿、蓝三原色组成的色彩模式。图像中所有的色彩都是由三原色组合而来的。

三原色中的每一种色一般都可包含256种亮度级别，三个通道合成起来就可显示完整的彩色图像。电视机或监视器等视频设备就是利用光的三原色进行彩色显示的，在视频编辑中，RGB是唯一可以使用的配色方式。

在RGB图像中，每个通道一般可包含28个不同的色调。通常所提到的RGB图像包含三个通道，因而在一幅图像中可以有224（约1670万）种不同的颜色。

在Premiere中可以通过对红、绿、蓝三个通道的数值的调节，来调整对象色彩。三原色中每一种颜色都有一个0~255的取值范围，当三个值都为0时，图像为黑色，三个值都为255时，图像为白色。

（2）灰度模式

灰度模式属于非彩色模式，它只包含256级不同的亮度级别，只有一个Black通道。剪辑人员在图像中看到的各种色调都是由256种不同强度的黑色所表示的。灰度图像中的每个像素的颜色都要用8位二进制数字存储。

（3）Lab色彩模式

Lab颜色通道由一个亮度通道和两个色度通道a、b组成。其中，a代表从绿到红的颜色分量变化；b代表从蓝到黄的颜色分量变化。

Lab色彩模式作为一个彩色测量的国际标准，基于最初的CIE1931色彩模式。1976年，这个模式被定义为CIELab，它解决了彩色复制中由于不同的显示器或不同的印刷设备而带来的差异问题。Lab色彩模式是在与设备无关的前提下产生的，因此，它不考虑剪辑人员所使用的设备。

（4）HSB色彩模式

HSB色彩模式基于人对颜色的心理感受而形成，它将色彩看成三个要素：色调（Hue）、饱和度（aturation）和亮度（Brightness）。因此这种色彩模式比较符合人的主观感受，可让使用者觉得更加直观。它可由底与底对接的两个圆锥体的立体模型来表示。其中轴向表示亮度，自上而下由白变黑。径向表示色饱和度，自内向外逐渐变高。而圆周方向则表示色调的变化，形成色环。

2. 图形

计算机图形可分为两种类型：位图图形和矢量图形。

（1）位图图形

位图图形也叫光栅图形，通常也称之为图像，由大量的像素组成。位图图形是依靠分辨率的图形，每一幅都包含着一定数量的像素。剪辑人员在创建位图图形时，就必须制定图形的尺寸和分辨率。数字化后的视频文件也是由连续的图像组成的。

（2）矢量图形

矢量图形是与分辨率无关的图形。它通过数学方程式来得到，由数学对象所定义的直线和曲线组成。在矢量图形中，所有的内容都是由数学定义的曲线（路径）组成，这些路径曲线放在特定位置并填充有特定的颜色。移动、缩放图片或更改图片的颜色都不会降低图形的品质。

矢量图形与分辨率无关，将它缩放到任意大小打印在输出设备上，都不会遗漏细节或损伤清晰度。因此，矢量图形是文字（尤其是小字）和粗图形的最佳选择，矢量图形还具有文件数据量小的特点。Premiere Pro CS6中的字幕里的图形就是矢量图形。

3. 像素

像素是构成图形的基本元素，是位图图形的最小单位。像素有三种特性：

（1）像素与像素间有相对位置。

（2）像素具有颜色能力，可以用bit（位）来度量。

（3）像素都是正方形的。像素的大小是相对的，它依赖于组成整幅图像像素的数量多少。

4. 分辨率

（1）图像分辨率

图像分辨率是指单位图像线性尺寸中所包含的像素数目，通常以dpi（像素/英寸）为计量单位，打印尺寸相同的两幅图像。高分辨率的图像比低分辨率的图像所包含的像素多。比如：

打印尺寸为1×1平方英寸的图像，如果分辨率为72dpi，包含的像素数目就为5184（72×72=5184）；如果分辨率为300dpi，图像中包含的像素数目则为90000。

要确定使用的图像分辨率。应考虑图像最终发布的媒介。如果制作的图像用于计算机屏幕显示，图像分辨率只需满足典型的显示器分辨率（72dpi或96dpi）即可。如果图像用于打印输出，那么必须使用高分辨率（150dpi或300dpi），低分辨率的图像打印输出会出现明显的颗粒和锯齿边缘。如果原始图像的分辨率较低，由于图像中包含的原始像素的数目不能改变，因此。仅提高图像分辨率不会提高图像品质。

（2）显示器分辨率

显示器分辨率是指显示器上每单位长度显示的像素或点的数目。通常以dpi（点/英寸）为计量单位。显示器分辨率决定于显示器尺寸及其像素设置，PC显示器典型的分辨率为96dpi。在平时的操作中，图像的像素被转换成显示器像素或点，这样，当图像的分辨率高于显示器的分辨率时，图像在屏幕上显示的尺寸比实际的打印尺寸大。例如。在96dpi的显示器上显示1×1平方英寸、192像素/英寸的图像时，屏幕上将以2×2平方英寸的区域显示。

5. 色彩深度

视频数字化后，能否真实反映出原始图像的色彩是十分重要的。在计算机中，采用色彩深度这一概念来衡量处理色彩的能力。色彩深度指的是每个像素可显示出的色彩数，它和数字化过程中的量化数有着密切的关系。因此色彩深度基本上用多少量化数，也就是多少位（bit）来表示。显然，量化比特数较高，每个像素可显示出的色彩数目越多。8位色彩是256色；16位色彩称为中（Thousands）彩色；24位色彩称为真彩色，就是百万(Millions)色。另外。32位色彩对应的是百万+(Millions+)色，实际上它仍是24位色彩深度，剩下的8位为每一个像素存储的透明度信息，也叫Alpha通道。8位的Alpha通道，意味着每个像素均有256个透明度等级。

1.3.3　常见的影视术语

在使用Premiere Pro CS6的过程中，会涉及到许多专业术语。理解这些术语的含义，了解这些术语与Premiere Pro CS6的关系，是充分掌握Premiere Pro CS6的基础。

1. 帧

帧是组成影片的每一幅静态画面，无论是电影或者电视，都是利用动画的原理使图像产生运动。动画是一种将一系列差别很小的画面以一定速率连续放映而产生出运动视觉的技术。根据人类的视觉暂留现象，连续的静态画面可以产生运动效果。构成动画的最小单位为帧（Frame），即组成动画的每一幅静态画面，一帧就是一幅静态画面。

2. 帧速率

帧速率是视频中每秒包含的帧数。物体在快速运动时，人眼对于时间上每一个点的物体状态会有短暂的保留现象。例如在黑暗的房间中晃动一支发光的电筒，由于视觉暂留现象，看到的不是一个亮点沿弧线运动，而是一道道的弧线。这是由于电筒在前一个位置发出的光还在人的眼睛里短暂保留，它与当前电筒的光芒融合在一起，因此组成一段弧线。由于视觉暂留的时间非常短，为10^{-1}秒数量级，所以为了得到平滑连贯的运动画面，必须使画面的更新达到一定标准，即每秒钟所播放的画面要达到一定数量，这就是帧速率。PAL制影片的帧速率是25帧/秒，NTSC制影片的帧速度是29.97帧/秒，电影的帧速率是24帧/秒，二维动画的帧速率是12帧/秒。

3. 采集

采集是指从摄像机、录像机等视频源获取视频数据，然后通过IEEE 1394接口接收和翻译视频数据，将视频信号保存到计算机的硬盘中的过程。

4. 源

源指视频的原始媒体或来源。通常指便携式摄像机、录像带等。配音是音频的重要来源。

5. 字幕

字幕可以是移动文字提示、标题、片头或文字标题。

6. 故事板

故事板是影片可视化的表示方式，单独的素材在故事板上被表示成图像的略图。

7. 画外音

对视频或影片的解说、讲解通常称为画外音，经常使用在新闻、记录片中。

8. 素材

素材是指影片中的小片段，可以是音频、视频、静态图像或标题。

9. 转场（转换、切换）

转场就是在一个场景结束到另一个场景开始之间出现的内容。通过添加转场，剪辑人员可以将单独的素材和谐地融合成一部完整的影片。

10. 流

这是一种新的Internet视频传输技术，它允许视频文件在下载的同时被播放。流通常被用于大的视频或音频文件。

11. NLE

NLE是指非线性编辑。传统的在录像带上的视频编辑是线性的，因为剪辑人员必须将素材按顺序保存在录像带上，而计算机的编辑可以排成任何顺序，因此被称为非线性编辑。

12. 模拟信号

模拟信号是指非数字信号。大多数录像带使用的是模拟信号，而计算机则使用的是数字信号，用1和0处理信息。

13. 数字信号

数字信号是用1和0组成的计算机数据，是相对于模拟信息的数字信息。

14. 时间码

时间码是指用数字的方法表示视频文件的一个点相对于整个视频或视频片段的位置。时间码可以用于做精确的视频编辑。

15. 渲染

渲染是将节目中所有源文件收集在一起，创建最终的影片的过程。

16. 制式

所谓制式，就是指传送电视信号所采用的技术标准。基带视频是一个简单的模拟信号，由视频模拟数据和视频同步数据构成，用于接收端正确地显示图像，信号的细节取决于应用的视频标准或者"制式"（NTSC/PAL/SECAM）。

17. 节奏

一部好片子的形成大多都源于节奏。视频与音频紧密结合，使人们在观看某部片子的时候，不但有情感的波动，还要在看完一遍后对这部片子整体有个感觉，这就是节奏的魅力，它是音频与视频的完美结合。节奏是在整体片子的感觉基础上形成的，它也象征一部片子的完整性。

18. 宽高比

视频标准中的第2个重要参数是宽高比，可以用两个整数的比来表示，也可以用小数来表示，如4:3或1.33。电影、SDTV（标清电视）和HDTV（高清晰度电视）具有不同的宽高比，SDTV的宽高比是4:3或1.33；HDTV和扩展清晰度电视（EDTV）的宽高比是16:9或1.78；电影的宽高比从早期的1.333到宽银幕的2.77。由于输入图像的宽高比不同，便出现了在某一宽高比屏幕上显示不同宽高比图像的问题。像素宽高比是指图像中一个像素的宽度和高度之比，帧宽高比则是指图像的一帧的宽度与高度之比。某些视频输出使用相同的帧宽高比。但使用不同的像素宽高比。例如，某些NTSC数字化压缩卡产生4∶3的帧宽高比，使用方像素（1.0像素比）及640×480分辨率；DV-NTSC采用4∶3的帧宽高比，但使用矩形像素（0.9像素比）及720×486分辨率。

1.4 | Premiere Pro CS6的安装、启动与退出

在计算机中安装了Premiere Pro CS6后，就可以使用它来编辑制作各种视音频作品了，下面将介绍Premiere Pro CS6的安装、启动及退出。

1.4.1　安装 Premiere Pro CS6

步骤1　将Premiere Pro CS6的安装光盘放入计算机的光驱中，双击"Set-up.exe"，运行安装程序，首先进行初始化。

步骤2　初始化完成后弹出欢迎对话框，然后单击"安装"选项。

安装初始化

步骤3　在弹出的Adobe软件许可协议对话框中阅读Premiere Pro CS6的许可协议，并单击"接受"按钮。

单击"安装"选项

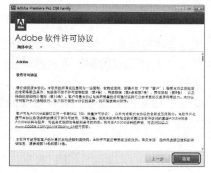

许可协议

步骤4　在弹出的对话框中输入序列号，并单击"下一步"按钮。

步骤5　在弹出的选项对话框中设置产品的安装路径，在这里使用默认的安装路径，然后单击"安装"按钮。

输入序列号

设置安装路径

步骤6　弹出安装进度对话框。

步骤7　安装完成后，弹出安装完成提示对话框，然后单击"关闭"按钮。

安装进度

安装完成

提示：
单击"浏览"按钮可以自定义文件的安装位置。

步骤8　选择"开始丨所有程序丨Adobe"命令，选择"Premiere Pro CS6"选项，单击鼠标右键，在快捷菜单中选择"发送到丨桌面快捷方式"命令，在桌面创建Premiere Pro CS6的快捷方式。

创建快捷方式

1.4.2　启动Premiere Pro CS6

Premiere Pro CS6安装完成后，可以选择"开始丨程序"选项，在弹出的子菜单中单击"Premiere Pro CS6"选项，或在桌面上双击 （Premiere Pro CS6）图标启动。

步骤1　在桌面上双击 图标，启动Premiere Pro CS6程序，在启动过程中会弹出信息面板。

步骤2　进入欢迎界面，单击面板上的"新建项目"按钮。

启动时的信息面板

欢迎界面

在欢迎界面中，除"新建项目"按钮外，还包括以下几个按钮。

打开项目：用于打开一个已有的项目文件。

帮助：用于打开软件本身所带的帮助文件。

最近使用项目：在它下面会列出最近编辑或打开过的项目文件名。

退出：退出Premiere Pro CS6软件。

步骤3　进入"新建项目"对话框，在该对话框中可以设置项目文件的格式、编辑模式、帧尺寸，单击"位置"右侧的"浏览"按钮，可以选择文件保存的路径，在"名称"右侧的文本框中输入当前项目文件的名称，然后单击"确定"按钮。

步骤4　系统弹出"新建序列"对话框。设置完序列参数后，单击"确定"按钮。

步骤5　进入Premiere Pro CS6的工作界面，然后就可以进行编辑工作了。

"新建项目"对话框

"新建序列"对话框

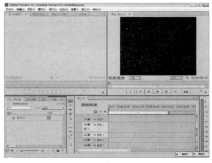

Premiere Pro CS6工作界面

1.4.3 退出Premiere Pro CS6

在Premiere Pro CS6软件中编辑完成后,可进行关闭操作,具体的操作步骤如下。

步骤1 当编辑完成后,执行"文件|退出"命令(或按Ctrl+Q快捷键)。

步骤2 此时会弹出提示对话框,提示用户是否对当前项目文件进行保存,其中包括下面三个按钮。

"是":可以对当前项目文件进行保存,然后关闭软件。

"否":可以直接退出软件。

"取消":回到编辑项目文件中,不退出软件。

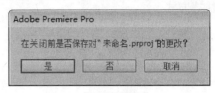

提示对话框

还有另一种方法,是对当前编辑过的项目文件先进行保存,然后再退出软件,这种操作比上面的方法麻烦,但是可以避免操作上的错误。

步骤1 保存当前编辑的项目。

步骤2 选择"文件|关闭项目"命令,这样只会关闭当前项目文件,返回到欢迎界面中。

步骤3 在欢迎界面中单击"退出"按钮,退出Premiere Pro CS6软件。

| 1.5 | 文件操作

在创建项目文件时,系统会要求保存项目文件。在编辑过程中,用户也应该养成随时保存项目文件的习惯,这样可以避免因为停电、死机等意外事件而造成的数据丢失。可以手动保存项目文件,也可以自动保存项目文件,下面将分别对其进行介绍。

保存项目文件

在编辑过程中,用户完全可以根据自己的感觉来随时对项目文件进行保存,操作虽然繁琐一点,但是对于预防工作数据丢失是非常有用的。手动保存项目文件的操作步骤如下。

步骤1 在Premiere Pro CS6工作界面中,执行"文件|保存"命令。系统直接将项目文件保存。

步骤2 如果要改变项目文件的名称或者保存路径,就应该选择"文件|另存为"命令。

步骤3 系统会弹出"保存项目"对话框,用户可在这里设置项目文件的名称和保存路径,然后单击"保存"按钮,就可以将项目文件保存起来。

选择"保存"命令

选择"另存为"命令

"另存为"对话框

提示:

按Ctrl+S快捷键可以快速保存项目文件。

| 1.6 | 设置键盘快捷键

在Premiere Pro CS6中，为了工作方便快捷，软件中提供了对键盘的按键设置和建立键盘布局预设的功能，这一功能不但提高了工作效率，还适应了用户的操作习惯。

1.6.1 新建键盘布局预设

创建键盘与设置步骤如下。

步骤1 执行"编辑｜键盘快捷方式"命令，即可弹出"键盘快捷键"对话框。

选择"键盘快捷方式"命令

"键盘快捷键"对话框

对话框为键盘布局预设命名

步骤2 在弹出的"键盘快捷键"对话框设置完成快捷键后，在键盘布局预设右侧单击"另存为"按钮，即可弹出"键盘布局设置"对话框，在"键盘布局预设名称"文本框中为键盘布局预设命名，然后单击"保存"按钮，即可完成新建键盘布局预设。

1.6.2 删除键盘预设

删除键盘预设的步骤如下。

步骤1 执行"编辑｜键盘快捷方式"命令，弹出"键盘快捷键"对话框，在弹出的"键盘快捷键"对话框中选择"键盘布局预设"右侧的下三角 ▼ ，在弹出下拉列表中选择"自定义"，然后单击"删除"按钮。

步骤2 弹出提示对话框，单击"确定"按钮，即可完成对键盘布局预设的删除。

选择"自定义"命令

单击"确定"按钮

1.6.3　编辑键盘快捷键

编辑快捷键的步骤如下。

步骤1　执行"编辑 | 键盘快捷方式"命令，弹出"键盘快捷键"对话框，在对话框中选择"注释"下需要设置或更改快捷键的"命令"。

步骤2　然后在"键盘快捷键"对话框中单击"编辑"按钮，即可在"快捷键"下对选择的"命令"设置快捷键，设置完成后单击"确定"按钮，即可完成设置快捷键。

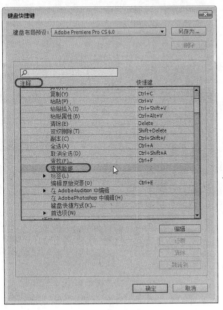

选中要编辑的命令

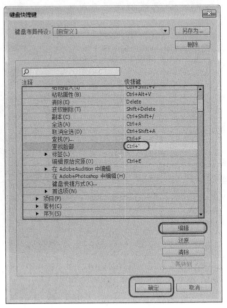

设置快捷键

1.6.4　还原键盘快捷键

还原键盘快捷键的步骤如下。

步骤1　对任意键盘布局预设做出更改，单击"还原"命令，将更改。

步骤2　执行该操作后即可完成对键盘布局预设中"注释"下命令快捷键的还原。

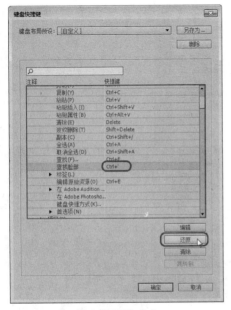

单击"还原"命令

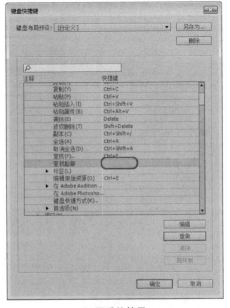

还原后的效果

1.6.5　清除键盘快捷键

清除键盘快捷键的步骤如下。

步骤1　选择键盘布局预设下的任意"注释"下的命令，单击"清除"命令，即可清除预设的快捷键。	**步骤2**　执行清除快捷键预设操作后的效果。

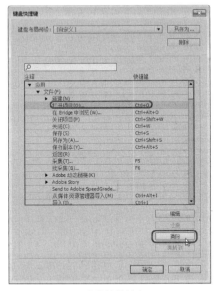

清除快捷键

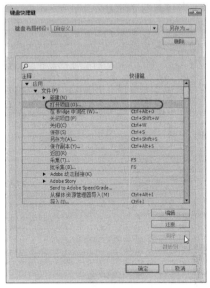

清除后的效果

1.6.6　跳转到快捷键

当我们在设置快捷键时会发现，有些快捷键是被占用的，这些被占用的快捷键在什么位置呢？下面介绍跳转到被占用快捷键位置的步骤。

步骤1　在"键盘快捷键"对话框中，选择"注释"下未被设置快捷键的任意命令，为其设置一个被占用的快捷键，这时对话框中会出现提示。

步骤2　单击"跳转到"按钮后即可跳转到占用快捷键的命令处。

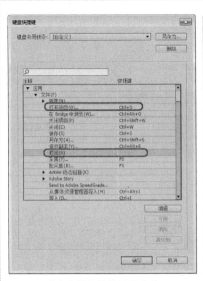

选中未设置快捷键的命令

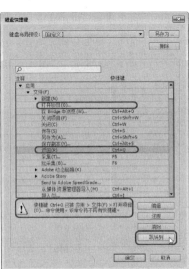

为其设置被占用的快捷键

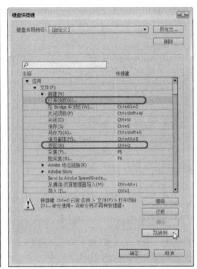

跳转到占用快捷键的命令处

1.6.7　搜索快捷键

搜索快捷键的步骤如下。

步骤1　在"键盘快捷键"对话框中的搜索框中输入要查询的快捷键，即可找到要查询的快捷键。

输入要查询的快捷键

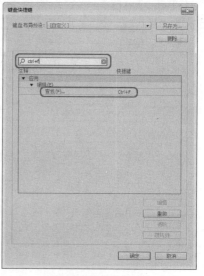

找到要查询的快捷键

|1.7 | 设置首选项

在首选项中，设置"常规"、"界面"、"音频"、"保存"等选项，可以改变软件的外观、输出和保存等。

1.7.1　设置界面亮度

设置界面亮度的步骤如下。

步骤1　执行"编辑|首选项|界面"命令，即可在弹出的对话框中设置界面亮度。

步骤2　在弹出的对话框中单击滑块并拖动可改变界面的亮度，单击"确定"按钮，完成改变界面亮度。

选择"界面"命令

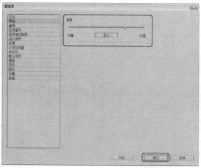

设置"首选项"对话框

拖动滑块改变界面亮度

1.7.2　实战：设置自动保存

设置自动保存的操作步骤如下。

步骤1　在Premiere Pro CS6的主界面中，选择"编辑|首选项|自动保存"命令。

步骤2　在弹出的"首选项"对话框的"自动保存"选项组中，勾选"自动保存"复选框，然后设置"自动保存间隔"和"最多项目保存数量"参数，单击"确定"按钮完成。

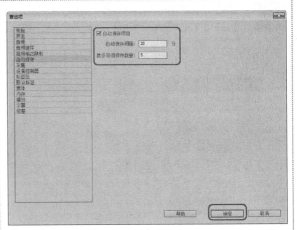

| 选择"自动保存"选项 | 设置"自动保存"选项 |

提示：

　　设置自动保存选项之后，在工作过程中，系统就会按照设置的时间间隔定时对项目文件进行保存，避免丢失工作数据。

1.8 实战：设置标签颜色

　　对标签颜色的设置步骤如下。

步骤1　打开Premiere新建序列，命名为"序列01"。

步骤2　在序列01右侧的颜色块处单击选中，然后单击鼠标右键，在弹出的快捷菜单中执行"标签 I Violet"命令。

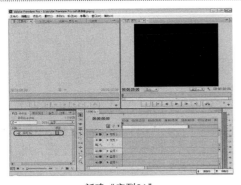

| 新建"序列01" | 选择"Violet" |

步骤3　执行该操作后的效果。

步骤4　执行"编辑 I 首选项 I 标签色"命令，即可在弹出的对话框中设置标签色。

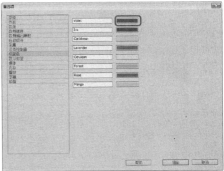

| 改变标签后的效果 | 选择"标签色" | 弹出对话框 |

步骤5 在弹出的对话框中单击颜色块，即可弹出"颜色拾取"对话框。

步骤6 选择一种颜色后即可改变该项的标签色。

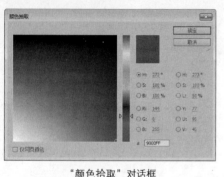

"颜色拾取"对话框

改变标签色后的效果

1.9 操作答疑

本章主要讲解了Premiere Pro CS6软件的一些基础知识。在这里将举出多个常见问题进行解答，以方便读者巩固前面所学习的知识。

1.9.1 专家答疑

（1）创建文件后如何快速保存文件？

答：在创建文件后可以通过按Ctrl+S键对文件进行快速保存。

（2）如何预防软件发生崩溃，而文件却没保存的问题？

答：可以通过在首选项中设置自动保存的间隔时间来预防文件丢失。

1.9.2 操作习题

1. 选择题

（1）RGB色彩模式是由（　　）三原色组成的色彩模式。

A. 红色、绿色和蓝色　　　　　B. 红色、黄色和蓝色

C. 红色、白色和蓝色　　　　　D. 红色、绿色和青色

（2）PAL制影片的帧速率是（　　）。

A. 25帧/秒　　　　　　　　　B. 29.97帧/秒

C. 24帧/秒　　　　　　　　　D. 12帧/秒

2. 填空题

（1）色彩模式包括：_____、_____、_____、_____。

（2）非线性编辑系统有如下特点：_____、_____、_____、_____。

3. 操作题

参考1.4.1节，安装Premiere Pro CS6。

第2章

基本操作

本章重点：

　　本章主要讲解应用工作区、编辑工作区以及面板的基本知识。大部分素材都是在工作区和面板中进行处理的，熟练掌握这些基础操作，对以后章节的学习有很大的益处。

学习目的：

　　熟练掌握工作区与工作面板的知识及操作方法。

参考时间：30分钟

主要知识	学习时间
2.1　工作区	5分钟
2.2　编辑工作区	10分钟
2.3　面板	15分钟

2.1 工作区

在Premiere Pro CS6的工作区内可以执行所有的命令和操作，并且有许多功能窗口和控制面板。用户可以根据需要，对功能窗口或面板进行打开或关闭。工作区还提供了4种预设面板布局。本节将介绍在Premiere Pro CS6中如何应用软件中的工作区。

2.1.1 应用"效果"工作区

将工作面板转换为"效果"模式，它主要用于对影片添加特效和设置。下面将具体介绍如何在Premiere Pro CS6中应用"效果"工作区面板。

步骤1 打开随书附带光盘中的"CDROM\素材\第2章\应用"效果"工作区.prproj"文件，在菜单栏中执行"窗口 | 工作区 | 效果"命令。

步骤2 操作完成后，即可查看效果。

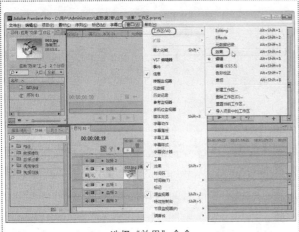

选择"效果"命令　　　　　　　　　　"效果"工作界面

2.1.2 应用"编辑"工作区

将工作面板转换为"编辑"模式，它主要用于视频片段的剪辑和连接工作。下面介绍如何在Premiere Pro CS6中应用"编辑"工作区，具体操作步骤如下。

步骤1 打开随书附带光盘中的"CDROM\素材\第2章\应用"编辑"工作区.prproj"文件，在菜单栏中执行"窗口 | 工作区 | 编辑"命令。

步骤2 操作完成后，即可查看效果。

选项"编辑"命令　　　　　　　　　　"编辑"工作区界面

2.1.3　实战:应用"色彩校正"工作区

　　将工作面板转换为"色彩校正"模式,该模式面板的特点是便于对视频素材进行颜色调节的操作。在Premiere Pro CS6中应用"色彩校正"工作区的具体操作步骤如下。

步骤1　打开随书附带光盘中的"CDROM\素材\第2章\应用"色彩校正"工作区.prproj"文件,在菜单栏中执行"窗口|工作区|色彩校正"命令。

步骤2　操作完成后,即可查看效果。

选择"色彩校正"命令

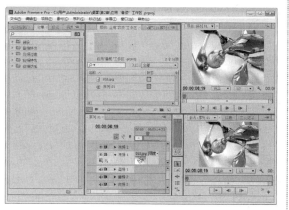

"色彩校正"工作界面

2.1.4　应用"音频"工作区

　　将工作面板转换为"音频"模式,该模式面板的特点是打开了"调音台"面板,主要用于对影片音频部分进行编辑。下面介绍如何在Premiere Pro CS6中应用"音频"工作区,具体操作步骤如下。

步骤1　打开随书附带光盘中的"CDROM\素材\第2章\应用"音频"工作区.prproj"文件,在菜单栏中执行"窗口|工作区|音频"命令。

步骤2　操作完成后,即可查看效果。

选择"音频"命令

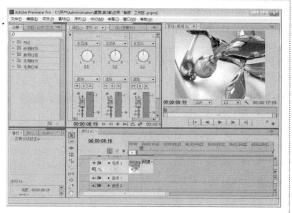

"音频"模式工具界面

2.2　编辑工作区

　　在Premiere Pro CS6中还提供了新建工作区的功能,为其工作区自定义,自定义的工作区可以更好地满足用户的工作需要,提高工作效率。

2.2.1 新建工作区

在对任意工作区做出更改后，若想保存此更改后的工作区，可以建立新的工作区，下面介绍新建工作区的操作步骤。

步骤1 打开随书附带光盘中的"CDROM\素材\第2章\新建工作区.prproj文件。	**步骤2** 在菜单栏中执行"窗口丨工作区丨新建工作区"命令。
打开素材文件	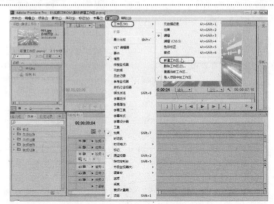选择"新建工作区"命令
步骤3 在弹出的"新建工作区"对话框中，对新建的工作区修改名称，单击"确定"按钮。	**步骤4** 操作完成后，即可完成新建工作区，可对场景进行调整位置。
"新建工作区"对话框	新建的工作区

2.2.2 实战：删除工作区

在删除工作区时需先取消选中要删除的工作区，下面将介绍如何删除工作区，具体操作步骤如下。

步骤1 打开随书附带光盘中的"CDROM\素材\第2章\应用删除工作区.prproj"文件。	**步骤2** 在菜单栏中执行"窗口丨工作区丨删除工作区"命令。
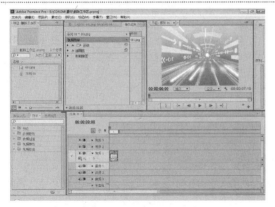打开素材文件	选择"删除工作区"命令

步骤3 弹出"删除工作区"对话框。	**步骤4** 在弹出的"删除工作区"对话框中，选择要删除的工作区，然后单击"确定"按钮，将工作区删除。

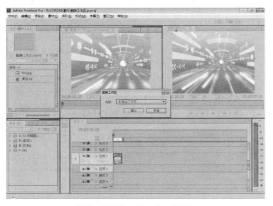

弹出"删除工作区"对话框

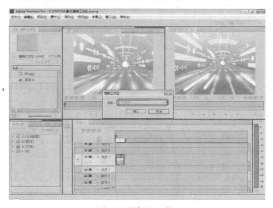

选择要删除的工作区

2.2.3 重置工作区

在对工作区做出更改后，若要恢复其初始设置，可以通过重置工作区来恢复，下面介绍重置工作区的具体操作步骤。

步骤1 打开随书附带光盘中的"CDROM\素材\第2章\重置当前工作区.prproj"文件，在菜单栏中执行"窗口\工作区\重置当前工作区"命令。	**步骤2** 在弹出的"重置工作区"对话框中单击"是"按钮，即可重置当前工作区。

选择"重置当前工作区"命令

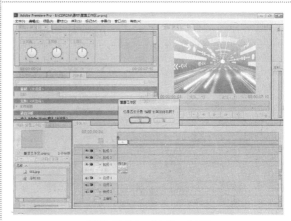

弹出"重置工作区"对话框

| 2.3 | 面板

在Premiere Pro CS6操作界面中，可以对面板进行拖曳、转为浮动面板等操作，使用户更加方便快捷地制作影片。

2.3.1 拖曳面板

步骤1 启动Premiere Pro CS6，新建项目文件。	**步骤2** 在工作区中选择要移动的面板，单击面板名称左侧的双虚线并拖动至适合的位置，松开鼠标左键，即可完成改变面板位置的操作。

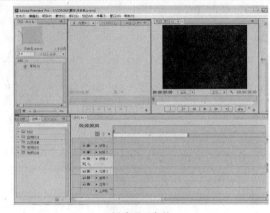

新建项目文件

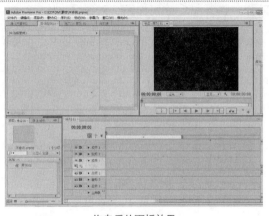

拖曳后的面板效果

2.3.2 显示浮动面板

步骤1 新建项目文件，选中需要浮动的面板，然后在面板的右端单击 按钮，在弹出的下拉列表中选择"浮动面板"命令。

步骤2 即可完成显示浮动面板。

选择"浮动"面板命令

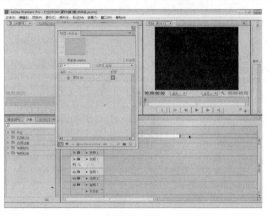

浮动的面板

2.3.3 实战：固定面板

步骤1 新建项目文件，并显示浮动的面板。

步骤2 选择浮动面板，单击该面板名称并拖动至适合的位置，松开鼠标左键即可完成固定面板的操作。

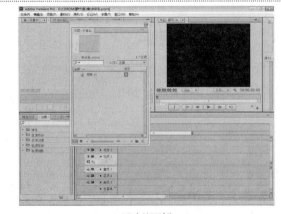

浮动的面板

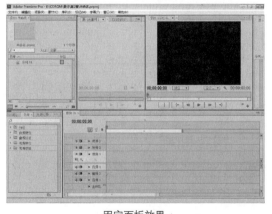

固定面板效果

2.3.4　实战：导入视音频素材

　　视频和音频素材是常用的素材文件，导入的方法也非常简单，只要计算机安装相应的视频解码器和音频播放器即可将其导入。将视音频素材导入到Premiere Pro CS6的编辑项目中的具体操作步骤如下所示。

步骤1　启动Premiere Pro CS6软件，在弹出的"欢迎使用"界面中，新建项目文件。	**步骤2**　在"新建项目"对话框中设置需要保存的路径及名称，单击"确定"按钮。

欢迎使用界面

"新建项目"对话框

步骤3　在弹出的"新建序列"对话框中，选择"序列预设"选项中的"有效预设"下的"DV-PAL l 标准48kHZ"选项，单击"确定"按钮。	**步骤4**　在新建完成后的项目文件中，选择"项目"面板中"名称"区域下的空白处，单击鼠标右键，在弹出的快捷菜单中选择"导入"命令。

选择标准"48kHZ"选项

选择"导入"命令

步骤5　在弹出的"导入"对话框中选择"CDROM\第2章\素材\导入视音频.avi"素材文件。单击"打开"按钮。	**步骤6**　即可完成导入视频素材文件，导入的素材文件在项目面板中即可查看，将其拖曳至"序列"面板中。

"导入"对话框

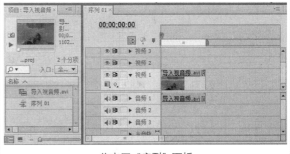

拖曳至"序列"面板

2.3.5　导入图像素材

　　图像素材是静帧文件，可以在Premiere Pro CS6中被当作视频文件使用，导入图像素材之前，应该先设置其默认持续时间，具体的操作步骤如下。

步骤1　在Premiere Pro CS6工作界面中，在菜单栏中执行"编辑|首选项|常规"命令。	**步骤2**　在弹出的对话框中将"静帧图像默认持续时间"设置为175帧，即7秒钟，然后单击"确定"按钮。
 选择"常规"命令	 设置静帧图像默认持续时间
步骤3　在菜单栏中执行"文件|导入"命令，在弹出的"导入"对话框中选择要导入文件的位置。	**步骤4**　单击"打开"按钮即可导入文件，将导入的素材图片拖动至"序列"下的视频1轨道中，执行该操作后的效果如图所示。
 "导入"对话框	 打开文件后的效果

2.3.6　实战：导入序列文件

　　序列文件是带有统一编号的图像文件。把序列图片中的一张图片导入Premiere Pro CS6，它就是静态图像文件，如果把它们按照序列全部导入，系统会自动将这个整体作为一个视频文件。操作步骤如下。

步骤1　启动Premiere Pro CS6软件，新建项目文件，并按Ctrl+I快捷键，在弹出的"导入"对话框中，打开所需的序列文件夹，可以看到里面有多个带统一编号的图像文件。	**步骤2**　选中序列图像中的第一张图片，勾选"已编号序列图像"复选框，然后单击"打开"按钮。
 "导入"对话框	 导入序列素材

步骤3　切换至以列表方式显示素材，可以看到序列文件的图标与视频文件的图标是一样的，而且它的后缀名保持为.jpg（与图片后缀一致）。	**步骤4**　在"项目"窗口中，将导入的序列文件拖动至"序列"面板下的视频1轨道中，按空格键，在"节目"监视器中可以播放预览视频的内容。
<div align="center">导入的序列图片</div>	<div align="center">播放预览视频效果</div>

2.3.7　实战：导入图层文件

　　图层文件也是静帧图像文件，与一般的图像文件不同的是，图层文件包含了多个相互独立的图像图层。在Premiere Pro CS6中，可以将图层文件的所有图层作为一个整体导入，也可以单独导入其中的一个图层。要把图层文件导入Premiere Pro CS6的编辑项目中并保持图层信息不变，可按照如下步骤进行操作。

步骤1　启动Premiere Pro CS6软件，在弹出的"欢迎使用"界面中，新建项目文件。	**步骤2**　在弹出的"新建项目"对话框中设置需要保存的路径及名称，单击"确定"按钮。
<div align="center">欢迎使用界面</div>	<div align="center">新建项目文件</div>
步骤3　在弹出的"新建序列"对话框中，选择"序列预设"选项中"有效预设"下的"DV-PAL	标准48kHZ"选项，单击"确定"按钮。	**步骤4**　在新建完成后的项目文件中，执行菜单栏中"文件	导入"命令，导入随书附带光盘中的"CDROM\素材\第2章\导入图层文件.psd"素材文件，单击"打开"按钮。
<div align="center">选择标准"48kHZ"选项</div>	<div align="center">"导入"对话框</div>

步骤5 在弹出的"导入分层文件：导入图层文件"对话框中，选择"导入为"右侧的下三角按钮▼，并在弹出的下拉菜单中选择"各个图层"选项，单击"确定"按钮即可。	**步骤6** 操作完成后，即可将图层文件导入至"项目"面板中。
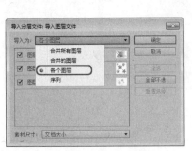	
"导入分层文件"对话框	导入至"库"项目面板

2.4 操作答疑

这章主要讲解了工作区的应用及面板的一些基础知识，下面为读者提供了比较常见的问题及详细解答，为了巩固之前所学到的内容并在后面追加了多个练习题。

2.4.1 专家答疑

（1）所有的面板是否都可以随意拖曳？

答：在Premiere Pro CS6中所有的面板都是可以随意拖动的。

（2）面板与面板是否可以组合在一起？

答：面板只能在工作窗口中随意组合。

（3）如果将工作区内的面板弄得很乱如何恢复至初始状态？

答：在菜单栏下的工作区中，选择"重置当前工作区"命令即可将当前的工作区恢复至初始状态。

2.4.2 操作习题

1. 选择题

（1）（   ）工作区主要用于对影片添加特效和设置。

A. 效果　　　　　　　B. 编辑　　　　　　　C. 彩色校正　　　　　　　D. 音频

（2）按（   ）快捷键，可弹出"导入"对话框。

A. Ctrl+I　　　　　　B. Ctrl+O　　　　　　C. Ctrl+B　　　　　　D. Ctrl+E

2. 填空题

（1）在弹出"导入分层文件：导入图层文件"对话框中，"导入为"选项分为_____、_____、_____和_____四项。

（2）各个"图层"项和"序列"项的区别是，"序列"方式会自动在_____面板中的文件夹里添加一个序列文件。

3. 操作题

结合2.1节所讲的内容，在软件中进行操作，查看各个工作区的不同。

第3章

添加与设置标记

本章重点：

　　本章主要介绍标记点的添加、跳转与清除方法，在Premiere Pro CS6中编辑一个较长的序列时，使用标记功能对齐与切换素材可以提高工作效率。

学习目标：

　　通过掌握设置标记点在序列中对齐与切换素材的方法，快速寻找目标位置；掌握添加、设置与清除标记点的基本方法。

参考时间：30分钟

主要知识	学习时间
3.1　添加标记	15分钟
3.2　跳转标记	10分钟
3.3　清除标记	5分钟

|3.1 | 添加标记

设置标记点可以帮助用户在时间线中对齐素材或切换，还可以快速寻找目标位置。

标记点和"时间线"面板中的"吸附"按钮 共同工作。若"吸附"按钮 被选中，则"时间线"面板中的素材在标记的有限范围内移动时，就会快速与邻近的标记靠齐。对于"时间线"面板以及每一个单独的素材，都可以加入100个带有数字的标记点（0～99）和最多999个不带数字的标记点。

"源"监视器面板的标记工具用于设置素材片段的标记，"节目监视器"面板的标记工具用于设置序列中时间标尺上的标记。创建标记点后，可以先选择标记点，然后移动。

3.1.1　标记入点

为"源"监视器的素材设置"标记入点"的步骤如下。

步骤1　在"项目"面板中的空白处双击鼠标，在弹出的对话框中选择随书附带光盘中的"CDROM\素材\第3章\美景.avi"素材文件。	步骤2　单击"打开"按钮，打开素材文件后，将其拖入"序列"面板中的视频轨道。
 导入素材	 拖入"序列"面板
步骤3　在"源"监视器面板中找到设置标记的位置，然后单击"标记入点"按钮 为该处添加一个的标记点，可以按键盘上的I键，或在菜单栏中选择"标记	标记入点"命令。	步骤4　在菜单栏中选择"文件	保存"命令，保存场景文件。

提示：

在按键盘上的I键添加"标记入点"时，应在英文状态下，I键才会起到作用。

添加"标记入点"

执行"保存"命令

3.1.2 标记出点

下面介绍如何应用"标记出点"，具体操作步骤如下。

步骤1 在"项目"面板中的空白处双击鼠标，在弹出的对话框中选择随书附带光盘中的"CDROM\素材\第3章\美景.avi"素材文件。	**步骤2** 单击"打开"按钮，打开素材文件后，将其拖入"序列"面板中的视频轨道。
步骤3 在"源"素材视窗中找到设置标记的位置，然后单击"按钮编辑器"按钮 ➕。	**步骤4** 在弹出的"按钮编辑器"选项表中选择"标记出点"按钮 ，将其拖到下方添加按钮，单击"确定"按钮即可添加。

按钮编辑器

标记出点

步骤5 在"源"监视器面板中找到设置标记的位置，然后单击"标记出点"按钮 ，为该处添加一个标记点，也可以按键盘上的O键，或在菜单栏中选择"标记丨标记出点"命令。

> **提示：**
>
> 在按键盘上的O键添加"标记出点"时，应在英文状态下，O键才会起到作用。

3.1.3 实战：标记素材

下面介绍如何应用"标记素材"，其具体操作步骤如下。

步骤1 在"项目"面板中的空白处双击鼠标，在弹出的对话框中选择随书附带光盘中的"CDROM\素材\第3章\海底世界.avi"素材文件。	**步骤2** 单击"打开"按钮，打开素材文件后，将其拖入"序列"面板中的视频轨道。	**步骤3** 选择轨道中的素材，在菜单栏中选择"标记丨标记素材"命令。

导入素材

拖入"序列"面板

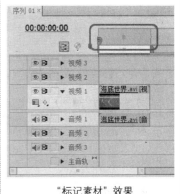

"标记素材"效果

3.1.4 标记选择

下面介绍如何应用"标记选择"，具体操作步骤如下。

步骤1 在"项目"面板中的空白处双击鼠标，在弹出的对话框中选择随书附带光盘中的"CDROM\素材\第3章\美景2.avi"素材文件。	**步骤2** 单击"打开"按钮，打开素材文件后，将其拖入"序列"面板中的视频轨道。	**步骤3** 选择轨道中的素材，在菜单栏中选择"标记	标记选择"命令。
 导入素材	 拖入"序列"面板	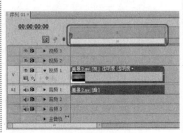 "标记选择"效果

3.1.5 添加标记点

下面介绍如何应用"添加标记点"，具体操作步骤如下。

步骤1 在"项目"面板中的空白处双击鼠标，在弹出的对话框中选择随书附带光盘中的"CDROM\素材\第3章\花.avi"素材文件。	**步骤2** 单击"打开"按钮，打开素材文件后，将其拖入"序列"面板中的视频轨道。
 "导入"素材	 拖入"序列"面板
步骤3 在"源"监视面板中找到设置标记的位置，然后单击"按钮编辑器"按钮 ➕。	**步骤4** 在弹出的"按钮编辑器"选项表中选择"添加标记"按钮 🔻，将其拖到下方添加按钮，单击"确定"按钮即可添加。
 按钮编辑器	 添加标记按钮

步骤5 在"源"监视器面板中找到设置标记的位置，然后单击"添加标记"按钮 ▼ 即可为该处添加一个标记点，也可以按键盘上的M键，或在菜单栏中选择"标记|添加标记"命令。

> 💡 **提示：**
>
> 在按键盘上的M键添加"添加标记"时，应在英文状态下，M键才会起到作用。

添加标记

选择"添加标记"命令

3.2 跳转标记

本节介绍为"源"监视器的素材设置"跳转标记"的方法。

3.2.1 跳转入点

下面介绍如何应用"跳转入点"，具体操作步骤如下。

步骤1 在"项目"面板中的空白处双击鼠标，在弹出的对话框中选择随书附带光盘中的"CDROM\素材\第3章\雪山.avi"素材文件。

步骤2 单击"打开"按钮，打开素材文件后，将其拖入"序列"面板中的视频轨道。

导入素材

拖入"序列"面板

步骤3 在"序列"面板轨道中双击素材，素材就会显示在"源"素材监视器面板中。

步骤4 在"源"素材监视器面板中，找到设置标记的位置，然后单击"标记入点"按钮 ｛ ，为该处添加一个的标记点，可以按键盘上的I键，或在菜单栏中选择"标记|标记入点"命令。

双击"素材"

选择"标记入点"

步骤5 执行"跳转入点"命令，在"源"素材监视器面板中，单击"跳转入点"按钮 ⁅ 就可以跳转到先前设置的入点位置，也可以在菜单栏中选择"标记 | 跳转入点"命令。

3.2.2 跳转出点

在"项目"面板中的空白处双击鼠标，在弹出的对话框中选择随书附带光盘中的"CDROM\素材\第3章\滑雪.avi"素材文件。单击"打开"按钮，打开素材文件后，将其拖入"序列"面板中的视频轨道。在"序列"面板轨道中双击素材，素材就会显示在"源"素材监视器面板中。在"源"素材监视器面板中找到设置标记的位置，然后单击"标记出点" ⁆ 按钮，为该处添加一个标记点。接下来执行"跳转出点"命令，在"源"素材监视器面板中，单击"跳转出点"按钮 ⁆ 就可以跳转到先前设置的入点位置，也可以在菜单栏中选择"标记 | 跳转出点"命令。

| 3.3 | 清除标记

用户可以随时将不需要的标记点删除。本小节将介绍为"源"监视器的素材清除标记的方法。

3.3.1 清除入点

下面介绍如何应用"清除入点"，具体操作步骤如下。

| **步骤1** 在"项目"面板中的空白处双击鼠标，在弹出的对话框中选择随书附带光盘中的"CDROM\素材\第3章\云.avi"素材文件。 | **步骤2** 单击"打开"按钮，打开素材文件后，将其拖入"序列"面板中的视频轨道。 |

导入素材

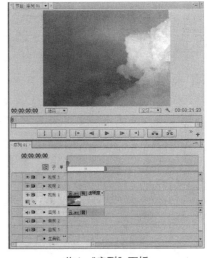

拖入"序列"面板

步骤3　在"节目"序列监视面板中，找到设置标记的位置，然后单击"按钮编辑器"按钮➕。

步骤4　在弹出的"按钮编辑器"选项表中选择"标记入点"按钮，将其拖到下方添加按钮，单击"确定"按钮即可添加。

按钮编辑器

选择"标记入点"

步骤5　在"节目"序列监视面板中，单击"标记入点"按钮，为该处添加一个标记点，可以按键盘上的I键，或在菜单栏中选择"标记"|"标记入点"命令，为素材添加一个"标记入点"。

步骤6　标记入点完成后，单击"按钮编辑器"按钮➕。

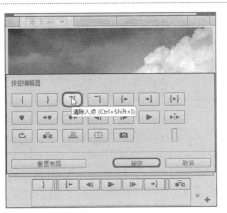

选择"清除入点"

步骤7　在弹出的"按钮编辑器"选项表中选择"清除入点"按钮，将其拖到下方添加按钮，单击"确定"按钮即可添加。

步骤8　选中"节目"序列监视面板，单击"清除入点"按钮，即可清除标记的入点。

3.3.2　清除出点

在"项目"面板中的空白处双击鼠标，在弹出的对话框中选择随书附带光盘中的"CDROM\素材\第3章\云.avi"素材文件。单击"打开"按钮，打开素材文件后，将其拖入"序列"面板中的视频轨道。在"节目"序列监视面板中找到设置标记的位置，然后单击"按钮编辑器"按钮➕。在弹出的"按钮编辑器"选项表中选择"标记出点"按钮，将其拖到下方添加按钮，单击"确定"按钮即可添加。在"节目"序列监视面板中，单击"标记出点"按钮，为该处添加一个标记点，可以按键盘上的O键，或在菜单栏中选择"标记 | 标记出点"命令，为素材添加一个"标记出点"。标记出点完成后，单击"按钮编辑器"按钮➕。在弹出的"按钮编辑器"选项表中选择"清除出点"按钮，将其拖到下方添加按钮，单击"确定"按钮即可添加。选中"节目"序列监视面板，单击"清除出点"按钮，即可清除标记出点。

3.3.3　清除入点和出点

下面介绍如何应用"清除入点和出点"，具体操作步骤如下。

步骤1　在"项目"面板中的空白处双击鼠标，在弹出的对话框中选择随书附带光盘中的"CDROM\素材\第3章\云.avi"素材文件。

步骤2　单击"打开"按钮，打开素材文件后，将其拖入"序列"面板中的视频轨道。

"导入"素材

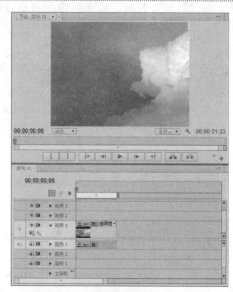

拖入"序列"面板

步骤3 在"节目"监视面板中找到设置标记的位置，然后单击"按钮编辑器"按钮 ➕。

步骤4 在弹出的"按钮编辑器"选项表中选择"标记入点"按钮 {，将其拖到下方添加按钮，单击"确定"按钮即可添加。

按钮编辑器

选择"标记入点"

步骤5 在"节目"监视面板中，单击"标记入点"按钮 {，为该处添加一个标记入点。

步骤6 在菜单栏中选择"标记｜标记出点"命令，即可为素材添加一个"标记出点"。

标记入点

标记出点

步骤7　标记完成后，选择菜单栏中的"标记 | 清除入点和出点"命令。

步骤8　执行完"清除入点和出点"命令后的效果。

清除入点和出点

清除入点和出点后

3.3.4　实战：清除所有标记

下面介绍如何应用"清除所有标记"，其具体操作步骤如下。

步骤1　在"项目"面板中的空白处双击鼠标，在弹出的对话框中选择随书附带光盘中的"CDROM\素材\第3章\云.avi"素材文件。

步骤2　单击"打开"按钮，打开素材文件后，将其拖入"序列"面板中的视频轨道。

导入素材

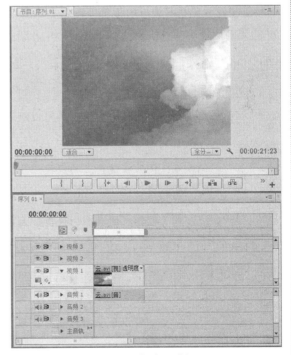

拖入"序列"面板

步骤3　在"节目"监视面板中，找到添加标记的位置，单击"添加标记"按钮 。

步骤4　添加完标记后，在菜单栏中选择"标记 | 清除当前标记"命令，即可清除标记。

选择"添加标记"

清除所有标记

> **提示：**
>
> 如果要删除单个标记点，选择需要删除的标记，单击鼠标右键，在弹出的快捷菜单中选择"清除当前标记"命令。要删除所有标记，单击鼠标右键，在弹出快捷菜单中选择"清除所有标记"命令。

3.4 | 操作答疑

下面将举出常见问题并对其进行详细解答。在后面追加多个练习题，以方便读者巩固前面所学的知识。

3.4.1 专家答疑

（1）为何在添加标记的时候，无法使用快捷键？

答：应该切换到英文状态下才可以完成添加标记。

（2）"源"面板和"节目"面板中创建标记有何不同？

答："源"监视器面板的标记工具用于设置素材片段的标记，"节目监视器"面板的标记工具用于设置序列中时间标尺上的标记。

3.4.2 操作习题

1. 选择题

（1）面板以及每一个单独的素材，都可以加入（　　）个带有数字的标记点。

A.99　　　　　　B.100　　　　　　C.101

（2）"标记入点"按钮在键盘上的快捷键为（　　）。

A.I　　　　　　B.O　　　　　　C.L

（3）"标记出点"按钮在键盘上的快捷键为（　　）。

A.I　　　　　　B.O　　　　　　C.U

2. 填空题

（1）"添加标记"的快捷键为_____键。

（2）设置_____可以帮助用户在时间线中对齐素材或切换，还可以快速寻找目标位置。

3. 操作题

参照3.1.3节的操作步骤，为一段视频添加标记。

第**4**章

视频剪辑

本章重点：

    本章将重点讲解素材的操作与裁剪，以及素材的切割、插入、覆盖、提取、提升、嵌套等编辑操作知识。

学习目的：

    一个剪辑人员对于剪辑理论的掌握是非常必要的。通过本章的学习，可以使读者掌握剪辑视频的方法。

参考时间：70分钟

主要知识	学习时间
4.1 素材的基本操作	30分钟
4.2 裁剪素材	10分钟
4.3 编辑素材	20分钟
4.4 群组和嵌套	5分钟
4.5 创建新元素	5分钟

4.1 素材的基本操作

导入素材文件后，可以根据需要重命名素材、同步素材、禁用素材和替换素材等，这些都是关于素材的一些最基本的操作，也是最简单的。

4.1.1 在"项目"面板中为素材重命名

将素材文件导入至"项目"面板后，还可以根据需要为其重命名，具体操作步骤如下。

步骤1 在"项目"面板的空白处双击鼠标，弹出"导入"对话框，选择随书附带光盘中的"CDROM\素材\第4章\001.avi"文件。	**步骤2** 单击"打开"按钮，即可将选中的素材文件添加到"项目"面板中。

选择素材文件

导入的素材文件

步骤3 确认该素材处于选中状态，在菜单栏中选择"素材	重命名"命令。	**步骤4** 执行该操作后，即可在"项目"面板中为该素材文件进行命名，重命名后在空白处单击鼠标左键即可。

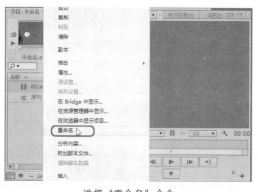
选择"重命名"命令

重命名素材

提示：

在选择的素材文件上单击鼠标右键，在弹出的快捷菜单中选择"重命名"命令，也可以为素材文件进行命名。

4.1.2 在"序列"面板中为素材重命名

将素材拖至"序列"面板后，可将其进行重命名，下面介绍在"序列"面板中为素材重命名的具体操作步骤。

步骤1 在"序列"面板中选择需要重新命名的素材文件，并单击鼠标右键。	**步骤2** 在弹出的快捷菜单中选择"重命名"命令，弹出"重命名素材"对话框，在该对话框中可以输入新的素材名称。	**步骤3** 输入完成后，单击"确定"按钮，即可重命名素材文件。

选择"重命名"命令

输入名称

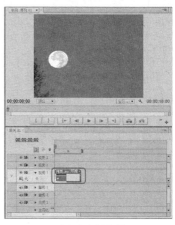

重命名素材文件

4.1.3 制作子素材

在Premiere Pro CS6中，可以基于选择的素材文件制作出子素材文件。下面介绍制作子素材的具体操作步骤。

步骤1 在"序列"面板中选择素材文件，然后在菜单栏中选择"素材|制作子素材"命令。	**步骤2** 弹出"制作子素材"对话框，在该对话框中可以为子素材文件命名。	**步骤3** 命名完成后，单击"确定"按钮，即可制作一个子素材文件。

选择"制作子素材"命令

为子素材文件命名

子素材文件

4.1.4 编辑子素材

制作完子素材后，用户可以根据需要对其进行编辑，从而达到需要的效果，下面介绍在Premiere Pro CS6中编辑子素材文件的具体操作步骤。

步骤1 在"项目"面板中选择子素材，在菜单栏中选择"素材\|编辑子素材"命令。

步骤2 弹出"编辑子素材"对话框，在该对话框中可以设置子素材的持续时间和结束时间，也可以将子素材转换为主素材，在这里将"开始"时间设置为00:00:10:00。

选择"编辑子素材"命令

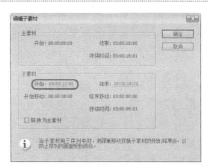

"编辑子素材"对话框

步骤3 设置完成后，单击"确定"按钮，即可改变子素材的开始时间，可以将其拖曳至"序列"面板中，并在"节目"面板中预览效果。

4.1.5 同步素材

同步素材可以让两个或多个素材文件同步播放或同步结束，下面介绍同步素材的具体操作步骤。

步骤1 在"序列"面板中选择需要同步的素材文件，然后在菜单栏中选择"素材|同步"命令。	**步骤2** 弹出"同步素材"对话框，在该对话框中可以设置同步点，在这里勾选"素材开始"复选框。	**步骤3** 然后单击"确定"按钮，即可同步选中的素材文件。
 选择素材文件	 "同步素材"对话框	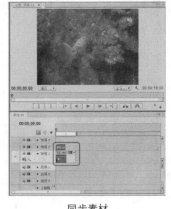 同步素材

4.1.6 禁用素材

为了更好地观察不同的素材效果，用户可以根据需要禁用不必要的素材文件，下面介绍禁用素材的具体操作步骤。

步骤1 在"序列"面板中选择需要禁用的素材文件。	**步骤2** 然后在菜单栏中选择"素材|启用"命令。	**步骤3** 执行该操作后，即可禁用选择的素材文件，被禁用的素材文件不会在"节目"面板中显示出来。
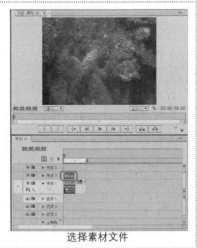 选择素材文件	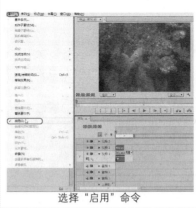 选择"启用"命令	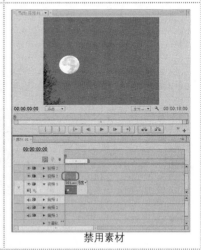 禁用素材

4.1.7 分析内容

下面介绍在Premiere Pro CS6中如何分析内容，具体操作步骤如下。

步骤1 在"项目"面板中选择需要进行分析的素材文件，然后在菜单栏中选择"素材|分析内容"命令。	**步骤2** 弹出"分析内容"对话框，直接单击"确定"按钮即可。	**步骤3** 此时系统将会启动"Media Encoder"对该对象进行分析。

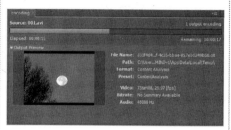

选择素材文件	"分析内容"对话框	分析内容

4.1.8　设置素材速度/持续时间

在Premiere Pro CS6中，可以根据需要设置素材的播放速度和持续时间，一般情况下，改变了素材的持续时间，也会改变素材的播放速度；或者可以在改变持续时间的同时，不改变播放速度。下面介绍如何设置素材速度/持续时间，具体操作步骤如下。

步骤1　在"序列"面板中选择需要进行设置的素材文件。	**步骤2**　单击鼠标右键，在弹出的快捷菜单中选择"速度/持续时间"命令。

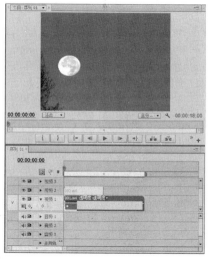

选择素材文件

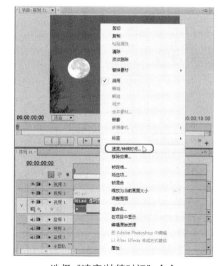

选择"速度/持续时间"命令

步骤3　弹出"素材速度/持续时间"对话框，在该对话框中将"持续时间"设置为"00:00:10:00"，此时可以看到"速度"也发生了变化，单击"确定"按钮。	**步骤4**　即可更改素材的持续时间和播放速度。

"素材速度/持续时间"对话框

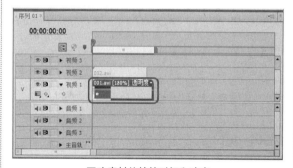

更改素材的持续时间和速度

4.1.9 实战：实现镜头快慢播放效果

　　本例介绍如何实现镜头快慢播放效果，该例主要是将一段视频文件切割成两段，并分别设置其播放速度。

步骤1 运行Premiere Pro CS6软件，在弹出的欢迎界面中单击"新建项目"按钮，打开"新建项目"对话框，在该对话框中设置文件位置并输入"名称"。

步骤2 单击"确定"按钮，在打开的"新建序列"对话框中选择"DV-PAL"下的"标准48kHz"，使用默认的序列名称即可，单击"确定"按钮。

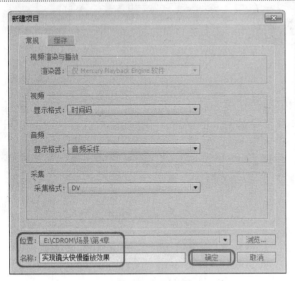

"新建项目"对话框

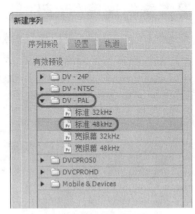

"新建序列"对话框

步骤3 在"项目"面板的"名称"区域下双击鼠标左键，弹出"导入"对话框，在该对话框中选择随书附带光盘中的"CDROM\素材\第4章\002.avi"文件。

步骤4 单击"打开"按钮，即可将选择的素材文件导入到"项目"面板中。

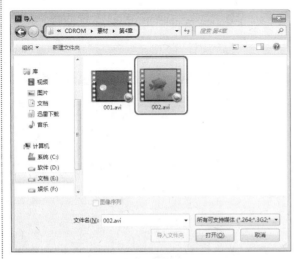

选择素材文件

导入的素材文件

步骤5 按住鼠标将其拖曳至"视频1"轨道中，此时会弹出信息提示对话框，在该对话框中单击"更改序列设置"按钮。

步骤6 然后将当前时间设置为00;01;18;16。

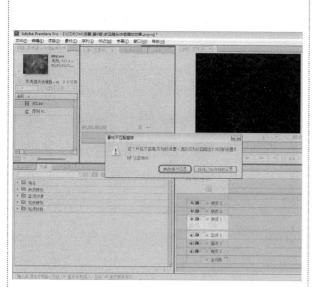

单击"更改序列设置"按钮

设置当前时间

步骤7 在工具面板中选择"剃刀工具" ，在编辑标识线处对002.avi视频文件进行切割。

步骤8 选择"选择工具" ，确认该轨道中的第一段视频文件处于选中状态，右击鼠标，在弹出的快捷菜单中选择"速度/持续时间"命令。

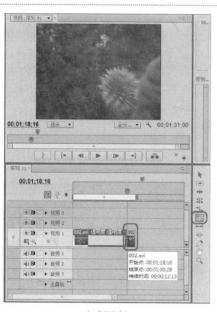

切割视频

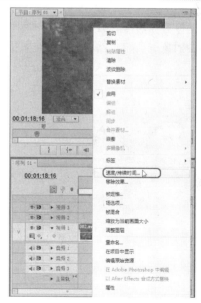

选择"速度/持续时间"命令

步骤9 弹出"素材速度/持续时间"对话框，在该对话框中将"速度"设置为200，设置完成后，单击"确定"按钮。

设置"速度"

步骤10 选择该轨道中的第二段视频文件，按住鼠标将其拖曳至第一个对象的结尾处，并在该对象上右击鼠标，在弹出的快捷菜单中选择"速度/持续时间"命令。

步骤11 在弹出的对话框中，将"速度"设置为30。

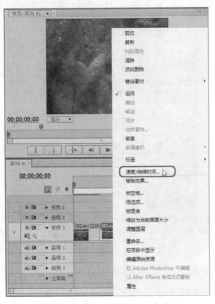

选择"速度/持续时间"命令

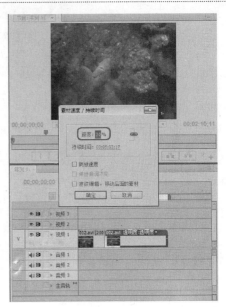

设置视频速度

步骤12 设置完成后，单击"确定"按钮，即可完成对选中对象的更改，然后预览最终效果。

步骤13 在菜单栏中选择"文件丨导出丨媒体"命令，弹出"导出设置"对话框，在"导出设置"区域中，设置"格式"为"Microsoft AVI"，设置"预设"为"NTSC DV 24p"，并单击"输出名称"右侧的文字。

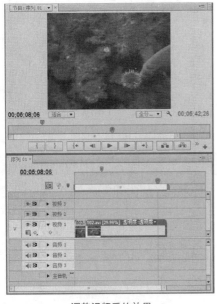

调整视频后的效果

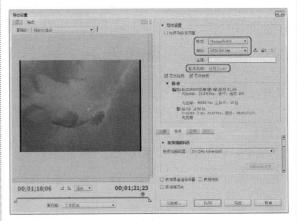

导出设置

步骤14 弹出"另存为"对话框，在该对话框中输入文件名为"实现镜头快慢播放效果"，并设置导出路径，设置完成后单击"保存"按钮。

步骤15 返回到"导出设置"对话框中，在该对话框中单击"导出"按钮，即可导出影片。

输入影片名称并设置导出路径

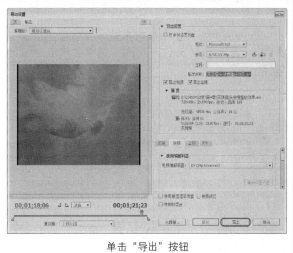

单击"导出"按钮

4.1.10 替换素材

在Premiere Pro CS6中，可以将当前素材文件替换为其他素材文件，具体操作步骤如下。

步骤1 打开素材文件"蝴蝶.prproj"，在"项目"面板中选择"003.jpg"文件。

步骤2 在菜单栏中选择"素材|替换素材"命令，在弹出的对话框中选择随书附带光盘中的"CDROM\素材\第4章\004.jpg"文件。

选择文件

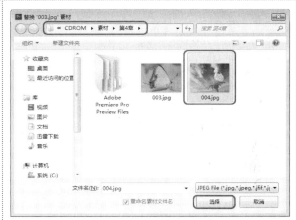

选择文件

步骤3 单击"选择"按钮，即可替换选中的文件。

替换素材

4.1.11 实战：合并素材

本实例介绍将多个素材文件合并在一起，具体的操作步骤如下。

步骤1 导入素材文件"蝴蝶2.avi"和"背景音乐.mp3"。

步骤2 将素材文件"蝴蝶2.avi"拖曳至"序列"面板"视频1"轨道中，此时会弹出信息提示对话框，在该对话框中单击"更改序列设置"按钮。

导入的素材文件

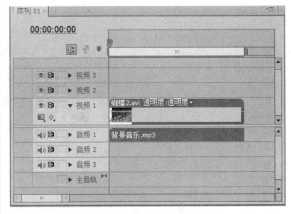
单击"更改序列设置"按钮

步骤3 即可将素材文件导入至"序列"面板中。然后将素材文件"背景音乐.mp3"拖曳至"音频1"轨道中。

步骤4 在"序列"面板中同时选择素材文件"蝴蝶2.avi"和"背景音乐.mp3"。

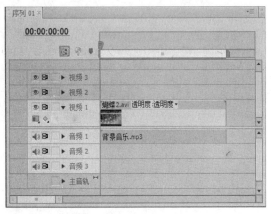
添加素材文件

选择素材文件

步骤5 在菜单栏中选择"素材|合并素材"命令，弹出"合并素材"对话框，在该对话框中输入名称，也可以使用默认名称。

步骤6 设置完成后，单击"确定"按钮，即可合并选择的素材文件。

"合并素材"对话框

合并素材

🖐 **提示：**
　　在选择的素材文件上单击鼠标右键，在弹出的快捷菜单中选择"合并素材"命令，也可以弹出"合并素材"对话框。

4.1.12　移除效果

　　使用"移除效果"命令可以将添加到素材文件中的效果移除，具体操作步骤如下。

步骤1　打开素材文件"蝴蝶.prproj"，在"序列"面板中选择"003.jpg"文件。	**步骤2**　在"节目"面板中查看"003.jpg"文件。

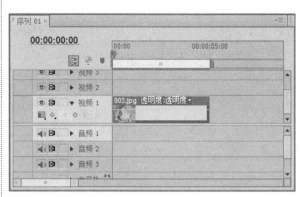

选择"003.jpg"

查看文件

步骤3　在菜单栏中选择"素材|移除效果"命令，弹出"移除效果"对话框，在该对话框中使用默认设置。	**步骤4**　单击"确定"按钮，即可移除选中文件的效果，可以在"节目"面板中预览移除效果后的文件。

"移除效果"对话框

移除效果

🖐 **提示：**
　　在"序列"面板中选择需要移除效果的文件后，单击鼠标右键，在弹出的快捷菜单中选择"移除效果"命令。

4.1.13　删除素材

　　如果在制作过程中，存在不需要的素材文件，可以将其删除，具体操作步骤如下。

步骤1 在"项目"面板中选择需要删除的素材文件。

步骤2 单击鼠标右键，在弹出的快捷菜单中选择"清除"命令，在弹出的信息提示对话框中单击"是"按钮。

选择素材文件

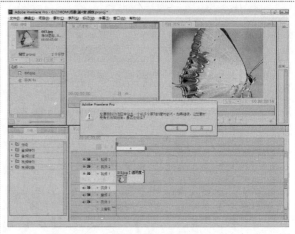

单击"是"按钮

步骤3 执行该操作后，即可将选中的素材进行删除。

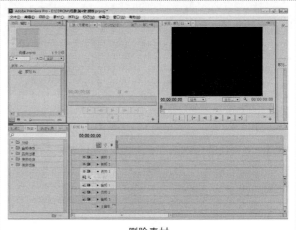

删除素材

4.1.14　实战：动态柱形图效果

下面介绍制作动态柱形图的效果，具体操作步骤如下。

步骤1 导入素材文件"柱形图.jpg"和"柱形.png"。

步骤2 将素材文件"柱形图.jpg"拖曳至"视频1"轨道中，并选择该素材文件，在"特效控制台"面板中将"缩放"设置为90。

导入素材文件

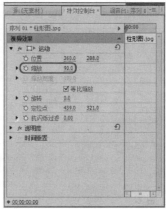

设置缩放

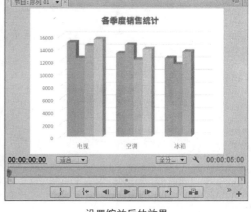

设置缩放后的效果

步骤3 将素材文件"柱形.png"拖曳至"视频2"轨道中,并选择该素材文件,在"特效控制台"面板中将"缩放"设置为90。

步骤4 将当前时间设置为00:00:00:00,在"特效控制台"面板中,取消勾选"等比缩放"复选框,将"缩放高度"设置为38,然后单击"缩放高度"和"位置"左侧的"切换动画"按钮,单击"位置"左侧的"切换动画"按钮,并将"位置"设置为625和442。

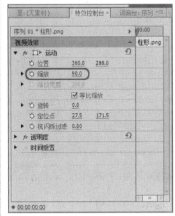

设置缩放

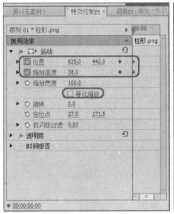

设置参数

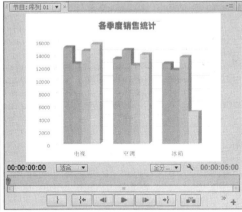

设置参数后的效果

步骤5 将当前时间设置为00:00:04:00,在"特效控制台"面板中,将"缩放高度"设置为90,将"位置"设置为625、354。

步骤6 设置完成后,在"节目"面板中预览效果。

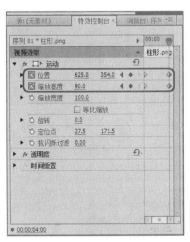

设置参数

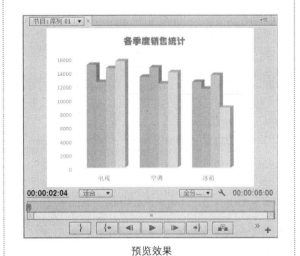

预览效果

4.1.15 实战：动态饼图效果

下面介绍制作动态饼图的效果,具体操作步骤如下。

步骤1 导入素材文件"饼图背景.jpg"。

步骤2 将素材文件拖曳至"视频1"轨道中,并选择该素材文件,在"特效控制台"面板中将"缩放"设置为90。

导入素材文件

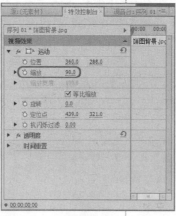

设置缩放

设置后的效果

| **步骤3** 按Ctrl+T组合键，弹出"新建字幕"对话框，输入"名称"为"圆01"，单击"确定"按钮。 | **步骤4** 在弹出的字幕编辑器中单击"椭圆形工具"按钮，在"字幕"面板中按住Shift键绘制正圆。 |

"新建字幕"对话框

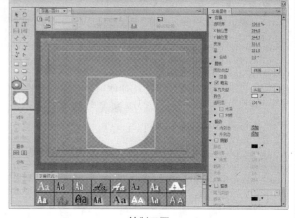

绘制正圆

| **步骤5** 选择绘制的正圆，在"填充"选项组中，将"颜色"的RGB值设置为（255、192、0），在"变换"选项组中，将"X轴位置"和"Y轴位置"分别设置为393、345。 | **步骤6** 单击"基于当前字幕新建"按钮，在弹出的对话框中输入"名称"为"圆02"，单击"确定"按钮。 |

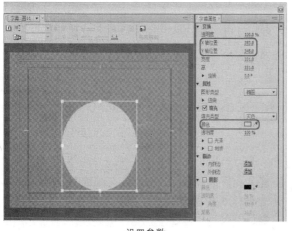

设置参数

"新建字幕"对话框

步骤7　在弹出的字幕编辑器中选择正圆，在"填充"选项组中，将"颜色"的RGB值设置为（0、176、240）。

步骤8　单击"基于当前字幕新建"按钮，在弹出的对话框中输入"名称"为"圆03"，单击"确定"按钮，在弹出的字幕编辑器中选择正圆，在"填充"选项组中，将"颜色"的RGB值设置为（255、0、102）。

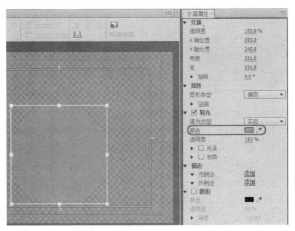

设置填充颜色

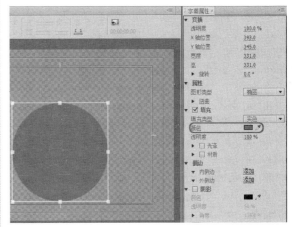

设置"圆03"填充颜色

步骤9　使用前面介绍的方法制作"圆04"。设置完成后，关闭字幕编辑器。

步骤10　在菜单栏中选择"序列｜添加轨道"命令，弹出"添加视音轨"对话框，在该对话框中添加4条视频轨，0条音频轨。

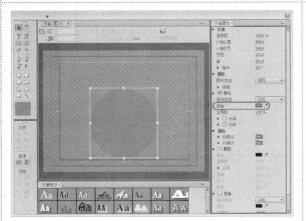

制作"圆04"

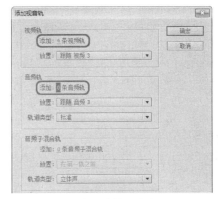

"添加视音轨"对话框

步骤11　单击"确定"按钮，即可添加视频轨。

步骤12　在"项目"面板中，分别将字幕"圆01"、"圆02"、"圆03"、"圆04"拖曳至"视频2"、"视频3"、"视频4"和"视频5"轨道中。

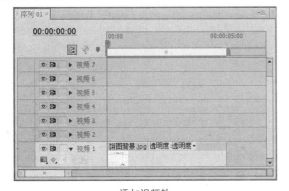

添加视频轨

在视频轨中添加字幕

步骤13 在"序列"面板中选择字幕"圆04",切换至"效果"面板,选择"视频特效 | 过渡 | 径向擦除"特效。

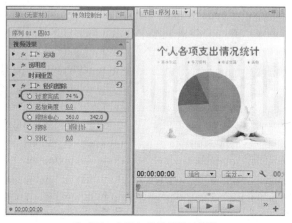

选择"径向擦除"特效

步骤14 双击该特效,即可为选择的字幕添加该特效,然后在"特效控制台"面板中,将"过渡完成"设置为93%,将"擦除中心"设置为360、342。

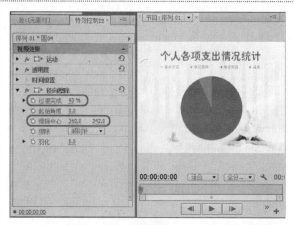

设置参数

步骤15 为字幕"圆03"添加"径向擦除"视频特效,在"特效控制台"面板中,将"过渡完成"设置为74%,将"擦除中心"设置为360、342。

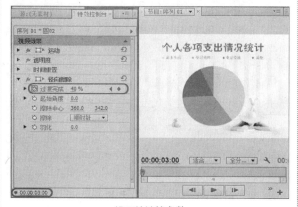

为"圆03"添加特效并设置参数

步骤16 为字幕"圆02"添加"径向擦除"视频特效,确认当前时间为00:00:00:00,在"特效控制台"面板中,将"过渡完成"设置为30%,并单击其左侧的"切换动画"按钮,将"擦除中心"设置为360、342。

为"圆02"添加特效并设置参数

步骤17 将当前时间设置为00:00:03:00,在"特效控制台"面板中,将"过渡完成"设置为40%。

设置关键帧参数

步骤18 按Ctrl+T组合键,在弹出的"新建字幕"对话框中输入"名称"为"数字01",单击"确定"按钮。

"新建字幕"对话框

步骤19 在弹出的字幕编辑器中单击"输入工具"按钮，在"字幕"面板中输入数字。

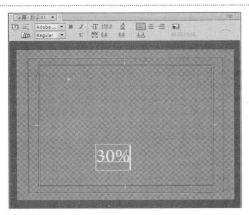

输入数字

步骤20 选择输入的数字，在"填充"选项组中，将"颜色"设置为白色，在"属性"选项组中，将"字体"设置为"FZCuYuan-M03S"，将"字体大小"设置为28，在"变换"选项组中，将"X轴位置"和"Y轴位置"分别设置为515、310。

设置参数

步骤21 使用同样的方法，继续输入其他数字。

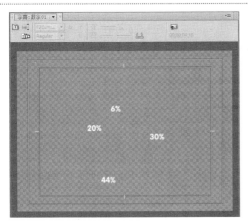

输入其他数字

步骤22 单击"基于当前字幕新建"按钮，在弹出的对话框中输入"名称"为"数字02"，单击"确定"按钮。

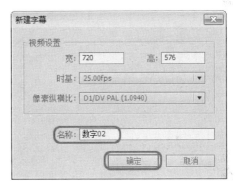

"新建字幕"对话框

步骤23 在弹出的字幕编辑器中，将数字"30%"更改为"40%"，将数字"44"更改为"34%"。设置完成后，关闭字幕编辑器。

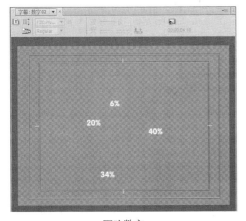

更改数字

步骤24 在"项目"面板中，分别将字幕"数字01"、"数字02"拖曳至"视频6"和"视频7"轨道中。

在视频轨中添加字幕

步骤25 选择字幕"数字02"，将当前时间设置为00:00:00:00，在"特效控制台"面板中，将"透明度"设置为0。

步骤26 将当前时间设置为00:00:03:00，将"透明度"设置为100。

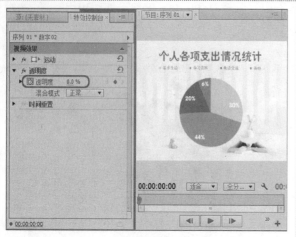

设置透明度

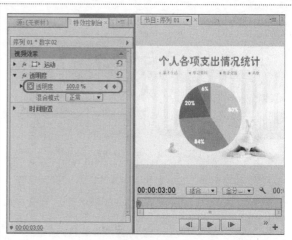

设置透明度为100

步骤27 选择字幕"数字01"，将当前时间设置为00:00:00:00，在"特效控制台"面板中，单击"透明度"右侧的"添加/移除关键帧"按钮，添加一个关键帧。

步骤28 将当前时间设置为00:00:03:00，将"透明度"设置为0。

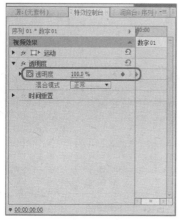

添加关键帧

设置透明度为0

步骤29 设置完成后，在"节目"面板中预览效果。

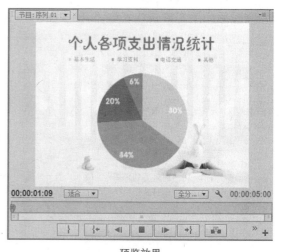

预览效果

4.2 裁剪素材

剪裁可以增加或删除帧以改变素材的长度。在Premiere Pro CS6中提供了多种编辑工具,可以对素材进行简单或复杂的裁剪。

4.2.1 使用选择工具裁剪素材

选择工具是Premiere Pro中最常用的裁剪素材的工具,也是操作起来非常简单的工具,使用选择工具裁剪素材的方法如下。

步骤1 单击"选择工具"按钮 ,在"序列"面板中,将光标放置在需要缩短或拉长的素材边缘上,此时,选择光标变成了增加光标 ![]。	**步骤2** 向左或向右拖动鼠标,即可缩短或增长该素材。

指定光标位置

调整素材长度

4.2.2 使用波纹编辑工具

使用波纹工具拖动对象的出点可改变对象长度,相邻对象会粘上来或退后,相邻对象长度不变,节目总时间将改变。波纹通常被称为"胶片风格"编辑。使用波纹工具剪裁素材的方法如下。

步骤1 单击"波纹编辑工具"按钮 ![],然后将光标放置在"序列"面板中两个素材的连接处,并拖动鼠标以调节素材的长度。	**步骤2** 此时,可以在"节目"面板中显示相邻两帧的画面。

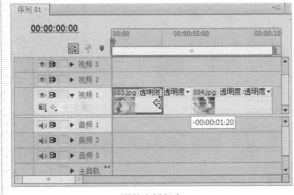

调整素材长度

显示画面

步骤3 拖动至适当位置处松开鼠标左键，其相邻片段的位置会随之改变。

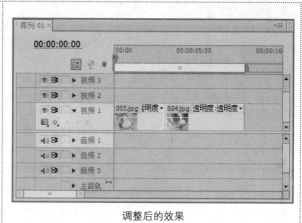

调整后的效果

4.2.3 使用滚动编辑工具

使用滚动编辑工具可以调节一个素材的长度，但会增长或者缩短相邻素材的长度，以保持原来两个素材和整个轨道的总长度。使用滚动编辑工具剪裁素材的方法如下。

步骤1 单击"滚动编辑工具"按钮，并将光标放置在"序列"面板中两个素材的连接处，拖动以剪裁素材。

步骤2 一个素材的长度被调节了，其他素材的长度被缩短或拉长以补偿该调节。

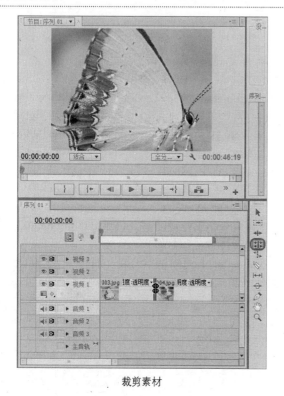

裁剪素材

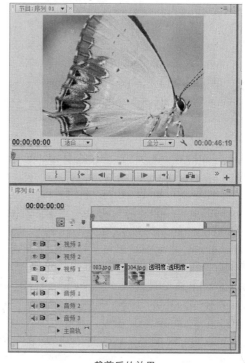

裁剪后的效果

4.2.4 使用剃刀工具

当使用"剃刀工具"切割一个素材时，实际上是建立了该素材的两个副本。使用剃刀工具剪裁素材的方法如下。

步骤1 单击"剃刀工具"按钮，并将光标移至"序列"面板中素材文件上。

步骤2 单击鼠标左键，即可切割素材文件。

指定光标位置

切割文件

4.2.5 实战：使用滑动工具裁剪素材

滑动工具可保持要剪辑片段的入点与出点不变，通过其相邻片段入点和出点的改变，改变其时间线上的位置。使用滑动工具裁剪素材的方法如下。

步骤1 导入素材文件"005.avi"和"006.avi"。	**步骤2** 将素材文件"005.avi"拖曳至"序列"面板的"视频1"轨道中，此时会弹出信息提示对话框，在该对话框中单击"更改序列设置"按钮。

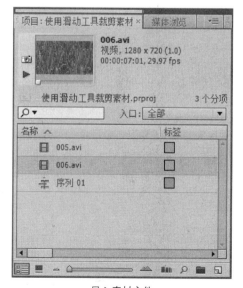

导入素材文件

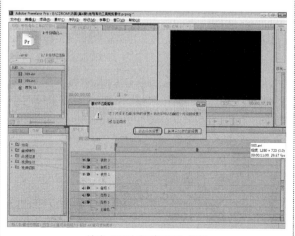

单击"更改序列设置"按钮

步骤3 即可将素材文件导入至"序列"面板中。	**步骤4** 使用同样的方法，将素材文件"006.avi"拖曳至"序列"面板中。

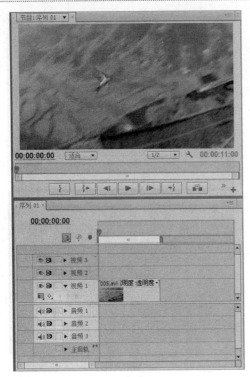

导入素材文件

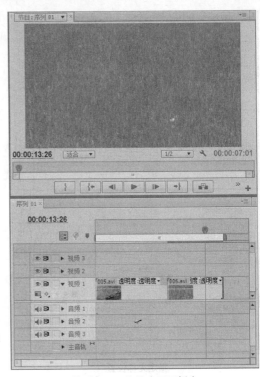

将"006.avi"拖曳至面板中

步骤5 单击"滑动工具"按钮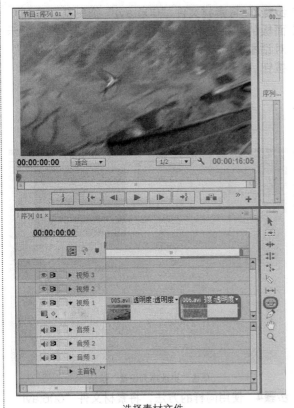，并在"序列"面板中选择素材文件"006.avi"。

步骤6 将鼠标移至选中对象的右侧，按住鼠标将其向左进行拖动，拖动至适当位置处释放鼠标左键，即可完成对该对象的调整。

选择素材文件

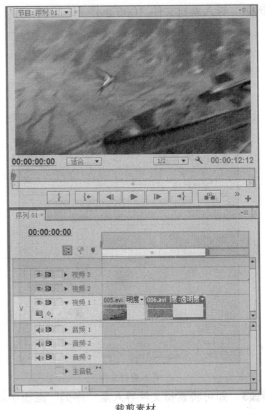

裁剪素材

4.3 编辑素材

在Premiere Pro CS6中，可以将一个素材文件插入到另一个素材文件中，也可以将视频和音频文件链接到一起。

4.3.1 添加安全框

安全区域的产生是由于电视机在播放视频图像时，屏幕的边会切除部分图像，这种现象叫做"溢出扫描"。而不同的电视机溢出的扫描量不同，所以要把图像的重要部分放在安全区域内。添加安全框的操作步骤如下。

步骤1 在"节目"面板中单击"按钮编辑器"按钮 ➕ 。

步骤2 在弹出的界面中单击"安全框"按钮 ⊡ ，按住鼠标左键将其拖曳至"节目"面板中。

单击按钮

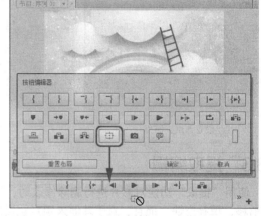
拖曳按钮

步骤3 释放鼠标后，单击"确定"按钮，即可添加该按钮。

步骤4 单击"安全框"按钮 ⊡ ，即可添加安全框。

添加按钮

添加安全框

4.3.2 提升编辑

使用"提升"功能对影片进行删除修改时，只会删除目标轨道中选定范围内的素材片段，对其前、后的素材以及其他轨道上素材的位置都不会产生影响。

步骤1 在"节目"面板中为素材需要提升的部分设置入点、出点。

步骤2 设置的入点和出点同时显示在"序列"面板的时间标尺上。

步骤3 在"节目"面板中单击"提升"按钮 ![],即可删除标记入点和出点间的素材,删除后的区域留下空白。

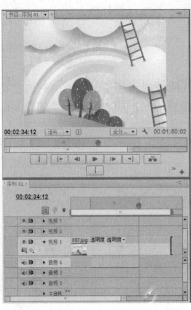
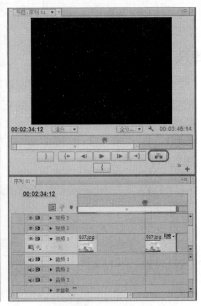

设置入点、出点   "序列"面板   提升后的效果

4.3.3 提取编辑

　　使用"提取"功能对影片进行删除修改时,不但会删除目标轨道中指定的片段,还会将其后面的素材前移,填补空缺。而且,对于其他未锁定轨道之中位于该选择范围之内的片段也一并删除,并将后面的所有素材前移。

步骤1 在"节目"面板中为素材需要删除的部分设置入点、出点。
步骤2 设置的入点和出点同时显示在"序列"面板的时间标尺上。
步骤3 在"节目"面板中单击 ![]按钮,在弹出的下拉列表中选择"提取"命令,即可删除标记入点和出点间的素材,其后的素材将自动前移,填补空缺。

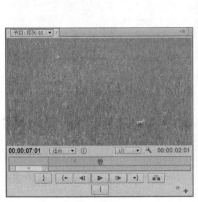
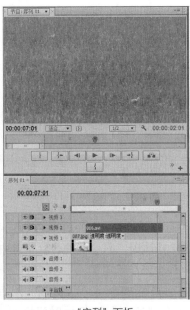
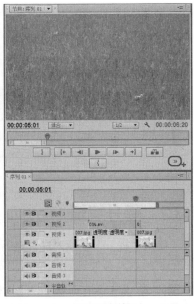

设置入点、出点   "序列"面板   提取后的效果

4.3.4　实战：插入编辑

　　使用插入功能置入片段时，凡是处于时间标示线之后(包括部分处于时间指示器之后)的素材都会向后推移。如果时间标示点位于目标轨道中的素材之上，插入的新素材会把原有素材分为两段，直接插在其中，原素材的后半部分将会向后推移，接在新素材之后。

步骤1　导入素材文件"天空1.jpg"和"天空2.jpg"。	**步骤2**　将素材文件"天空1.jpg"拖曳至"序列"面板的"视频1"轨道中。	**步骤3**　并在"序列"面板中选中素材文件，然后在"特效控制台"面板中将"缩放"设置为73。
 导入的素材文件	将文件拖至视频1轨道中	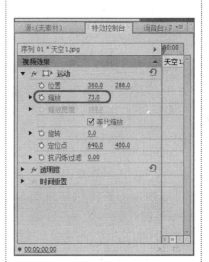 设置缩放
步骤4　在"项目"面板中双击素材文件"天空2.jpg"，即可在"源"面板中显示文件。	**步骤5**　在"源"面板中设置素材的入点和出点。	**步骤6**　在"序列"面板中，将当前时间设置为00:00:02:12。
 在"源"面板中显示素材文件	 设置入点和出点	 设置当前时间
步骤7　在"源"面板中单击"插入"按钮，即可将选择的素材插入至"序列"面板中编辑标示线后面。	**步骤8**　在"效果"面板中，展开"视频切换"文件夹，选择"擦除"文件夹下的"带状擦除"切换效果。	**步骤9**　将其拖至"序列"面板中"天空1.jpg"和"天空2.jpg"文件的中间处。

插入的素材

选择"带状擦除"切换效果

添加"带状擦除"切换效果

步骤10 使用同样的方法，添加"棋盘"切换效果。 **步骤11** 按Enter键在"节目"面板中预览效果。

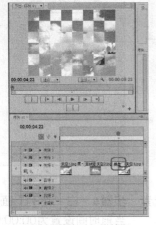

添加"棋盘"切换效果

预览效果

4.3.5 覆盖编辑

使用覆盖功能置入片段时，凡是处于时间标示线之后的素材都会被覆盖，素材总长度保持不变。

步骤1 在"项目"面板中双击要插入的素材文件，使其在"源"面板中显示，并为其设置入点和出点。

步骤2 在"序列"面板中，将当前时间设置为需要覆盖素材的位置。

步骤3 在"源"面板中单击 >> 按钮，在弹出的下拉列表中选择"覆盖"命令，即可覆盖素材。

设置入点、出点

设置当前时间

覆盖素材

4.3.6 解除视音频的链接

在编辑工作中，可以将影片中的视频和音频解除链接，具体操作步骤如下。

步骤1 在"序列"面板中选择视音频链接的素材。	**步骤2** 单击鼠标右键，在弹出的快捷菜单中选择"解除视音频链接"命令。	**步骤3** 即可解除素材的音频和视频部分的链接。

选择素材	选择"解除视音频链接"命令	解除链接

> **提示：**
> 在菜单栏中选择"素材 | 解除视音频链接"命令，也可以解除视音频链接。

4.3.7 实战：链接视频和音频

在编辑工作中，可以将各自独立的视频和音频链接在一起，作为一个整体进行调整。

步骤1 导入素材文件"花.avi"和"音乐.mp3"。	**步骤2** 将素材文件"花.avi"拖曳至"视频1"轨道中，在弹出的信息提示对话框中，单击"更改序列设置"按钮即可。	**步骤3** 将素材文件"音乐.mp3"拖曳至"音频1"轨道中。
	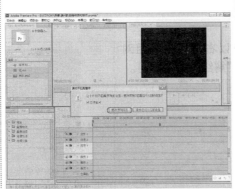	
导入的素材文件	单击"更改序列设置"按钮	添加音频文件

步骤4 在"序列"面板中，同时选择素材文件"花.avi"和"音乐.mp3"。	**步骤5** 单击鼠标右键，在弹出的快捷菜单中选择"链接视频和音频"命令，即可将视频和音频链接在一起。

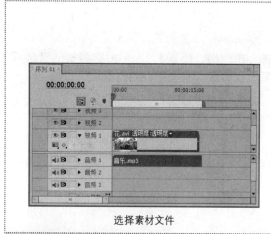

选择素材文件

选择"链接视频和音频"命令

> **提示：**
> 在菜单栏中选择"素材 | 链接视频和音频"命令，也可以将视频和音频链接在一起。

4.4 | 群组和嵌套

在编辑工作中，经常需要对多个素材整体进行操作。这时候，使用群组命令，可以将多个片段组合为一个整体来进行移动、复制等操作。

4.4.1 编组素材

在按住Shift键的同时，在"序列"面板中选择多个需要编组的素材文件，并单击鼠标右键，在弹出的快捷菜单中选择"编组"命令，即可编组选择的素材文件。

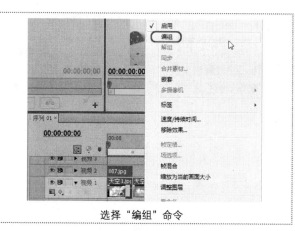

选择"编组"命令

4.4.2 取消编组

如果要取消编组效果，可以右键单击编组对象，在弹出的快捷菜单中选择"解组"命令即可。

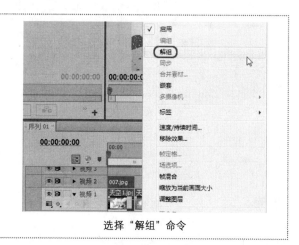

选择"解组"命令

4.4.3 实战：嵌套素材

　　Premiere Pro CS6在非线性编辑软件中引入了合成的嵌套概念，可以将一个序列嵌套到另外一个序列中，作为一整段素材使用。使用嵌套可以完成普通剪辑无法完成的复杂工作，并且可以在很大程度上提高工作效率。创建嵌套素材的方法如下。

步骤1 导入素材文件"背景.jpg"、"房子.png"和"花朵.png"。	**步骤2** 将素材文件"背景.jpg"拖曳至"视频1"轨道中。	**步骤3** 在"视频1"轨道中选择素材文件，在"特效控制台"面板中，将"缩放"设置为83。
 导入的素材文件	 将文件拖至视频1轨道中	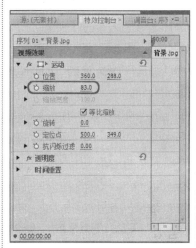 设置缩放
步骤4 将"房子.png"素材文件拖曳至"视频2"轨道中，将"花朵.png"素材文件拖曳至"视频3"轨道中。	**步骤5** 在"视频3"轨道中选择素材文件，然后在"特效控制台"面板中将"位置"设置为360、302。	**步骤6** 在"序列"面板中选择三个素材文件，并单击鼠标右键，在弹出的快捷菜单中选择"嵌套"命令。
 拖曳素材文件	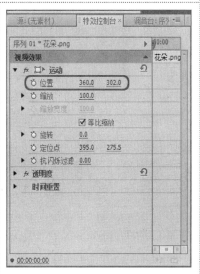 设置位置	 选择"嵌套"命令
步骤7 即可嵌套选择的素材文件。	**步骤8** 此时，会在"项目"面板中自动添加"嵌套序列01"。	**步骤9** 在"项目"面板中双击"嵌套序列01"，即可在"序列"面板中编辑源素材文件，对源素材文件的修改会影响到嵌套素材。

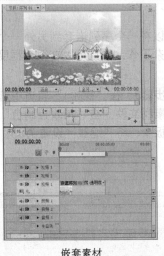

嵌套素材

嵌套序列01

编辑源素材文件

提示：

在"项目"面板中，将制作完成的序列拖曳至新的序列中，也可以完成嵌套。

|4.5| 创建新元素

在Premiere Pro CS6中，除了导入和编辑素材文件外，还可以建立一些新素材元素，丰富影片内容。

4.5.1 色条和色调

Premiere Pro CS6可以为影片在开始前加入一段彩条，具体操作步骤如下。

步骤1 在"项目"面板的空白处单击鼠标右键，在弹出的快捷菜单中选择"新建分项|色条和色调"命令。

步骤2 弹出"新建彩条"对话框，在该对话框中使用默认设置，直接单击"确定"按钮。

步骤3 即可新建一个色条和色调，按住鼠标左键将其拖曳至"序列"面板中，并在"节目"面板中查看效果。

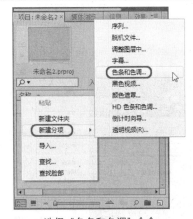

选择"色条和色调"命令

单击"确定"按钮

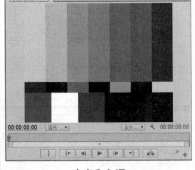

色条和色调

4.5.2 黑色视频

Premiere Pro CS6可以在影片中创建一段黑场，具体操作步骤如下。

步骤1 在"项目"面板的空白处单击鼠标右键，在弹出的快捷菜单中选择"新建分项|黑色视频"命令。

步骤2 弹出"新建黑场视频"对话框，在该对话框中使用默认设置，直接单击"确定"按钮。

步骤3 即可新建黑色视频，按住鼠标左键将其拖曳至"序列"面板中，并在"节目"面板中查看效果。

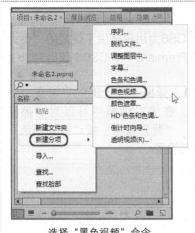

选择"黑色视频"命令

单击"确定"按钮

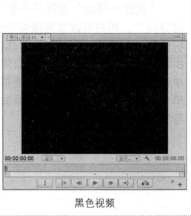

黑色视频

4.5.3 颜色遮罩

Premiere Pro CS6可以为影片创建一个彩色蒙板。用户可以将彩色蒙板当作背景，也可以利用"透明度"命令来设定与它相关的色彩的透明性，创建颜色遮罩的具体操作步骤如下。

步骤1 在"项目"面板的空白处单击鼠标右键，在弹出的快捷菜单中选择"新建分项|颜色遮罩"命令。	**步骤2** 弹出"新建彩色蒙板"对话框，在该对话框中使用默认设置，直接单击"确定"按钮。	**步骤3** 弹出"颜色拾取"对话框，在该对话框中将RGB值设置为（61、193、255）。

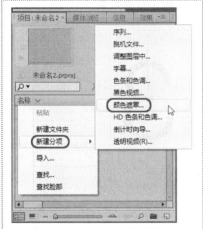

选择"颜色遮罩"命令

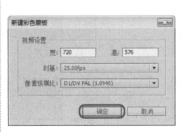

单击"确定"按钮

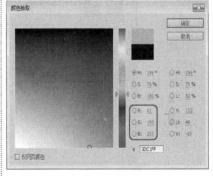

设置颜色

步骤4 单击"确定"按钮，弹出"选择名称"对话框，在该对话框中使用默认名称，单击"确定"按钮。	**步骤5** 即可创建颜色遮罩，按住鼠标左键将其拖曳至"序列"面板中，并在"节目"面板中查看效果。

选择名称

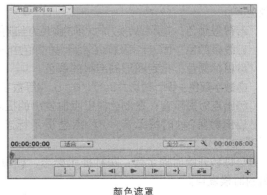

颜色遮罩

4.5.4 倒计时向导

　　"倒计时导向"通常用于影片开始前的倒计时准备。Premiere Pro CS6为用户提供了现成的"倒计时导向"，用户可以非常简便地创建一个标准的倒计时效果，并可以在Premiere Pro CS6中随时对其进行修改。创建倒计时效果的具体操作步骤如下。

步骤1　在"项目"面板的空白处单击鼠标右键，在弹出的快捷菜单中选择"新建分项丨倒计时向导"命令。	**步骤2**　弹出"新建通用倒计时片头"对话框，在该对话框中使用默认设置，直接单击"确定"按钮。	**步骤3**　弹出"倒计时向导设置"对话框，在该对话框中可以对"擦除色"、"背景颜色"或"线条颜色"等进行设置。
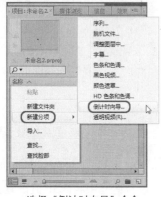 选择"倒计时向导"命令	 单击"确定"按钮	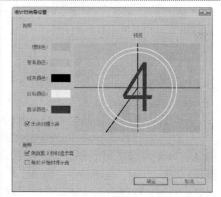 倒计时向导设置

步骤4　设置完成后单击"确定"按钮，即可创建倒计时向导。	**步骤5**　按住鼠标左键将其拖曳至"序列"面板中，并在"节目"面板中查看效果。
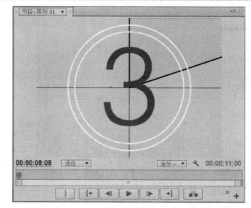 倒计时向导	查看效果

　　"倒计时向导设置"对话框中的各选项功能介绍如下。

❶**擦除色**：播放倒计时影片的时候，指示线会不停地围绕圆心转动，在指示线转动方向之后的颜色为当前划扫颜色。

❷**背景颜色**：指示线转换方向之前的颜色为当前背景颜色。

❸**线条颜色**：固定十字及转动的指示线的颜色由该项设定。

❹**目标颜色**：指定圆形的准星的颜色。

❺**数字颜色**：倒计时影片8、7、6、5、4等数字的颜色。

❻**出点时提示音**：在倒计时出点时发出的提示音。

❼**倒数第2秒时提示音**：2秒点是提示标志。在显示"2"的时候发声。

❽**每秒开始时提示音**：每秒提示标志，在每一秒钟开始的时候发声。

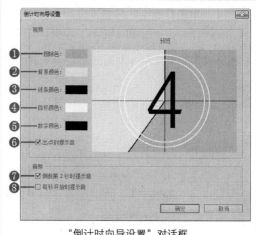

"倒计时向导设置"对话框

4.5.5 实战：电视节目暂停效果

下面介绍如何制作电视节目的暂停效果，具体操作步骤如下。

步骤1 导入素材文件"电视机.png"。	**步骤2** 将其拖曳至"视频2"轨道中，并选择该素材文件，在"特效控制台"面板中，将"缩放"设置为33。	**步骤3** 在"项目"面板的空白处单击鼠标右键，在弹出的快捷菜单中选择"新建分项 l HD色条和色调"命令。
 导入素材文件	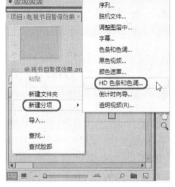 设置缩放值	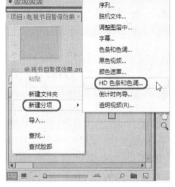 选择"HD色条和色调"命令
步骤4 在弹出的对话框中使用默认设置，直接单击"确定"按钮。	**步骤5** 即可创建HD色条和色调，然后将其拖曳至视频1轨道中。	**步骤6** 选择HD色条和色调，在"特效控制台"面板中，将"缩放"设置为56，将"位置"设置为323、324。
 单击"确定"按钮	 在视频轨道中添加对象	 设置参数
步骤7 将当前时间设置为00:00:00:00，在"特效控制台"面板中，将"透明度"设置为0。	**步骤8** 将当前时间设置为00:00:00:05，将"透明度"设置为100。	**步骤9** 设置完成后，在"节目"面板中预览效果。
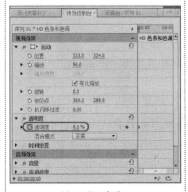 设置透明度为0	 设置透明度为100	 预览效果

4.6 | 操作答疑

本章主要介绍影片剪辑技术，下面将举出多个常见的问题进行解答，并给出一些习题，以方便读者巩固前面所学习的知识。

4.6.1 专家答疑

（1）在"项目"面板中重命名素材与在"序列"面板中重命名素材的区别？

答：在"项目"面板中选择需要重命名的素材并单击鼠标右键，在弹出的快捷菜单中选择"重命名"命令后，即可直接重命名素材文件；在"序列"面板中重命名素材文件，需在选择的素材文件上单击鼠标右键，在弹出的快捷菜单中选择"重命名"命令后，会弹出"重命名素材"对话框，在该对话框中输入新的素材名称。

（2）同步素材与合并素材的区别？

答：同步素材是将多个素材文件同时播放或同时结束，而合并素材是将多个素材文件合并在一起。

（3）提升编辑与提取编辑的区别？

答：提升编辑只会删除目标轨道中选定范围内的素材片段，对其前、后的素材以及其他轨道上素材的位置都不会产生影响；提取编辑不但会删除目标轨道中指定的片段，还会将其后面的素材前移，填补空缺。而且，对于其他未锁定轨道之中位于该选择范围之内的片段也一并删除，并将后面的所有素材前移。

4.6.2 操作习题

1. 选择题

（1）（　　）是Premiere Pro中最常用的裁剪素材的工具，也是操作起来非常简单的工具。

A. 选择工具　　　　B. 波纹编辑工具　　　　C. 剃刀工具

（2）使用（　　）拖动对象的出点可改变对象的长度，相邻对象会粘上来或退后，相邻对象的长度不变，节目总时间改变。

A. 选择工具　　　　B. 波纹编辑工具　　　　C. 剃刀工具

2. 填空题

（1）在"项目"面板中选择子素材，在菜单栏中选择"素材|编辑子素材"命令，弹出"编辑子素材"对话框，在该对话框中可以设置_____，也可以将_____。

（2）如果需要更改素材文件的播放速度或持续时间，可以在选择的素材文件上单击鼠标右键，在弹出的快捷菜单中选择_____命令。

（3）当使用_____切割一个素材时，实际上是建立了该素材的两个副本。

3. 操作题

制作倒计时效果。

（1）导入素材文件"电视2.png"，将其拖曳至视频2轨道中，并将持续时间设置为00:00:12:00。

（2）制作倒计时向导，将其拖曳至视频1轨道中，并将其持续时间设置为00:00:09:02，将速度设置为100%。

（3）导入素材文件"环境背景.jpg"，将其拖曳至视频1轨道中的倒计时向导的右侧，将其结束处与素材文件"电视2.png"的结束处对齐。

第5章

转场特效

本章重点：

通过使用各种转场特效，可以制作出赏心悦目的过渡效果。控制画面转场效果的方式很多，两个素材之间最常见的转场方式就是直接转换，即从一个素材到另一个素材的直接变换，但还可以实现丰富的转场效果，本章主要介绍这些切换特效的使用方法。

学习目的：

通过本章学习，掌握"视频切换"的多种切换特效，在制作影视作品时，可以提升作品的艺术感染力。

参考时间：140分钟

主要知识	学习时间
5.1　切换特效设置	5分钟
5.2　三维运动	15分钟
5.3　伸展	10分钟
5.4　光圈	15分钟
5.5　卷页	10分钟
5.6　叠化	15分钟
5.7　擦除	25分钟
5.8　映射	5分钟
5.9　滑动	20分钟
5.10　特殊效果	10分钟
5.11　缩放	10分钟

5.1 切换特效设置

切换是指在上一个素材的结束处与下一个素材开始处的过渡，素材与素材之间的切换会用到切换效果，对它们的效果进行设置，以使最终的显示效果更加丰富多彩。

Premiere Pro CS6中的视频切换特效都存放在"效果"面板中的"视频切换"文件夹中，共分为"三维运动"、"伸展"、"光圈"、"卷页"、"叠化"、"擦除"、"映射"、"滑动"、"特殊效果"和"缩放"10个分组，如图所示。

在"效果"面板中的效果按钮共有3种，其说明如下。

❶ **"加速效果"** ：带有此图标的特效可以通过显卡加速渲染功能加速渲染速度，只有安装在Adobe官方支持列表内的显卡才可以开启此功能。

❷ **"32位效果"** ：带有此图标的特效支持32位色深模式，颜色效果更加细腻。

❸ **"YUV 效果"** ：带有该图标的特效支持YUV色彩模式，该模式主要用于优化色彩视频信号的传输，使其向后向相容老式黑白电视，解决彩色电视机与黑白电视机的兼容问题，使黑白电视机也能接收彩色电视信号。

"效果"面板

5.1.1 调整特效持续时间

在"序列"面板中选择"向上折叠"，将鼠标指针移动至切换特效的边缘，当鼠标指针变为 或 时，按住鼠标左键进行拖动就可以拉长或者缩短切换特效的持续时间，增大或减少特效的影响区域。

切换至"特效控制台"面板，窗口中会显示当前切换特效的各种参数。调节"持续时间"参数的数值就可以精确地控制切换特效的持续时间。

拖动鼠标更改切换特效时间

拖动鼠标更改切换特效时间

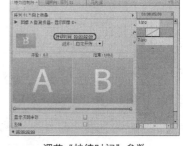

调节"持续时间"参数

5.1.2 调整切换特效的作用区域

在"特效控制台"面板中可以调整特效的作用区域，在"对齐"下拉列表中提供了4种切换特效的对齐方式。

❶ **"居中于切点"**：切换特效添加在两段素材的中间位置。

❷ **"开始于切点"**：以素材b的入点位置为准建立切点。

❸ **"结束于切点"**：以素材a的出点位置为切换结束位置。

❹ **"自定开始"**：通过鼠标拖动切换特效，自定义切换的起始位置。

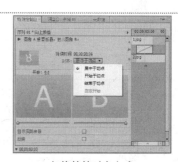

切换特效对齐方式

居中于切点	开始于切点	结束于切点

技巧：

只有通过拖曳方式才可以将特效的对齐方式设置为"自定开始"。

5.1.3 设置默认切换特效

在"视频切换"文件夹中任意选择一个切换特效，单击鼠标右键，弹出快捷菜单，选择"设定当前选择为默认过渡"，将当前选择的特效设置为默认切换特效。

设置默认切换特效后，当需要对大量的素材片段应用相同的切换特效时，可以通过使用默认切换特效对齐添加默认的特效。

设定当前选择为默认过渡

在"序列"面板中选择全部的素材片段，然后在菜单栏中选择"序列 | 应用默认过渡效果到所选择区域"命令，如图所示，即可将默认的切换特效应用到选择的素材片段上。

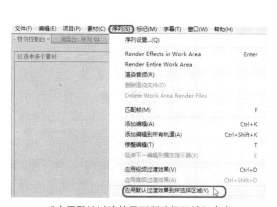

"应用默认过渡效果到所选择区域"命令

添加切换特效

5.1.4　调整其他参数

　　使用"特效控制台"面板可以改变时间线上的切换设置。包括切换的中心点、起点和终点的数值、边界以及防锯齿质量设置，以"斜线滑动"特效为例。

　❶ **"显示实际来源"**：显示素材的起点和终点帧。

　❷ **"边宽"**：调整切换的边框选项的宽度，缺省状况下是没有边框，部分切换没有边框设置项。

　❸ **"边色"**：指定切换的边框颜色，使用颜色样本或吸管可以选择颜色。

　❹ **"反转"**：相反、反向播放切换。

　❺ **"抗矩齿品质"**：调整过渡边缘的光滑度。

　❻ **"自定义"**：改变切换的特定设置。大多数切换不具备自定义设置。

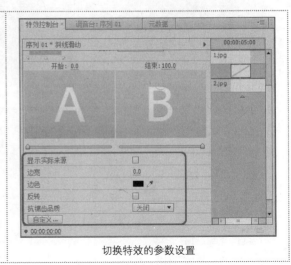

切换特效的参数设置

5.2 | 三维运动

　　"三维运动"文件夹中包含10个三维运动切换效果，分别为"向上折叠"、"帘式"、"摆入"、"摆出"、"旋转"、"旋转离开"、"立方体旋转"、"筋斗过渡"、"翻转"和"门"等。

5.2.1　实战："向上折叠"切换效果

　　"向上折叠"是指由图像产生一种折叠式的切换效果，下面介绍如何应用向上折叠切换效果，其具体操作步骤如下。

步骤1　启动Premiere Pro CS6软件，在欢迎界面中单击"新建项目"按钮，弹出"新建项目"对话框，设置存储位置，将项目名称设置为"'向上折叠'切换效果"，单击"确定"按钮。	**步骤2**　弹出"新建序列"对话框，保持默认设置，单击"确定"按钮。
 设置项目	 "新建序列"对话框
步骤3　在"项目"面板中的空白处双击鼠标，弹出"导入"对话框，选择随书附带光盘中的"CDROM\素材\第5章\1.jpg、2.jpg"素材图片。	**步骤4**　单击"打开"按钮，打开素材图片后，将其拖入序列面板中的视频1轨道。

选择素材图片

添加素材图片

步骤5 在轨道中选择"1.jpg"素材图片，在"特效控制台"面板中，将"运动"下的"缩放"设置为250。

步骤6 在轨道中选择"2.jpg"素材图片，在"特效控制台"面板中，将"运动"下的"缩放"设置为250。

设置"缩放"

设置"缩放"

步骤7 切换到"效果"面板，打开"视频切换"文件夹，选择"三维运动"下的"向上折叠"特效，选择特效后，按住鼠标将其拖至序列面板中的两个素材之间。

步骤8 按空格键预览"向上折叠"效果。

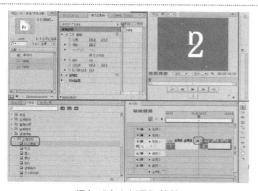

添加"向上折叠"特效

预览"向上折叠"效果

步骤9 在菜单栏中选择"文件 | 另存为"命令，将项目保存为"向上折叠"切换效果。

提示：
拖动时间滑块的边缘可以放大或缩小显示的时间刻度。

5.2.2 "帘式"切换效果

"帘式"切换效果产生类似窗帘向左右掀开的切换效果。在"效果"面板的"视频切换"文件夹中，选择"三维运动"下的"帘式"特效，按住鼠标将其拖至序列面板中的两个素材之间，然后预览"帘式"效果。

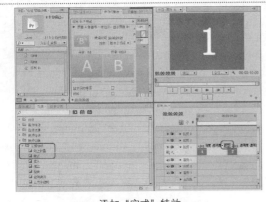

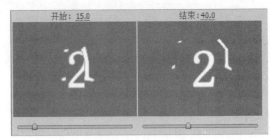

添加"帘式"特效　　　　　　　　　　　预览"帘式"效果

5.2.3　"摆入"切换效果

　　"摆入"切换效果使素材以某条边为中心像钟摆一样进入。在"效果"面板的"视频切换"文件夹中，选择"三维运动"下的"摆入"特效，按住鼠标将其拖至序列面板中的两个素材之间。然后预览"摆入"效果。

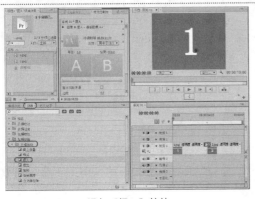

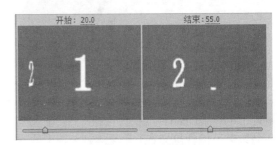

添加"摆入"特效　　　　　　　　　　　预览"摆入"效果

5.2.4　"摆出"切换效果

　　"摆出"切换效果与"摆入"效果一样，但方向相反。在"效果"面板的"视频切换"文件夹中，选择"三维运动"下的"摆出"特效，按住鼠标将其拖至序列面板中的两个素材之间。然后预览"摆出"效果。

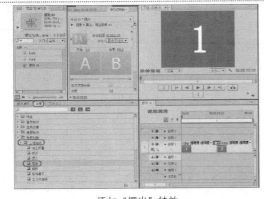

添加"摆出"特效　　　　　　　　　　　预览"摆出"效果

5.2.5　实战："旋转"切换效果

　　"旋转"切换效果产生平面压缩切换效果，应用"旋转"切换效果的具体操作步骤如下。

步骤1　新建项目文件，在"项目"面板中的空白处双击鼠标，弹出"导入"对话框，选择随书附带光盘中的"CDROM\素材\第5章\3.jpg、4.jpg"素材图片。

步骤2　单击"打开"按钮，打开素材图片后，将其拖入序列面板的视频1轨道中。

选择素材图片

添加素材图片

步骤3　切换到"效果"面板，打开"视频切换"文件夹，选择"三维运动"下的"旋转"特效，按住鼠标将其拖至序列面板中的两个素材之间。

步骤4　按空格键预览"旋转"效果。

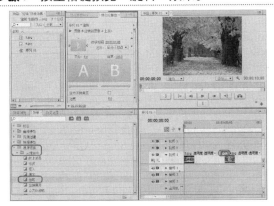

添加"旋转"特效

预览"旋转"效果

步骤5　在菜单栏中选择"文件|另存为"命令，将项目保存为"旋转"切换效果。

5.2.6　"旋转离开"切换效果

"旋转离开"切换效果产生透视旋转效果，其切换效果与"旋转"效果有些相似。在"效果"面板的"视频切换"文件夹中，选择"三维运动"下的"旋转离开"特效，按住鼠标将其拖至序列面板中的两个素材之间。设置其参数，在"特效控制台"面板中，勾选"显示实际来源"复选框，将"边宽"设置为"1"，然后预览"旋转离开"切换效果。

添加"旋转离开"效果

设置效果参数

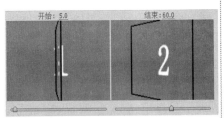

预览"旋转离开"切换效果

5.2.7 "立方体旋转"切换效果

"立方体旋转"切换效果是指两幅图像映射到立方体的两个面，从而进行立体的旋转。在"效果"面板的"视频切换"文件夹中，选择"三维运动"下的"立方体旋转"特效，按住鼠标将其拖至序列面板中的两个素材之间，然后预览"立方体旋转"切换效果。

添加"立方体旋转"效果

预览"立方体旋转"切换效果

5.2.8 实战："筋斗过渡"切换效果

"筋斗过渡"切换效果是指图像A像翻筋斗一样翻出，从而显示出图像B，下面介绍如何应用"筋斗过渡"切换效果，具体操作步骤如下。

步骤1 新建项目文件，在"项目"面板中的空白处双击鼠标，弹出"导入"对话框，选择随书附带光盘中的"CDROM\素材\第5章\3.jpg、4.jpg"素材图片，单击"打开"按钮，打开素材图片后，将其拖入序列面板的视频1轨道中。

步骤2 切换到"效果"面板，打开"视频切换"文件夹，选择"三维运动"下的"筋斗过渡"特效，按住鼠标将其拖至序列面板中的两个素材之间。

步骤3 选中"筋斗过渡"特效，在"特效控制台"中将切入方式设置为"从北到南"，将"边宽"设置为"1"。

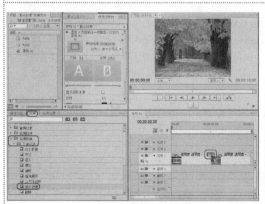

添加"筋斗过渡"特效

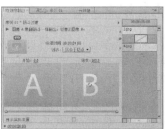

设置切入方式

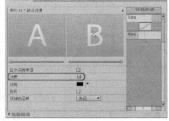

设置"边宽"

步骤4 按空格键预览"筋斗过渡"效果。

预览"筋斗过渡"效果

步骤5 在菜单栏中选择"文件 | 另存为"命令，将项目保存为"筋斗过渡"切换效果。

5.2.9 "翻转"切换效果

"翻转"切换效果是指由图像A翻转到图像B。在"效果"面板中，打开"视频切换"文件夹，选择"三维运动"下的"筋斗过渡"特效，按住鼠标将其拖至序列面板中的两个素材之间。设置其参数，在"特效控制台"面板中，单击"自定义"按钮，在弹出的"翻转设置"对话框中，将"带"设置为5，填充颜色设置为绿色，然后预览"翻转"切换效果。

添加"翻转"效果

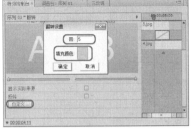
设置效果参数

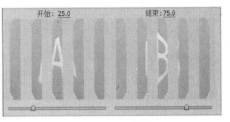
预览"翻转"切换效果

5.2.10 "门"切换效果

"门"切换效果是指图像B从水平或垂直的门中出现，覆盖图像A。在"效果"面板中，打开"视频切换"文件夹，选择"三维运动"下的"门"特效，按住鼠标将其拖至序列面板中的两个素材之间。设置其参数，在"特效控制台"面板中，将"边宽"设置为1，勾选"反转"复选框，然后预览"门"切换效果。

添加"门"效果

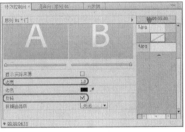
设置效果参数

预览"门"切换效果

5.2.11 实战："三维运动"切换

下面将通过综合运用"三维运动"中的多种切换效果来练习这一章所学的内容，其具体操作步骤如下。

步骤1 新建项目文件，在"项目"面板中的空白处双击鼠标，弹出"导入"对话框，选择随书附带光盘中的"CDROM\素材\第5章\3.jpg、4.jpg、5.jpg、6.jpg"素材图片，单击"打开"按钮，打开素材图片后，将其拖入序列面板的视频1轨道中。

选择素材图片

添加素材图片

步骤2 切换到"效果"面板，选择"三维运动"下的"帘式"特效，按住鼠标将其拖至序列面板中的"3.jpg、4.jpg"素材之间。设置其参数，在"特效控制台"面板中，将"持续时间"设置为"00:00:02:00"，"对齐"设置为"居中于切点"。

步骤3 在"效果"面板中，选择"三维运动"下的"摆出"特效，按住鼠标将其拖至序列面板中的"4.jpg、5.jpg"素材之间。设置其参数，在"特效控制台"面板中，将"边宽"设置为1，"边色"设置为白色。

步骤4 在"效果"面板中，选择"三维运动"下的"门"特效，按住鼠标将其拖至序列面板中的"5.jpg、6.jpg"素材之间。设置其参数，在"特效控制台"面板中，勾选"反转"复选框。

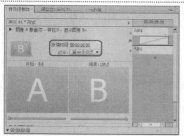
设置"帘式"特效

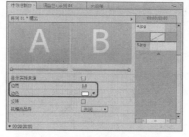
设置"摆出"特效

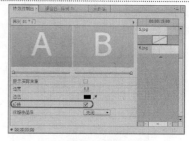
设置"门"特效

步骤5 然后按空格键预览"三维运动"切换效果。

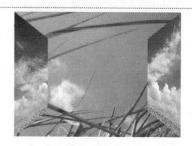

预览"三维运动"切换效果

步骤6 在菜单栏中选择"文件|另存为"命令，将项目保存为"三维运动"切换。

提示：

在设置"边色"时，可以使用"吸管工具" 选取颜色。

5.3 伸展

"伸展"切换效果是指由图像进行伸展而形成的切换效果，其中包括"交叉伸展"、"伸展"、"伸展覆盖"和"伸展进入"4种效果。

5.3.1 "交叉伸展"切换效果

"交叉伸展"是指图像B从一边开始伸展，同时图像A收缩，从而形成交叉伸展切换效果。在"效果"面板中，打开"视频切换"文件夹，选择"伸展"下的"交叉伸展"特效，按住鼠标将其拖至序列面板中的两个素材之间。设置其参数，在"特效控制台"面板中，将"边宽"设置为"1"，"抗锯齿品质"设置为"高"，然后预览"交叉伸展"切换效果。

添加"交叉伸展"效果

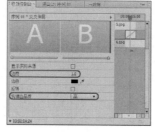
设置效果参数

预览"交叉伸展"切换效果

5.3.2 "伸展"切换效果

　　"伸展"切换特效类似于"交叉伸展"切换特效，素材也是从一个边伸展进入，逐渐覆盖另一个素材。在"效果"面板中，打开"视频切换"文件夹，选择"伸展"下的"伸展"特效，按住鼠标将其拖至序列面板中的两个素材之间。设置其参数，在"特效控制台"面板中，将切换方向设置为"从北西到南东"，"边宽"设置为1，然后预览"伸展"切换效果。

 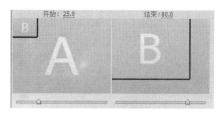

| 添加"伸展"效果 | 设置效果参数 | 预览"伸展"切换效果 |

5.3.3 "伸展覆盖"切换效果

　　"伸展覆盖"切换效果是指图像B从一条直线开始展开，覆盖图像A。在"效果"面板中，打开"视频切换"文件夹，选择"伸展"下的"伸展覆盖"特效，按住鼠标将其拖至序列面板中的两个素材之间。设置其参数，在"特效控制台"面板中，将 "边宽"设置为1，"边色"设置为红色，勾选"反转"复选框，然后预览"伸展覆盖"切换效果。

  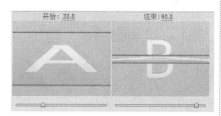

| 添加"伸展覆盖"效果 | 设置效果参数 | 预览"伸展覆盖"切换效果 |

5.3.4 实战："伸展进入"切换效果

　　"伸展进入"切换效果是指当图像B伸展到视图中点时，图像A渐隐，下面将介绍如何应用"伸展进入"切换效果，其具体操作步骤如下。

步骤1 新建项目文件，在"项目"面板中的空白处双击鼠标，弹出"导入"对话框，选择随书附带光盘中的"CDROM\素材\第5章\5.jpg、6.jpg"素材图片，单击"打开"按钮，打开素材图片后，将其拖入序列面板的视频1轨道中。

| 选择素材图片 | 添加素材图片 |

步骤2 切换到"效果"面板，打开"视频切换"文件夹，选择"伸展"下的"伸展进入"特效，按住鼠标将其拖至序列面板中的两个素材之间。设置其参数，在"特效控制台"面板中，将"持续时间"设置为"00:00:02:00"，"对齐"设置为"开始于切点"；单击"自定义"按钮，在弹出的对话框中将"带"设置为3。

添加"伸展伸入"效果

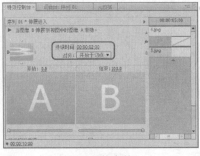
设置切换参数

设置效果参数

步骤3 按空格键预览"伸展进入"效果。

预览"伸展进入"效果

步骤4 在菜单栏中选择"文件 | 另存为"命令，将项目保存为"伸展进入"切换效果。

5.3.5 实战："伸展"切换

下面通过综合运用"伸展"中的多种切换效果来练习这一章所学的内容，具体操作步骤如下。

步骤1 新建项目文件，在"项目"面板中的空白处双击鼠标，弹出"导入"对话框，选择随书附带光盘中的"CDROM\素材\第5章\9.jpg、10.jpg、11.jpg"素材图片，单击"打开"按钮，打开素材图片后，将其拖入序列面板的视频1轨道中。

步骤2 在轨道中选择"11.jpg"素材图片，在"特效控制台台"面板中，将"运动"下的"缩放"设置为160。

步骤3 在"效果"面板中，选择"伸展"下的"交叉伸展"特效，按住鼠标将其拖至序列面板中的"9.jpg、10.jpg"素材之间。设置其参数，在"特效控制台"面板中，将切换方向设置为"从北到南"。

步骤4 在"效果"面板中，选择"伸展"下的"伸展覆盖"特效，按住鼠标将其拖至序列面板中的"10.jpg、11.jpg"素材之间。设置其参数，在"特效控制台"面板中，将"边宽"设置为1，勾选"反转"复选框。

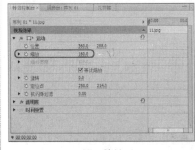
设置缩放

设置切换参数

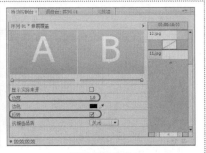
设置效果参数

步骤5　按空格键预览"伸展"切换效果。

预览"伸展"切换效果

步骤6　在菜单栏中选择"文件 | 另存为"命令，将项目保存为"伸展"切换效果。

5.4 光圈

　　"光圈"切换效果文件夹中包括7种切换效果："划像交叉"、"划像形状"、"圆划像"、"星形划像"、"点划像"、"盒形划像"和"菱形划像"等7种切换效果。

5.4.1 "划像交叉"切换效果

　　"划像交叉"是指由图像A进行交叉形状的擦除，从而显示出图像B。在"效果"面板中，打开"视频切换"文件夹，选择"光圈"下的"划像交叉"特效，按住鼠标左键将其拖至序列面板中的两个素材之间。设置其参数，在"特效控制台"面板中，勾选"显示实际来源"选项，将"边宽"设置为1，"边色"设置为橙色，然后预览"划像交叉"切换效果。

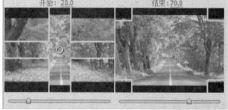

<table>
<tr><td>添加"划像交叉"效果</td><td>设置效果参数</td><td>预览"划像交叉"切换效果</td></tr>
</table>

提示：
　　在"特效控制台"面板中，通过调整预览中的光圈位置，可以更改切换点的位置。

5.4.2 实战："划像形状"切换效果

　　"划像形状"是指打开一个或多个形状集，以显示图像A下的图像B。下面介绍如何应用"划像形状"切换效果，具体操作步骤如下。

步骤1　新建项目文件，在"项目"面板中的空白处双击鼠标，弹出"导入"对话框，选择随书附带光盘中的"CDROM\素材\第5章\3.jpg、4.jpg"素材图片，单击"打开"按钮，打开素材图片后，将其拖入序列面板的视频1轨道中。

选择素材图片　　　　添加素材图片

步骤2　切换到"效果"面板，打开"视频切换"文件夹，选择"光圈"下的"划像形状"特效，按住鼠标将其拖至序列面板中的两个素材之间。设置其参数，在"特效控制台"面板中，将"持续时间"设置为"00:00:02:00"，"对齐"设置为"开始于切点"；单击"自定义"按钮，在弹出的对话框中选择"椭圆形"选项。

 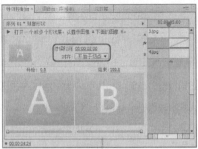 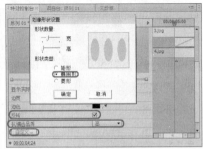

添加"划像形状"效果　　　设置切换参数　　　设置效果参数

步骤3　按空格键预览"划像形状"效果。

预览"划像形状"效果

步骤4　在菜单栏中选择"文件 | 另存为"命令，将项目保存为"划像形状"切换效果。

5.4.3　"圆划像"切换效果

　　"圆划像"是指由图像A进行圆形擦除，从而显示出图像B。在"效果"面板中，打开"视频切换"文件夹，选择"光圈"下的"圆划像"特效，按住鼠标将其拖至序列面板中的两个素材之间。设置其参数，在"特效控制台"面板中，勾选"显示实际来源"复选框，将"边宽"设置为1，"边色"设置为绿色，将光圈移动到预览图片的左侧，然后预览"圆划像"切换效果。

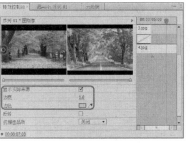

添加"圆划像"效果	设置效果参数	预览"圆划像"切换效果

5.4.4 "星形划像"切换效果

"星形划像"是指由图像A进行星形擦除，以显示图像A下面的图像B。在"效果"面板中，打开"视频切换"文件夹，选择"光圈"下的"星形划像"特效，按住鼠标将其拖至序列面板中的两个素材之间。设置其参数，在"特效控制台"面板中，勾选"显示实际来源"和"反转"复选框，然后预览"星形划像"切换效果。

添加"星形划像"效果	设置效果参数	预览"星形划像"切换效果

5.4.5 "点划像"切换效果

"点划像"可以由图像A产生X形状的切换效果，以显示图像B。在"效果"面板中，打开"视频切换"文件夹，选择"光圈"下的"点划像"特效，按住鼠标将其拖至序列面板中的两个素材之间。设置其参数，在"特效控制台"面板中，勾选"显示实际来源"和"反转"复选框，将"边宽"设置为1，"边色"设置为绿色，然后预览"点划像"切换效果。

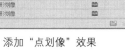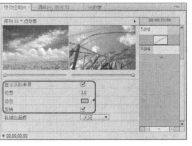

添加"点划像"效果	设置效果参数	预览"点划像"切换效果

5.4.6 "盒形划像"切换效果

"盒形划像"可以由图像A产生矩形的切换效果，以显示图像B。在"效果"面板中，打开"视频切换"文件夹，选择"光圈"下的"盒形划像"特效，按住鼠标将其拖至序列面板中的两个素材之间。设置其参数，在"特效控制台"面板中，勾选"显示实际来源"复选框，将光圈移动到预览图片的左上角，然后预览"盒形划像"切换效果。

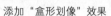

| 添加"盒形划像"效果 | 设置效果参数 | 预览"盒形划像"切换效果 |

5.4.7 实战："菱形划像"切换效果

"菱形划像"可以由图像A产生菱形的切换效果,以显示图像B。下面介绍如何应用"菱形划像"切换效果,其具体操作步骤如下。

步骤1 新建项目文件,在"项目"面板中的空白处双击鼠标,弹出"导入"对话框,选择随书附带光盘中的"CDROM\素材\第5章\5.jpg、6.jpg"素材图片,单击"打开"按钮,打开素材图片后,将其拖入序列面板的视频1轨道中。

| **步骤2** 在轨道中选择"5.jpg"素材图片,在"特效控制台"面板中,将"运动"下的"缩放"设置为80。 | **步骤3** 在轨道中选择"6.jpg"素材图片,在"特效控制台"面板中,将"运动"下的"缩放"设置为60。 |

| 设置"缩放" | 设置"缩放" |

步骤4 切换到"效果"面板,打开"视频切换"文件夹,选择"光圈"下的"菱形划像"特效,按住鼠标将其拖至序列面板中的两个素材之间。设置其参数,在"特效控制台"面板中,将"持续时间"设置为"00:00:02:00","对齐"设置为"结束于切点";将"边宽"设置为1,并勾选"反转"复选框。

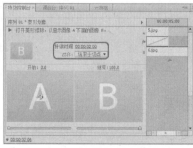
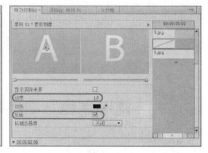

| 添加"菱形划像"效果 | 设置切换参数 | 设置效果参数 |

步骤5 按空格键预览"菱形划像"效果。

预览"菱形划像"效果

步骤6 在菜单栏中选择"文件 | 另存为"命令,将项目保存为"菱形划像"切换效果。

5.4.8 实战: "光圈"切换

下面通过综合运用"光圈"中的多种切换效果来练习这一章所学的内容,具体操作步骤如下。

步骤1 新建项目文件,在"项目"面板中的空白处双击鼠标,弹出"导入"对话框,选择随书附带光盘中的"CDROM\素材\第5章\15.jpg、16.jpg、17.jpg、18.jpg"素材图片,单击"打开"按钮,打开素材图片后,将其拖入序列面板的视频1轨道中。

步骤2 按Shift键将所有素材选中,然后单击鼠标右键,在弹出的快捷菜单中选择"速度/持续时间"命令。	**步骤3** 在弹出的"素材速度/持续时间"对话框中,将"持续时间"设置为"00:00:03:00"。

选择"速度/持续时间"命令

设置"持续时间"

步骤4 将轨道中的素材图片移动到一起。

步骤5 切换到"效果"面板,选择"光圈"下的"划像交叉"特效,按住鼠标将其拖至序列面板中的"15.jpg、16.jpg"素材之间。设置其参数,在"特效控制台"面板中,将"持续时间"设置为"00:00:02:00","对齐"设置为"居中于切点",将预览图像A中的光圈移动到左上角。

步骤6 在"效果"面板中,选择"光圈"下的"圆划像"特效,按住鼠标将其拖至序列面板中的"16.jpg、17.jpg"素材之间。设置其参数,在"特效控制台"面板中,将"边宽"设置为1,"边色"设置为白色。

步骤7 在"效果"面板中,选择"光圈"下的"点划像"特效,按住鼠标将其拖至序列面板中的"17.jpg、18.jpg"素材之间。设置其参数,在"特效控制台"面板中,勾选"反转"选项,将"抗锯齿品质"设置为"高"。

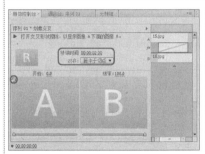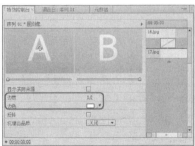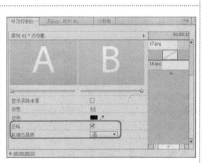

设置"划像交叉"特效   设置"圆划像"特效   设置"点划像"特效

步骤8 按空格键预览"光圈"切换效果。

预览"光圈"切换效果

步骤9 在菜单栏中选择"文件|另存为"命令，将项目保存为"光圈"切换效果。

5.5 卷页

在"卷页"切换效果文件夹中共包括5种切换效果，分别为"中心剥落"、"剥开背面"、"卷走"、"翻页"和"页面剥落"。

5.5.1 "中心剥落"切换效果

"中心剥落"切换效果可以使图像A从中心卷曲并在后面留下阴影，以显示图像B。在"效果"面板中，打开"视频切换"文件夹，选择"卷页"下的"中心剥落"特效，按住鼠标将其拖至序列面板中的两个素材之间。设置其参数，在"特效控制台"面板中，勾选"显示实际来源"复选框，然后预览"中心剥落"切换效果。

添加"中心剥落"效果　　　　　　设置参数　　　　　　预览"中心剥落"切换效果

5.5.2 "剥开背面"切换效果

"剥开背面"切换效果是指图像A的四个部分逐步发生卷曲并在后面留下阴影，以显示图像B。在"效果"面板中，打开"视频切换"文件夹，选择"卷页"下的"剥开背面"特效，按住鼠标将其拖至序列面板中的两个素材之间。设置其参数，在"特效控制台"面板中，勾选"显示实际来源"和"反转"复选框，然后预览"剥开背面"切换效果。

添加"剥开背面"效果　　　　　　　　　　　设置效果参数

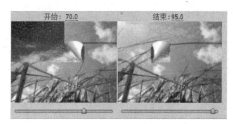

预览"剥开背面"切换效果

5.5.3 "卷走"切换效果

　　"卷走"切换效果是指将图像进行滚动擦除,从而显示图像A下面的图像B。在"效果"面板中,打开"视频切换"文件夹,选择"卷页"下的"卷走"特效,按住鼠标将其拖至序列面板中的两个素材之间。设置其参数,在"特效控制台"面板中,将切换方向设置为"从北到南",勾选"显示实际来源"复选框,然后预览"卷走"切换效果。

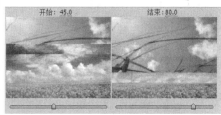

添加"卷走"效果	设置参数	预览"卷走"切换效果

5.5.4 实战:"翻页"切换效果

　　"翻页"切换效果可以使图像A卷曲以显示图像B,下面介绍如何应用"翻页"切换效果,具体操作步骤如下。

步骤1 新建项目文件,在"项目"面板中空白处双击鼠标,弹出"导入"对话框,选择随书附带光盘中的"CDROM\素材\第5章\6.jpg、7.jpg"素材图片,单击"打开"按钮,打开素材图片后,将其拖入序列面板的视频1轨道中。

步骤2 在轨道中选择"6.jpg"素材图片,在"特效控制台"面板中,将"运动"下的"缩放"设置为60。	**步骤3** 在轨道中选择"7.jpg"素材图片,在"特效控制台"面板中,将"运动"下的"缩放"设置为65。

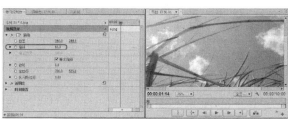

设置"缩放"	设置"缩放"

步骤4 切换到"效果"面板,打开"视频切换"文件夹,选择"卷页"下的"翻页"特效,按住鼠标将其拖至序列面板中的两个素材之间。设置其参数,在"特效控制台"面板中,将切换方向设置为"从南东到北西","持续时间"设置为"00:00:02:00","对齐"设置为"开始于切点";勾选"反转"复选框。

添加"翻页"效果

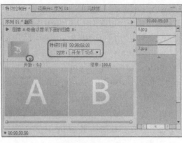

设置切换参数

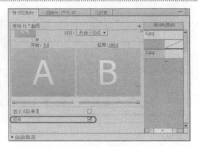

设置效果参数

步骤5 按空格键预览"翻页"效果。

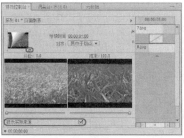

预览"翻页"效果

步骤6 在菜单栏中选择"文件 | 另存为"命令，将项目保存为"翻页"切换效果。

5.5.5 "页面剥落"切换效果

　　"页面剥落"切换效果可以使图像A卷曲并在后面留下阴影，以显示下面的图像B。在"效果"面板中，打开"视频切换"文件夹，选择"卷页"下的"页面剥落"特效，按住鼠标将其拖至序列面板中的两个素材之间。设置其参数，在"特效控制台"面板中，将切换方向设置为"从南东到北西"，勾选"显示实际来源"复选框，然后预览"页面剥落"切换效果。

添加"页面剥落"效果

设置参数

预览"页面剥落"切换效果

5.5.6 实战："卷页"切换效果

　　下面将通过综合运用"卷页"中的多种切换效果来练习这一章所学的内容，其具体操作步骤如下。

步骤1 新建项目文件，在"项目"面板中的空白处双击鼠标，弹出"导入"对话框，选择随书附带光盘中的"CDROM\素材\第5章\13.jpg、14.jpg、15.jpg、16.jpg"素材图片，单击"打开"按钮，打开素材图片后，将其拖入序列面板的视频1轨道中。

步骤2 在轨道中选中"13.jpg"素材图片，在"特效控制台"面板中，设置时间为"00:00:00:00"。在"运动"下，单击"缩放"左侧的"切换动画"按钮，设置"缩放"为100。

步骤3 将时间修改为"00:00:03:00"，单击"缩放"右侧的"添加/移除关键帧"按钮，然后将"缩放"设置为150。

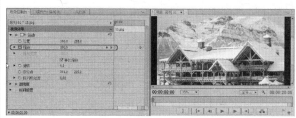

单击"切换动画"按钮

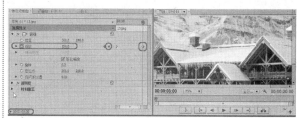

设置"缩放"关键帧

步骤4　在轨道中选中"14.jpg"素材图片，在"特效控制台"面板中，设置时间为"00:00:05:00"。在"运动"下，单击"缩放"左侧的"切换动画"按钮🔘，设置"缩放"为100。

步骤5　将时间修改为"00:00:08:00"，单击"缩放"右侧的"添加/移除关键帧"按钮🔘，然后将"缩放"设置为150。

单击"切换动画"按钮

设置"缩放"关键帧

步骤6　切换到"效果"面板，选择"卷页"下的"中心剥落"特效，按住鼠标将其拖至序列面板中的"13.jpg、14.jpg"素材之间。设置其参数，在"特效控制台"面板中，勾选"反转"选项。

步骤7　在"效果"面板中，选择"卷页"下的"卷走"特效，按住鼠标将其拖至序列面板中的"14jpg、15.jpg"素材之间。设置其参数，将"持续时间"设置为"00:00:02:00"，"对齐"设置为"开始于切点"。

步骤8　在"效果"面板中，选择"卷页"下的"页面剥落"特效，按住鼠标将其拖至序列面板中的"15.jpg、16.jpg"素材之间。设置其参数，在"特效控制台"面板中，将切换方向设置为"从南东到北西"。

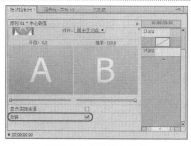

设置"中心剥落"特效

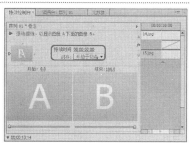

设置"卷走"特效

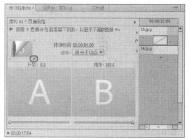

设置"页面剥落"特效

步骤9　按空格键预览"卷页"切换效果。

"卷页"切换效果

步骤10 在菜单栏中选择"文件 | 另存为"命令，将项目保存为"卷页"切换效果。

5.6 | 叠化

在"叠化"切换效果文件夹中，包括8种切换效果，分别为"交叉叠化"、"抖动溶解"、"渐隐为白色"、"渐隐为黑色"、"胶片溶解"、"附加叠化"、"随机相反"和"非附加叠化"。

5.6.1 "交叉叠化"切换效果

"交叉叠化"切换效果可以使图像A逐渐隐藏并显示图像B。在"效果"面板中，打开"视频切换"文件夹，选择"叠化"下的"交叉叠化"特效，按住鼠标将其拖至序列面板中的两个素材之间。设置其参数，在"特效控制台"面板中，勾选"显示实际来源"复选框，然后预览"交叉叠化"切换效果。

| 添加"交叉叠化"效果 | 设置参数 | 预览"交叉叠化"切换效果 |

5.6.2 "抖动溶解"切换效果

"抖动溶解"切换效果可以使图像A实现抖动叠化转换为图像B。在"效果"面板中，打开"视频切换"文件夹，选择"叠化"下的"抖动溶解"特效，按住鼠标将其拖至序列面板中的两个素材之间。设置其参数，在"特效控制台"面板中，勾选"显示实际来源"复选框，"边宽"设置为1，然后预览"抖动溶解"切换效果。

| 添加"抖动溶解"效果 | 设置参数 | 预览"抖动溶解"切换效果 |

5.6.3 实战："渐隐为白色"切换效果

"渐隐为白色"切换效果可以使图像A逐渐变白，然后图像B由白逐渐显示。下面介绍如何应用"渐隐为白色"切换效果，其具体操作步骤如下。

步骤1 新建项目文件，在"项目"面板中的空白处双击鼠标，弹出"导入"对话框，选择随书附带光盘中的"CDROM\素材\第5章\7.jpg、8.jpg"素材图片，单击"打开"按钮，打开素材图片后，将其拖入序列面板的视频1轨道中。

步骤2 切换到"效果"面板，打开"视频切换"文件夹，选择"叠化"下的"渐隐为白色"特效，按住鼠标将其拖至序列面板中的两个素材之间。

步骤3 设置其参数，在"特效控制台"面板中，将"持续时间"设置为"00:00:02:00"，"对齐"设置为"结束于切点"。

添加"渐隐为白色"效果　　　　　　　　　　　　　设置切换参数

步骤4　按空格键预览"渐隐为白色"切换效果。

预览"渐隐为白色"切换效果

步骤5　在菜单栏中选择"文件|另存为"命令，将项目保存为"渐隐为白色"切换效果。

5.6.4　"渐隐为黑色"切换效果

　　"渐隐为黑色"切换特效与"渐隐为白色"很相似，它可以使图像A逐渐变黑，然后使图像B由黑逐渐显示。在"效果"面板中，打开"视频切换"文件夹，选择"叠化"下的"渐隐为黑色"特效，按住鼠标将其拖至序列面板中的两个素材之间。设置其参数，在"特效控制台"面板中，勾选"显示实际来源"选项，然后预览"渐隐为黑色"切换效果。

添加"渐隐为黑色"效果　　　　　　　　设置参数　　　　　　　　　预览"渐隐为黑色"切换效果

5.6.5　"胶片溶解"切换效果

　　"胶片溶解"切换效果是指图像A可以线性渐隐于图像B。在"效果"面板中，打开"视频切换"文件夹，选择"叠化"下的"胶片溶解"特效，按住鼠标将其拖至序列面板中的两个素材之间。设置其参数，在"特效控制台"面板中，勾选"显示实际来源"选项，然后预览"胶片溶解"切换效果。

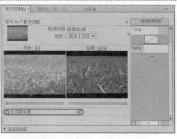

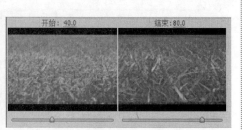

添加"胶片溶解"效果	设置参数	预览"胶片溶解"切换效果

5.6.6 "附加叠化"切换效果

　　"附加叠化"切换特效可以将图像A作为纹理贴图映像给图像B，实现高亮度叠化切换效果。在"效果"面板中，打开"视频切换"文件夹，选择"叠化"下的"附加叠化"特效，按住鼠标将其拖至序列面板中的两个素材之间。设置其参数，在"特效控制台"面板中，勾选"显示实际来源"复选框，然后预览"附加叠化"切换效果。

添加"附加叠化"效果	设置参数	预览"附加叠化"切换效果

5.6.7 实战："随机反相"切换效果

　　"随机反相"切换效果是指随机块反相图像A，然后图像A消失以显示图像B。添加"随机反相"转场特效后，切换至"特效控制台"面板，单击"自定义"按钮，弹出"随机反相设置"对话框。各项参数设置说明如下。

❶ "宽"：图像水平随机块数量。

❷ "高"：图像垂直随机块数量。

❸ "反相源"：显示素材即图像A反色效果。

❹ "反相目标"：显示作品即图像B反色效果。

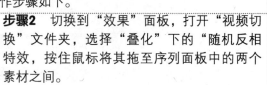

"随机反相设置"对话框

　　下面介绍如何应用"随机反相"切换效果，其具体操作步骤如下。

步骤1　新建项目文件，在"项目"面板中的空白处双击鼠标，弹出"导入"对话框，选择随书附带光盘中的"CDROM\素材\第5章\9.jpg、10.jpg"素材图片，单击"打开"按钮，打开素材图片后，将其拖入序列面板的视频1轨道中。

步骤2　切换到"效果"面板，打开"视频切换"文件夹，选择"叠化"下的"随机反相"特效，按住鼠标将其拖至序列面板中的两个素材之间。

选择素材图片

添加"随机反相"特效

步骤3　选中"随机反相"特效并设置其参数。在"特效控制台"面板中，将"持续时间"设置为"00:00:02:00"，"对齐"设置为"居中于切点"。

步骤4　单击"自定义"按钮，在弹出的"随机反相设置"对话框中，将"宽"设置为25，"高"设置为20，选择"反相目标"单选钮。

设置切换参数

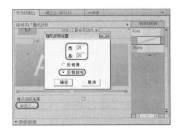

"随机反相设置"对话框

步骤5　按空格键预览"随机反相"效果。

预览"随机反相"效果

步骤6　在菜单栏中选择"文件 | 另存为"命令，将项目保存为"随机反相"切换效果。

5.6.8　"非附加叠化"切换效果

"非附加叠化"切换效果是指图像A的明亮度被反射到图像B，在"效果"面板中，打开"视频切换"文件夹，选择"叠化"下的"非附加叠化"特效，按住鼠标将其拖至序列面板中的两个素材之间。设置其参数，在"特效控制台"面板中，勾选"显示实际来源"复选框，然后预览"非附加叠化"切换效果。

添加"非附加叠化"效果

预览"非附加叠化"切换效果

5.6.9　实战："叠化"切换

下面通过综合运用"叠化"中的多种切换效果来练习这一章所学的内容，其具体操作步骤如下。

步骤1　新建项目文件，在"项目"面板中的空白处单击鼠标右键，在弹出的快捷菜单中选择"新建分页 | 颜色遮罩"命令。在弹出的"新建彩色蒙板"对话框中，单击"确定"按钮。在弹出的"颜色拾取"面板中，将颜色设置为蓝色。

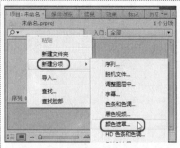

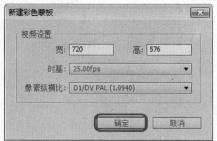

选择"颜色遮罩"命令　　　　　　单击"确定"按钮　　　　　　设置颜色

步骤2　在弹出的"选择名称"对话框中，名称默认为"颜色遮罩"。

步骤3　将创建的"颜色遮罩"拖入序列面板的视频1轨道中，然后单击鼠标右键，在弹出的快捷菜单中选择"速度/持续时间"命令，在弹出的"素材速度/持续时间"对话框中，将"持续时间"设置为"00:00:20:00"。

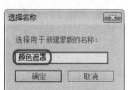

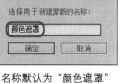

名称默认为"颜色遮罩"　　　　　设置"持续时间"　　　　　　"颜色遮罩"图层

步骤4　在"项目"面板中的空白处双击鼠标，弹出"导入"对话框，选择随书附带光盘中的"CDROM\素材\第5章\17.jpg、18.jpg、19.jpg、20.jpg"素材图片，单击"打开"按钮，打开素材图片后，将其拖入序列面板的视频2轨道中。

步骤5　在轨道中选中"17.jpg"素材图片，在"特效控制台"面板中，设置时间为"00:00:00:00"。在"运动"下，单击"旋转"左侧的"切换动画"按钮，设置"旋转"为50。

步骤6　将时间修改为"00:00:03:00"，单击"旋转"右侧的"添加/移除关键帧"按钮，然后将"旋转"设置为0。

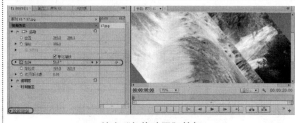

单击"切换动画"按钮　　　　　　　　　　设置"旋转"关键帧

步骤7　切换到"效果"面板，选择"叠化"下的"交叉叠化"特效，按住鼠标将其拖至序列面板中的"17.jpg、18.jpg"素材之间。设置其参数，在"特效控制台"面板中，将"持续时间"设置为"00:00:02:00"，"对齐"设置为"开始于切点"。

步骤8　在"效果"面板中，选择"叠化"下的"胶片溶解"特效，按住鼠标将其拖至序列面板中的"18.jpg、19.jpg"素材之间。设置其参数，将"持续时间"设置为"00:00:03:00"，"对齐"设置为"居中于切点"。

步骤9　在"效果"面板中，选择"叠化"下的"非附加叠化"特效，按住鼠标将其拖至序列面板中的"19.jpg、20.jpg"素材之间。设置其参数，在"特效控制台"面板中，将"持续时间"设置为"00:00:02:00"，"对齐"设置为"结束于切点"。

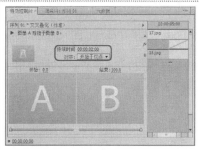
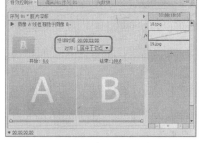
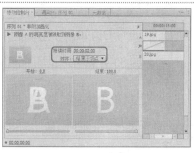

| 设置"交叉叠化"特效 | 设置"胶片溶解"特效 | 设置"非附加叠化"特效 |

步骤10　按空格键预览"叠化"切换效果。

预览"叠化"切换效果

步骤11　在菜单栏中选择"文件Ⅰ另存为"命令，将项目保存为"叠化"切换。

5.7　擦除

"擦除"是以扫像方式过渡的切换视频效果。在"擦除"文件夹中，包括17个切换特效，本节将对其进行简单的介绍。

5.7.1　实战："双侧平推门"切换效果

"双侧平推门"切换效果可以使图像B由中央向外打开的方式从图像A中显示出来。下面介绍如何应用"双侧平推门"切换效果，具体操作步骤如下。

步骤1　新建项目文件，在"项目"面板中的空白处双击鼠标，弹出"导入"对话框，选择随书附带光盘中的"CDROM\素材\第5章\9.jpg、10.jpg"素材图片，单击"打开"按钮，打开素材图片后，将其拖入序列面板的视频1轨道中。

步骤2　切换到"效果"面板，打开"视频切换"文件夹，选择"擦除"下的"双侧平推门"特效，按住鼠标将其拖至序列面板中的两个素材之间。

步骤3　选中"双侧平推门"特效并设置其参数。在"特效控制台"面板中，将切换方向设置为"从北到南"，"持续时间"设置为"00:00:02:00"，"对齐"设置为"自定开始"。

| 添加"双侧平推门"特效 | 设置切换参数 |

步骤4　按空格键预览"双侧平推门"效果。

预览"双侧平推门"效果

步骤5 在菜单栏中选择"文件 | 另存为"命令，将项目保存为"双侧平推门"切换效果。

5.7.2 "带状擦除"切换效果

"带状擦除"切换效果是指图像B在水平、垂直或对角线方向上呈现条形扫除图像A，从而逐渐显示。在"效果"面板中，打开"视频切换"文件夹，选择"擦除"下的"带状擦除"特效，按住鼠标将其拖至序列面板中的两个素材之间。设置其参数，在"特效控制台"面板中，勾选"显示实际来源"复选框，将"边宽"设置的为1，"抗锯齿品质"设置为"高"，然后预览"带状擦除"切换效果。

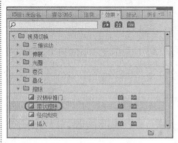

| 添加"带状擦除"效果 | 设置效果参数 | 预览"带状擦除"切换效果 |

5.7.3 "径向划变"切换效果

"径向划变"切换效果可以将图像A以线性扫掠擦除，以显示图像B。在"效果"面板中，打开"视频切换"文件夹，选择"擦除"下的"径向划变"特效，按住鼠标将其拖至序列面板中的两个素材之间。设置其参数，在"特效控制台"面板中，勾选"显示实际来源"复选框，将"边宽"设置为1，"边色"设置为白色，然后预览"径向划变"切换效果。

| 添加"径向划变"效果 | 设置效果参数 | 预览"径向划变"切换效果 |

5.7.4 "插入"切换效果

"插入"切换效果可以对图像A进行角擦除，以显示图像B。在"效果"面板中，打开"视频切换"文件夹，选择"擦除"下的"插入"特效，按住鼠标将其拖至序列面板中的两个素材之间。设置其参数，在"特效控制台"面板中，勾选"显示实际来源"和"反选"复选框，将"边宽"设置为1，然后预览"插入"切换效果。

| 添加"插入"效果 | 设置效果参数 | 预览"插入"切换效果 |

5.7.5 "擦除"切换效果

"擦除"切换效果可以移动擦除图像A，从而显示下面的图像B。在"效果"面板中，打开"视频切换"文件夹，选择"擦除"下的"擦除"特效，按住鼠标将其拖至序列面板中的两个素材之间。设置其参数，在"特效控制台"面板中，勾选"显示实际来源"复选框，将"边宽"设置为1，"抗锯齿品质"设置为"高"，然后预览"擦除"切换效果。

| 添加"擦除"效果 | 设置效果参数 | 预览"擦除"切换效果 |

5.7.6 实战："时钟式划变"切换效果

"时钟式划变"切换效果是指从图像A的中心开始以时钟的方式扫掠擦除，从而显示出图像B，下面介绍如何应用"时钟式划变"切换效果，具体操作步骤如下。

步骤1 新建项目文件，在"项目"面板中的空白处双击鼠标，弹出"导入"对话框，选择随书附带光盘中的"CDROM\素材\第5章\11.jpg、12.jpg"素材图片，单击"打开"按钮，打开素材图片后，将其拖入序列面板的视频1轨道中。

步骤2 在轨道中选择"11.jpg"素材图片，在"特效控制台台"面板中，将"运动"下的"缩放"设置为160。

步骤3 在"效果"面板中，打开"视频切换"文件夹，选择"擦除"下的"时钟式划变"特效，按住鼠标将其拖至序列面板中的两个素材之间。

设置缩放

添加"时钟式划变"特效

步骤4 选中"时钟式划变"特效，在"特效控制台"面板中，将切换方向设置为"从南西到北东"。

步骤5 将"边宽"设置为1，"边色"设置为白色。

设置切换参数

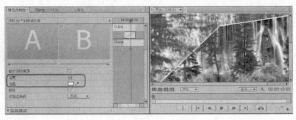

设置特效参数

步骤6 按空格键预览"时钟式划变"效果。

预览"时钟式划变"效果

步骤7 在菜单栏中选择"文件 | 另存为"命令，将项目保存为"时钟式划变"切换效果。

5.7.7 "棋盘"切换效果

　　"棋盘"切换效果是指两组方形框交替擦除，以显示图像A下面的图像B。在"效果"面板中，打开"视频切换"文件夹，选择"擦除"下的"棋盘"特效，按住鼠标将其拖至序列面板中的两个素材之间。设置其参数，在"特效控制台"面板中，勾选"显示实际来源"复选框，将"边宽"设置为1，"边色"设置为白色，然后预览"棋盘"切换效果。

 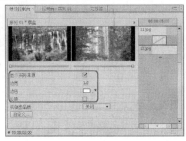 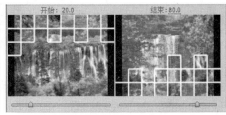

添加"棋盘"效果　　　　　　　设置效果参数　　　　　　　预览"棋盘"切换效果

5.7.8 "棋盘划变"切换效果

　　"棋盘划变"切换效果可以以棋盘的方式擦除图像A，从而显示图像B。在"效果"面板中，打开"视频切换"文件夹，选择"擦除"下的"棋盘划变"特效，按住鼠标将其拖至序列面板中的两个素材之间。设置其参数，在"特效控制台"面板中，勾选"显示实际来源"复选框，将"边宽"设置为1，"边色"设置为白色，然后预览"棋盘划变"切换效果。

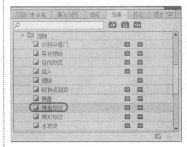 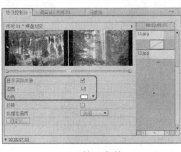 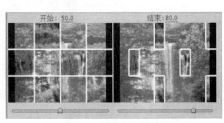

添加"棋盘划变"效果　　　　　　设置效果参数　　　　　　预览"棋盘划变"切换效果

5.7.9　"楔形划变"切换效果

　　"楔形划变"切换效果是指从图像A的中心开始扫掠擦除，以显示图像B。在"效果"面板中，打开"视频切换"文件夹，选择"擦除"下的"楔形划变"特效，按住鼠标将其拖至序列面板中的两个素材之间。设置其参数，在"特效控制台"面板中，勾选"显示实际来源"复选框，将"边宽"设置为1，"边色"设置为白色，然后预览"楔形划变"切换效果。

  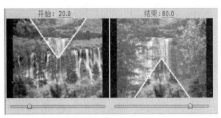

添加"楔形划变"效果　　　　　设置效果参数　　　　　预览"楔形划变"切换效果

5.7.10　"水波块"切换效果

　　"水波块"切换效果可以在图像A中来回进行块擦除，从而显示图像B。在"效果"面板中，打开"视频切换"文件夹，选择"擦除"下的"水波块"特效，按住鼠标将其拖至序列面板中的两个素材之间。设置其参数，在"特效控制台"面板中，勾选"显示实际来源"复选框，将"边宽"设置为1，"边色"设置为白色，然后预览"水波块"切换效果。

 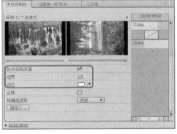 

添加"水波块"效果　　　　　设置效果参数　　　　　预览"水波块"切换效果

5.7.11　实战："油漆飞溅"切换效果

　　"油漆飞溅"切换特效可以使图像B以墨点状覆盖图像A。下面介绍如何应用"油漆飞溅"切换效果，具体操作步骤如下。

步骤1　新建项目文件，在"项目"面板中的空白处双击鼠标，弹出"导入"对话框，选择随书附带光盘中的"CDROM\素材\第5章\13.jpg、14.jpg"素材图片，单击"打开"按钮，打开素材图片后，将其拖入序列面板的视频1轨道中。

步骤2　在轨道中分别选择"13.jpg、14.jpg"素材图片，在"特效控制台"面板中，将"运动"下的"缩放"都设置为150。

步骤3　在"效果"面板中，打开"视频切换"文件夹，选择"擦除"下的"油漆飞溅"特效，按住鼠标将其拖至序列面板中的两个素材之间。设置其参数，在"特效控制台"面板中，将"持续时间"设置为"00:00:02:00"，"对齐"设置为"居中于切点"，"边宽"设置为1，"边色"设置为白色。

 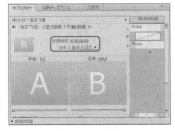 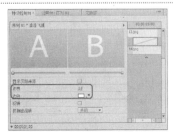

添加"油漆飞溅"效果　　　　　设置切换参数　　　　　设置效果参数

步骤4 按空格键预览"油漆飞溅"效果。

预览"油漆飞溅"效果

步骤5 在菜单栏中选择"文件 | 另存为"命令，将项目保存为"油漆飞溅"切换效果。

5.7.12 "渐变擦除"切换效果

　　"渐变擦除"切换特效可以用一张灰度图像制作渐变切换。在渐变切换中，图像B充满灰度图像的黑色区域，然后通过每一个灰度级开始显现进行切换，直到白色区域完全透明。

　　选择"渐变擦除"切换特效后，会弹出"渐变擦除设置"对话框，其各项参数设置说明如下。

　　❶ "选择图像"：从计算机中选择一个用做渐变的黑白图像。

　　❷ "柔和度"：设置边缘软化程度。

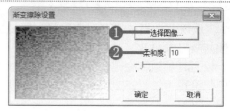

"渐变擦除设置"对话框

　　在"效果"面板中，打开"视频切换"文件夹，选择"擦除"下的"渐变擦除"特效，按住鼠标将其拖至序列面板中的两个素材之间。在弹出"渐变擦除设置"对话框中，将"柔和度"设置为5。

添加"渐变擦除"特效

"渐变擦除设置"对话框

　　在"特效控制台"面板中，勾选"显示实际来源"和"反转"复选框，然后预览"渐变擦除"切换效果。

设置特效参数

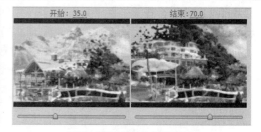
预览"渐变擦除"切换效果

5.7.13 实战："百叶窗"切换效果

　　"百叶窗"切换效果是指将图像A以百叶窗的形式进行擦除，从而显示出图像B，下面介绍如何应用"百叶窗"切换效果，具体操作步骤如下。

步骤1 新建项目文件，在"项目"面板中的空白处双击鼠标，弹出"导入"对话框，选择随书附带光盘中的"CDROM\素材\第5章\15.jpg、16.jpg"素材图片，单击"打开"按钮，打开素材图片后，将其拖入序列面板的视频1轨道中。

步骤2 在"效果"面板中，打开"视频切换"文件夹，选择"擦除"下的"百叶窗"特效，按住鼠标将其拖至序列面板中的两个素材之间。设置其参数，在"特效控制台"面板中，将"持续时间"设置为"00:00:02:00"，"对齐"设置为"居中于切点"。将"边宽"设置为1，"边色"设置为白色，单击"自定义"按钮，在弹出的"百叶窗设置"对话框中，将"带数量"设置为5。

 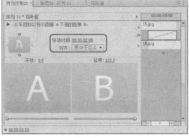 

添加"百叶窗"效果　　　　　设置切换参数　　　　　设置效果参数

步骤3 按空格键预览"百叶窗"效果。

预览"百叶窗"效果

步骤4 在菜单栏中选择"文件 | 另存为"命令，将项目保存为"百叶窗"切换效果。

5.7.14 "螺旋框"切换效果

　　"螺旋框"切换效果是指图像A以螺旋框形状进行擦除，从而显示出图像B。在"效果"面板中，打开"视频切换"文件夹，选择"擦除"下的"螺旋框"特效，按住鼠标将其拖至序列面板中的两个素材之间。设置其参数，在"特效控制台"面板中，勾选"显示实际来源"复选框，"边宽"设置为1，"边色"设置为白色，单击"自定义"按钮，在弹出的"螺旋框设置"对话框中，将"水平"设置为20，"垂直"设置为10，然后预览"螺旋框"切换效果。

添加"螺旋框"效果　　　　　设置效果参数　　　　　预览"螺旋框"切换效果

5.7.15 实战："随机块"切换效果

　　"随机块"切换特效可以使图像B以方块随机出现覆盖图像A。下面介绍如何应用"随机块"切换效果，具体操作步骤如下。

步骤1 新建项目文件，在"项目"面板中的空白处双击鼠标，弹出"导入"对话框，选择随书附带光盘中的"CDROM\素材\第5章\15.jpg、16.jpg"素材图片，单击"打开"按钮，打开素材图片后，将其拖入序列面板的视频1轨道中。

步骤2 在"效果"面板中，打开"视频切换"文件夹，选择"擦除"下的"随机块"特效，按住鼠标将其拖至序列面板中的两个素材之间。设置其参数，在"特效控制台"面板中，将"持续时间"设置为"00:00:02:00"，"对齐"设置为"居中于切点"。将"边宽"设置为1，"边色"设置为白色，单击"自定义"按钮，在弹出的"随机块设置"对话框中，将"宽"设置为20，"高"设置为15。

  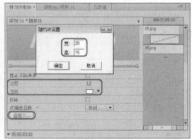

| 添加"随机块"效果 | 设置切换参数 | 设置效果参数 |

步骤3 按空格键预览"随机块"效果。

预览"随机块"效果

步骤4 在菜单栏中选择"文件|另存为"命令，将项目保存为"随机块"切换效果。

5.7.16 "随机擦除"切换效果

"随机擦除"切换效果是指用随机边缘对图像A进行移动擦除，从而显示出图像B。在"效果"面板中，打开"视频切换"文件夹，选择"擦除"下的"随机擦除"特效，按住鼠标将其拖至序列面板中的两个素材之间。设置其参数，在"特效控制台"面板中，勾选"显示实际来源"复选框，将"边宽"设置为1，"边色"设置为蓝色，然后预览"随机擦除"切换效果。

| 添加"随机擦除"效果 | 设置效果参数 | 预览"随机擦除"切换效果 |

5.7.17 "风车"切换效果

"风车"切换效果是指从图像A的中心进行多次扫掠擦除，从而显示出图像B。在"效果"面板中，打开"视频切换"文件夹，选择"擦除"下的"风车"特效，按住鼠标将其拖至序列面板中的两个素材之间。设置其参数，在"特效控制台"面板中，勾选"显示实际来源"复选框，将"边宽"设置为1，单击"自定义"按钮，在弹出的"风车设置"对话框中，将"楔形数量"设置为4，然后预览"风车"切换效果。

 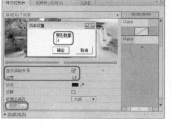 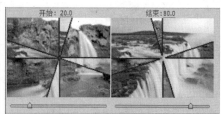

添加"风车"效果　　　　　　设置效果参数　　　　　　预览"风车"切换效果

5.7.18　实战："擦除"切换

下面通过综合运用"擦除"中的多种切换效果来练习这一章学过的内容，具体操作步骤如下。

步骤1　在"项目"面板中的空白处双击鼠标，弹出"导入"对话框，选择随书附带光盘中的"CDROM\素材\第5章\17.jpg、18.jpg、19.jpg、20.jpg"素材图片，单击"打开"按钮，打开素材图片后，将其拖入序列面板的视频1轨道中。

步骤2　按Shift键将所有素材选中，然后单击鼠标右键，在弹出的快捷菜单中选择"速度/持续时间"命令。

步骤3　在弹出的"素材速度/持续时间"对话框中，将"持续时间"设置为"00:00:03:00"，然后勾选"波纹编辑，移动后面的素材"复选框。

设置"速度/持续时间"

步骤4　切换到"效果"面板，选择"擦除"下的"径向划变"特效，按住鼠标将其拖至序列面板中的"17.jpg、18.jpg"素材之间。设置其参数，在"特效控制台"面板中，将"边宽"设置为1，"边色"设置为白色。

步骤5　在"效果"面板中，选择"擦除"下的"棋盘划变"特效，按住鼠标将其拖至序列面板中的"18.jpg、19.jpg"素材之间。设置其参数，在"特效控制台"面板中，将"持续时间"设置为"00:00:02:00"，"对齐"设置为"居中于切点"。

步骤6　在"效果"面板中，选择"擦除"下的"风车"特效，按住鼠标将其拖至序列面板中的"19.jpg、20.jpg"素材之间。设置其参数，在"特效控制台"面板中，将"边宽"设置为1，单击"自定义"按钮，在弹出的"风车设置"对话框中，将"楔形数量"设置为5。

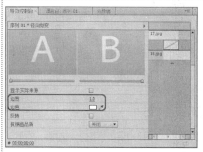 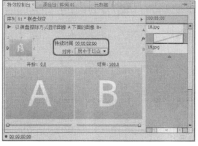 

设置"径向划变"特效　　　　　设置"棋盘划变"特效　　　　　设置"风车"特效

步骤7　按空格键预览"擦除"切换效果。

预览"擦除"切换效果

步骤8 在菜单栏中选择"文件 | 另存为"命令，将项目保存为"擦除"切换。

| 5.8 | 映射

在"映射"切换效果文件夹中包括两种切换效果，分别为"明亮度映射"和"通道映射"。

5.8.1 "明亮度映射"切换效果

"明亮度映射"切换效果可以使图像A的亮度被映射到图像B。在"效果"面板中，打开"视频切换"文件夹，选择"映射"下的"明亮度映射"特效，按住鼠标将其拖至序列面板中两个素材之间。然后按空格键预览"明亮度映射"切换效果。

添加"明亮度映射"特效

预览"明亮度映射"切换效果

5.8.2 "通道映射"切换效果

"通道映射"切换效果是指图像A和图像B的选定通道被映射到输出效果。在"效果"面板中，打开"视频切换"文件夹，选择"映射"下的"通道映射"特效，按住鼠标将其拖至序列面板中两个素材之间。在弹出的"通道映射设置"对话框中，设置"映射源B–红色至目标蓝色"，勾选"反相"选项，然后按空格键预览"通道映射"切换效果。

添加"通道映射"特效

设置特效参数

预览"通道映射"切换效果

5.8.3 实战："映射"切换

下面通过综合运用"映射"中的多种切换效果来练习这一章的内容，具体操作步骤如下。

步骤1 新建项目文件，在"项目"面板中的空白处双击鼠标，弹出"导入"对话框，选择随书附带光盘中的"CDROM\素材\第5章\16.jpg、17.jpg、18.jpg"素材图片，单击"打开"按钮，打开素材图片后，将其拖入序列面板的视频1轨道中。

步骤2 在轨道中选中"16.jpg"素材图片，在"特效控制台"面板中，设置时间为"00:00:00:00"。在"运动"下，单击"缩放"左侧的"切换动画"按钮，设置"缩放"为100。

步骤3 将时间修改为"00:00:03:00"，单击"缩放"右侧的"添加/移除关键帧"按钮，然后将"缩放"设置为150。

单击"切换动画"按钮

设置"缩放"关键帧

步骤4　在"效果"面板中，选择"映射"下的"明亮度映射"特效，按住鼠标将其拖至序列面板中的"16.jpg、17.jpg"素材之间。设置其参数，在"特效控制台"面板中，将"持续时间"设置为"00:00:02:00"，"对齐"设置为"居中于切点"。

步骤5　在"效果"面板中，选择"映射"下的"通道映射"特效，按住鼠标将其拖至序列面板中的"17.jpg、18.jpg"素材之间。在弹出的"通道映射设置"对话框中，设置"映射"为"源B−蓝色"至目标蓝色。

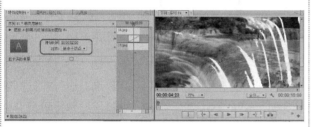

设置"明亮度映射"特效

设置"通道映射"特效

步骤6　按空格键预览"映射"切换效果。

预览"映射"切换效果

步骤7　在菜单栏中选择"文件|另存为"命令，将项目保存为"映射"切换效果。

5.9 滑动

　　在"滑动"切换效果文件夹中，包括"中心合并"、"中心拆分"、"互换"、"多旋转"、"带状滑动"、"拆分"、"推"、"斜线滑动"、"滑动"、"滑动带"、"滑动框"和"漩涡"12种切换效果。

5.9.1 "中心合并"切换效果

　　"中心合并"切换效果可以将图像A分成四部分，并滑动到中心以显示图像B。在"效果"面板中，打开"视频切换"文件夹，选择"滑动"下的"中心合并"特效，按住鼠标将其拖至序列面板中的两个素材之间。设置其参数，在"特效控制台"面板中，勾选"显示实际来源"复选框，将"边宽"设置为1，"边色"设置为白色，然后预览"中心合并"切换效果。

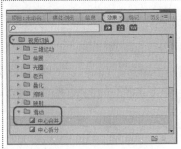  

添加"中心合并"特效　　　　　设置特效参数　　　　　预览"中心合并"切换效果

5.9.2 "中心拆分"切换效果

"中心拆分"切换效果可以将图像A分成四部分，并滑动到角落或中心以显示图像B。在"效果"面板中，打开"视频切换"文件夹，选择"滑动"下的"中心拆分"特效，按住鼠标将其拖至序列面板中的两个素材之间。设置其参数，在"特效控制台"面板中，勾选"显示实际来源"复选框，将"边宽"设置为1，勾选"反转"复选框，然后预览"中心拆分"切换效果。

添加"中心拆分"特效　　　　　设置特效参数　　　　　预览"中心拆分"切换效果

5.9.3 "互换"切换效果

"互换"切换效果可以使图像A和图像B相互盖压以切换图像。在"效果"面板中，打开"视频切换"文件夹，选择"滑动"下的"互换"特效，按住鼠标将其拖至序列面板中的两个素材之间。设置其参数，在"特效控制台"面板中，勾选"显示实际来源"复选框，将"抗锯齿品质"设置为"高"，然后预览"互换"切换效果。

添加"互换"特效　　　　　设置特效参数　　　　　预览"互换"切换效果

5.9.4 实战："多旋转"切换效果

"多旋转"切换效果是指图像B以多个旋转矩形的方式呈现出来，下面介绍如何应用"多旋转"切换效果，具体操作步骤如下。

步骤1 新建项目文件，在"项目"面板中的空白处双击鼠标，弹出"导入"对话框，选择随书附带光盘中的"CDROM\素材\第5章\17.jpg、18.jpg"素材图片，单击"打开"按钮，打开素材图片后，将其拖入序列面板的视频1轨道中。

步骤2　在"效果"面板中，打开"视频切换"文件夹，选择"滑动"下的"多旋转"特效，按住鼠标将其拖至序列面板中的两个素材之间。设置其参数，在"特效控制台"面板中，将"持续时间"设置为"00:00:02:00"，"对齐"设置为"居中于切点"，"边宽"设置为1，"边色"设置为白色。

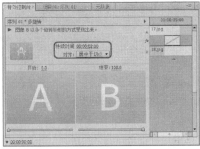
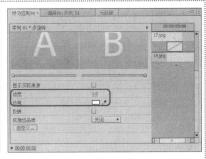

| 添加"多旋转"效果 | 设置切换参数 | 设置效果参数 |

步骤3　按空格键预览"多旋转"效果。

预览"多旋转"效果

步骤4　在菜单栏中选择"文件|另存为"命令，将项目保存为"多旋转"切换效果。

5.9.5　实战："带状滑动"切换效果

　　"带状滑动"切换效果可以使图像B在水平、垂直或对角线方向上以条形滑入，逐渐覆盖图像A，下面介绍如何应用"带状滑动"切换效果，具体操作步骤如下。

步骤1　新建项目文件，在"项目"面板中的空白处双击鼠标，弹出"导入"对话框，选择随书附带光盘中的"CDROM\素材\第5章\17.jpg、18.jpg"素材图片，单击"打开"按钮，打开素材图片后，将其拖入序列面板的视频1轨道中。

步骤2　在"效果"面板中，打开"视频切换"文件夹，选择"滑动"下的"带状滑动"特效，按住鼠标将其拖至序列面板中的两个素材之间。设置其参数，在"特效控制台"面板中，将切换方向设置为"从北到南"，将"持续时间"设置为"00:00:02:00"，"对齐"设置为"居中于切点"，"边宽"设置为1，单击"自定义"按钮，在弹出的"带状滑动设置"对话框中，将"带数量"设置为4。

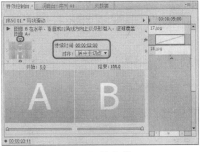

| 添加"带状滑动"效果 | 设置切换参数 | 设置效果参数 |

步骤3　按空格键预览"带状滑动"效果。

预览"带状滑动"效果

步骤4　在菜单栏中选择"文件 | 另存为"命令，将项目保存为"带状滑动"切换效果。

5.9.6　"拆分"切换效果

　　"拆分"切换效果可以将图像A拆分并滑动到两边，以显示图像B。在"效果"面板中，打开"视频切换"文件夹，选择"滑动"下的"拆分"特效，按住鼠标将其拖至序列面板中的两个素材之间。设置其参数，在"特效控制台"面板中，勾选"显示实际来源"复选框，将"边宽"设置为1，"边色"设置为淡蓝色，然后预览"拆分"切换效果。

添加"拆分"效果　　　　　设置特效参数　　　　　预览"拆分"切换效果

5.9.7　"推"切换效果

　　"推"切换效果可以使图像B将图像A推到一边。在"效果"面板中，打开"视频切换"文件夹，选择"滑动"下的"推"特效，按住鼠标将其拖至序列面板中的两个素材之间。设置其参数，在"特效控制台"面板中，勾选"显示实际来源"复选框，将"边宽"设置为1，"边色"设置为白色，然后预览"推"切换效果。

添加"推"特效　　　　　设置特效参数　　　　　预览"推"切换效果

5.9.8　实战："斜线滑动"切换效果

　　"斜线滑动"切换效果可以将图像B分割成很多个独立的部分并滑动到图像A上，下面介绍如何应用"斜线滑动"切换效果，具体操作步骤如下。

步骤1　新建项目文件，在"项目"面板中的空白处双击鼠标，弹出"导入"对话框，选择随书附带光盘中的"CDROM\素材\第5章\19.jpg、20.jpg"素材图片，单击"打开"按钮，打开素材图片后，将其拖入序列面板的视频1轨道中。

添加素材图片　　　　　　　　　　添加到视频1轨道中

步骤2 在"效果"面板中，打开"视频切换"文件夹，选择"滑动"下的"斜线滑动"特效，按住鼠标将其拖至序列面板中的两个素材之间。设置其参数，在"特效控制台"面板中，将切换方向设置为"从北到南"，将"持续时间"设置为"00:00:02:00"，"对齐"设置为"居中于切点"。"边宽"设置为1，单击"自定义"按钮，在弹出的"斜线滑动设置"对话框中，将"切片数量"设置为40。

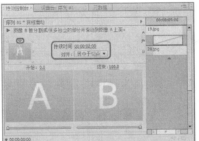
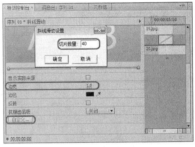

添加"斜线滑动"效果　　　　　　设置切换参数　　　　　　　设置效果参数

步骤3 按空格键预览"斜线滑动"效果。

预览"斜线滑动"效果

步骤4 在菜单栏中选择"文件|另存为"命令，将项目保存为"斜线滑动"切换效果。

5.9.9 "滑动"切换效果

　　"滑动"切换效果可以使图像B滑动到图像A的上方。在"效果"面板中，打开"视频切换"文件夹，选择"滑动"下的"滑动"特效，按住鼠标将其拖至序列面板中的两个素材之间。设置其参数，在"特效控制台"面板中，勾选"显示实际来源"复选框，将"边宽"设置为1，"边色"设置为白色，然后预览"滑动"切换效果。

| 添加"滑动"效果 | 设置特效参数 | 预览"滑动"切换效果 |

5.9.10 实战："滑动带"切换效果

"滑动带"切换效果可以通过水平或垂直条带将图像B从图像A的下面显示出来，下面介绍如何应用"滑动带"切换效果，具体操作步骤如下。

步骤1 新建项目文件，在"项目"面板中的空白处双击鼠标，弹出"导入"对话框，选择随书附带光盘中的"CDROM\素材\第5章\19.jpg、20.jpg"素材图片，单击"打开"按钮，打开素材图片后，将其拖入序列面板的视频1轨道中。

步骤2 在"效果"面板中，打开"视频切换"文件夹，选择"滑动"下的"滑动带"特效，按住鼠标将其拖至序列面板中的两个素材之间。设置其参数，在"特效控制台"面板中，将切换方向设置为"从北到南"，将"持续时间"设置为"00:00:02:00"，"对齐"设置为"居中于切点"，勾选"显示实际来源"复选框，将"边宽"设置为1，"边色"设置为白色。

 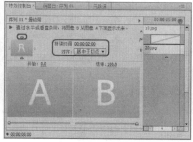 

| 添加"滑动带"效果 | 设置切换参数 | 设置效果参数 |

步骤3 按空格键预览"滑动带"效果。

预览"滑动带"效果

步骤4 在菜单栏中选择"文件|另存为"命令，将项目保存为"滑动带"切换效果。

5.9.11 "滑动框"切换效果

"滑动框"切换效果可以以条带移动的方式将图像B滑动到图像A上面。在"效果"面板中，打开"视频切换"文件夹，选择"滑动"下的"滑动"特效，按住鼠标将其拖至序列面板中的两个素材之间。设置其参数，在"特效控制台"面板中，勾选"显示实际来源"复选框，将"边宽"设置为1，"边色"设置为白色，单击"自定义"按钮，在弹出的"滑动框设置"对话框中，将"带数量"设置为10，然后预览"滑动框"切换效果。

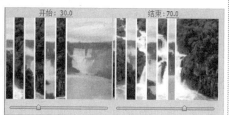

<table>
<tr><td>添加"滑动框"效果</td><td>设置特效参数</td><td>预览"滑动框"切换效果</td></tr>
</table>

5.9.12　实战："漩涡"切换效果

　　"漩涡"切换效果是指图像B从很多漩涡矩形中旋转到图像A中。添加"漩涡"转场特效后，切换至"特效控制台"面板，单击"自定义"按钮，弹出"漩涡设置"对话框，各项参数设置说明如下。

❶ "水平"：输入水平方向产生的方块数量。

❷ "垂直"：输入垂直方向产生的方块数量。

❸ "速率(%)"：输入旋转度数。

"漩涡设置"对话框

　　下面介绍如何应用"漩涡"切换效果，具体操作步骤如下。

步骤1　新建项目文件，在"项目"面板中的空白处双击鼠标，弹出"导入"对话框，选择随书附带光盘中的"CDROM\素材\第5章\19.jpg、20.jpg"素材图片，单击"打开"按钮，打开素材图片后，将其拖入序列面板的视频1轨道中。

步骤2　在"效果"面板中，打开"视频切换"文件夹，选择"滑动"下的"漩涡"特效，按住鼠标将其拖至序列面板中的两个素材之间。设置其参数，在"特效控制台"面板中，将"持续时间"设置为"00:00:02:00"，"对齐"设置为"居中于切点"。勾选"显示实际来源"复选框，将"边宽"设置为1，"边色"设置为白色。单击"自定义"按钮，弹出"漩涡设置"对话框，将"速率(%)"设置为80。

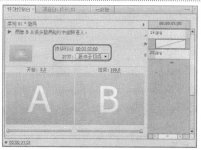

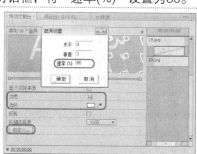

<table>
<tr><td>添加"漩涡"特效</td><td>设置切换参数</td><td>设置效果参数</td></tr>
</table>

步骤3　按空格键预览"漩涡"效果。

预览"漩涡"效果

步骤4 在菜单栏中选择"文件 | 另存为"命令，将项目保存为"漩涡"切换效果。

5.9.13 实战："滑动"切换

下面通过综合运用"滑动"中的多种切换效果来练习这一章所学的内容，具体操作步骤如下。

步骤1 新建项目文件，在"项目"面板中的空白处双击鼠标，弹出"导入"对话框，选择随书附带光盘中的"CDROM\素材\第5章\21.jpg、22.jpg、23.jpg、24.jpg"素材图片，单击"打开"按钮，打开素材图片后，将其拖入序列面板的视频1轨道中。

步骤2 按Shift键将所有素材选中，然后单击鼠标右键，在弹出的快捷菜单中选择"速度/持续时间"命令。在弹出的"素材速度/持续时间"对话框中，将"持续时间"设置为"00:00:03:00"，然后勾选"波纹编辑，移动后面的素材"复选框。

选择素材图片

设置"速度/持续时间"

步骤3 切换到"效果"面板，选择"滑动"下的"中心合并"特效，按住鼠标将其拖至序列面板中的"21.jpg、22.jpg"素材之间。设置其参数，在"特效控制台"面板中，将"边宽"设置为1，"边色"设置为白色。

步骤4 在"效果"面板中，选择"滑动"下的"推"特效，按住鼠标将其拖至序列面板中的"22.jpg、23.jpg"素材之间。设置其参数，在"特效控制台"面板中，将"持续时间"设置为"00:00:02:00"，"对齐"设置为"居中于切点"。

步骤5 在"效果"面板中，选择"滑动"下的"滑动框"特效，按住鼠标将其拖至序列面板中的"23.jpg、24.jpg"素材之间。设置其参数，在"特效控制台"面板中，将"边宽"设置为1，"边色"设置为白色，单击"自定义"按钮，在弹出的"滑动设置"对话框中，将"带数量"设置为5。

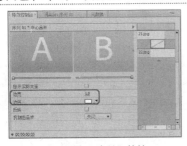

设置"中心合并"特效

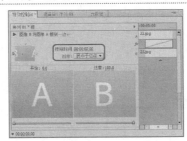

设置"推"特效

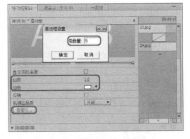

设置"滑动框"特效

步骤6 按空格键预览"滑动"切换效果。

预览"滑动"切换效果

步骤7　在菜单栏中选择"文件 | 另存为"命令，将项目保存为"滑动"切换。

| 5.10 | 特殊效果

在"特殊效果"切换效果文件夹中，包括"映射红蓝通道"、"纹理"和"置换"3种切换效果。

5.10.1 "映射红蓝通道"切换效果

"映射红蓝通道"切换效果是指源图像映射到红色和蓝色输出通道中。在"效果"面板中，打开"视频切换"文件夹，选择"特殊效果"下的"映射红蓝通道"特效，按住鼠标将其拖至序列面板中的两个素材之间。设置其参数，在"特效控制台"面板中，将"对齐"设置为"开始于切点"。然后按空格键预览"映射红蓝通道"效果。

添加"映射红蓝通道"效果

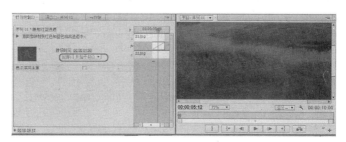
设置切换参数

预览"映射红蓝通道"效果

5.10.2 实战："纹理"切换效果

"纹理"切换效果可以将图像A映射到图像B上，下面介绍如何应用"纹理"切换效果，具体操作步骤如下。

步骤1　新建项目文件，在"项目"面板中的空白处双击鼠标，弹出"导入"对话框，选择随书附带光盘中的"CDROM素材第5章\21.jpg、22.jpg"素材图片。

步骤2　单击"打开"按钮，素材图片将添加到"项目"面板中。

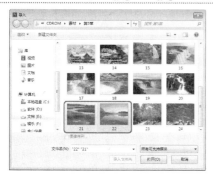
选择素材

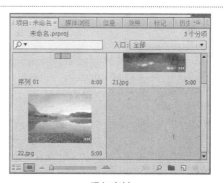
添加素材

步骤3 将素材图片"21.jpg"添加到视频1轨道中，然后单击鼠标右键，在弹出的快捷菜单中选择"速度/持续时间"命令。

步骤4 弹出"素材速度/持续时间"对话框，将"持续时间"设置为"00:00:03:00"。

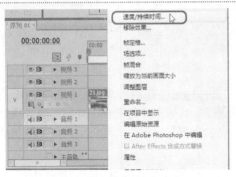

选择"速度/持续时间"命令

设置"持续时间"

步骤5 将素材图片"22.jpg"添加到视频1轨道中的"21.jpg"素材图片后。切换至"效果"面板，打开"视频切换"文件夹，选择"特殊效果"下的"纹理"特效，按住鼠标将其拖至序列面板中的两个素材之间。设置其参数，在"特效控制台"面板中，将"持续时间"设置为"00:00:02:00"，"对齐"设置为"居中于切点"。

添加素材

添加"纹理"效果

设置切换参数

步骤6 按空格键预览"纹理"效果。

预览"纹理"效果

步骤7 在菜单栏中选择"文件|另存为"命令，将项目保存为"纹理"切换效果。

5.10.3 "置换"切换效果

"置换"切换效果可以将图像A的RGB通道置换图像B的像素。在"效果"面板中，打开"视频切换"文件夹，选择"特殊效果"下的"置换"特效，按住鼠标将其拖至序列面板中的两个素材之间。设置其参数，在"特效控制台"面板中，将"持续时间"设置为"00:00:02:00"，"对齐"设置为"居中于切点"。然后按空格键预览"置换"效果。

添加"置换"特效

设置切换参数

预览"置换"效果

5.10.4 实战："特殊效果"切换

　　下面通过综合运用"特殊效果"中的多种切换效果来练习这一章所学的内容，具体操作步骤如下。

步骤1 新建项目文件，在"项目"面板中的空白处双击鼠标，弹出"导入"对话框，选择随书附带光盘中的"CDROM\素材\第5章\25.jpg、26.jpg、27.jpg、28.jpg"素材图片，单击"打开"按钮，打开素材图片后，将其拖入序列面板的视频1轨道中。

步骤2 按Shift键将所有素材选中，然后单击鼠标右键，在弹出的快捷菜单中选择"速度/持续时间"命令。在弹出的"素材速度/持续时间"对话框中，将"持续时间"设置为"00:00:03:00"，然后勾选"波纹编辑，移动后面的素材"复选框。

设置"持续时间"

步骤3 切换到"效果"面板，选择"特殊效果"下的"映射红蓝通道"特效，按住鼠标将其拖至序列面板中的"25.jpg、26.jpg"素材之间。设置其参数，在"特效控制台"面板中，将"持续时间"设置为"00:00:02:00"，"对齐"设置为"居中于切点"。

步骤4 在"效果"面板中，选择"特殊效果"下的"纹理"特效，按住鼠标将其拖至序列面板中的"26.jpg、27.jpg"素材之间。设置其参数，在"特效控制台"面板中，将"持续时间"设置为"00:00:02:00"，"对齐"设置为"开始于切点"。

步骤5 在"效果"面板中，选择"特殊效果"下的"置换"特效，按住鼠标将其拖至序列面板中的"27.jpg、28.jpg"素材之间。设置其参数，在"特效控制台"面板中，将"持续时间"设置为"00:00:02:00"，"对齐"设置为"开始于切点"。

设置"映射红蓝通道"特效

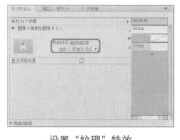
设置"纹理"特效

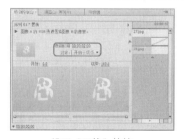
设置"置换"特效

步骤6 按空格键预览"特殊效果"切换效果。

预览"特殊效果"切换效果

步骤7 在菜单栏中选择"文件 | 另存为"命令,将项目保存为"特殊效果"切换。

5.11 缩放

在"缩放"切换效果文件夹中,包括"交叉缩放"、"缩放"、"缩放拖尾"和"缩放框"4种切换效果。

5.11.1 "交叉缩放"切换效果

"交叉缩放"切换效果是将图像A放大,然后图像B再缩小。在"效果"面板中,打开"视频切换"文件夹,选择"缩放"下的"交叉缩放"特效,按住鼠标将其拖至序列面板中的两个素材之间。设置其参数,在"特效控制台"面板中,将"持续时间"设置为"00:00:02:00","对齐"设置为"居中于切点"。将预览图像A中的光圈移动到左上角,预览图像B中的光圈移动到右上角,然后按空格键预览"交叉缩放"效果。

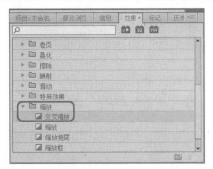

添加"交叉缩放"特效

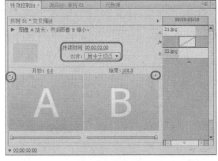

设置切换参数

预览"交叉缩放"效果

5.11.2 实战:"缩放"切换效果

"缩放"切换效果可以将图像B缩放以覆盖图像A,下面介绍如何应用"缩放"切换效果,其具体操作步骤如下。

步骤1　新建项目文件，在"项目"面板中的空白处双击鼠标，弹出"导入"对话框，选择随书附带光盘中的"CDROM\素材\第5章\23.jpg、24.jpg"素材图片。

步骤2　将素材图片添加到视频1轨道中，选中两个素材图片，然后单击鼠标右键，在弹出的快捷菜单中选择"缩放为当前画面大小"命令。

添加素材

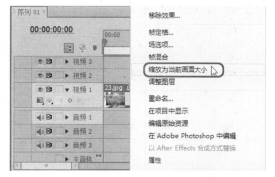

选择"缩放为当前画面大小"命令

步骤3　切换至"效果"面板，打开"视频切换"文件夹，选择"缩放"下的"缩放"特效，按住鼠标将其拖至序列面板中的两个素材之间。设置其参数，在"特效控制台"面板中，将"持续时间"设置为"00:00:02:00"，"对齐"设置为"居中于切点"。将光圈调整到预览图像A的底部，"边宽"设置为1，"边色"设置为白色。

添加"缩放"特效

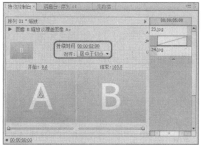

设置切换参数

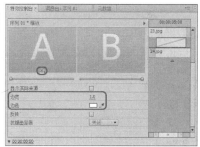

设置效果参数

步骤4　按空格键预览"缩放"效果。

预览"缩放"效果

步骤5　在菜单栏中选择"文件|另存为"命令，将项目保存为"缩放"切换效果。

5.11.3　实战："缩放拖尾"切换效果

　　"缩放拖尾"切换效果可以使图像A带着拖尾缩放离开，以显示图像B，下面介绍如何应用"缩放拖尾"切换效果，具体操作步骤如下。

步骤1　新建项目文件，在"项目"面板中的空白处双击鼠标，弹出"导入"对话框，选择随书附带光盘中的"CDROM\素材\第5章\25.jpg、26.jpg"素材图片，单击"打开"按钮，打开素材图片后，将其拖入序列面板的视频1轨道中。

步骤2　在轨道中选中"25.jpg"素材图片，在"特效控制台"面板中，设置时间为"00:00:00:00"。在"运动"下，单击"缩放"左侧的"切换动画"按钮，设置"缩放"为100。

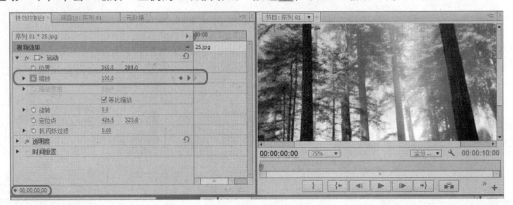

单击"切换动画"按钮

步骤3　将时间修改为"00:00:03:00"，单击"缩放"右侧的"添加/移除关键帧"按钮，然后将"缩放"设置为150。

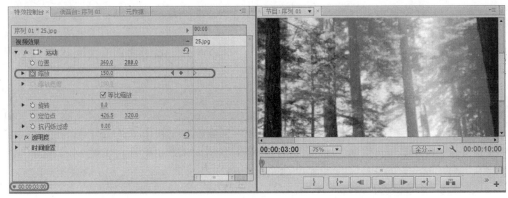

设置"缩放"关键帧

步骤4　切换至"效果"面板，打开"视频切换"文件夹，选择"缩放"下的"缩放拖尾"特效，按住鼠标将其拖至序列面板中的两个素材之间。设置其参数，在"特效控制台"面板中，将"持续时间"设置为"00:00:02:00"，"对齐"设置为"居中于切点"。单击"自定义"按钮，在弹出的"缩放拖尾设置"对话框中，将"拖尾数量"设置为8。

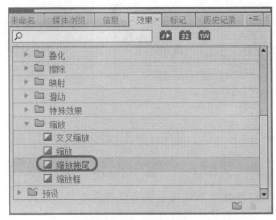

添加"缩放拖尾"特效

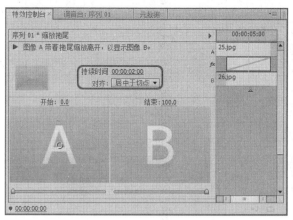
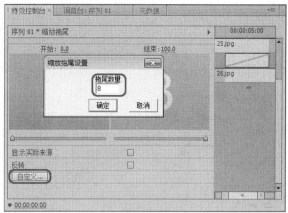

设置切换参数　　　　　　　　　　　　　　　　设置效果参数

步骤5 按空格键预览"缩放拖尾"效果。

预览"缩放拖尾"效果

步骤6 在菜单栏中选择"文件|另存为"命令，将项目保存为"缩放拖尾"切换效果。

5.11.4 "缩放框"切换效果

　　"缩放框"切换效果可以使图像B放大成多个方框以覆盖图像A。在"效果"面板中，打开"视频切换"文件夹，选择"缩放"下的"缩放框"特效，按住鼠标将其拖至序列面板中的两个素材之间。设置其参数，在"特效控制台"面板中，勾选"显示实际来源"复选框，将"边宽"设置为1，"边色"设置为白色，然后预览"缩放框"切换效果。

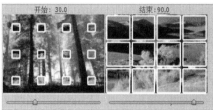

添加"缩放框"效果　　　　　设置特效参数　　　　　预览"缩放框"切换效果

5.11.5 实战："缩放"切换

　　下面通过综合运用"缩放"中的多种切换效果来练习这一章所学的内容，具体操作步骤如下。

步骤1 新建项目文件，在"项目"面板中的空白处双击鼠标，弹出"导入"对话框，选择随书附带光盘中的"CDROM\素材\第5章\25.jpg、26.jpg、27.jpg、28.jpg"素材图片，单击"打开"按钮，打开素材图片后，将其拖入序列面板的视频1轨道中。

步骤2 按Shift键将所有素材选中，然后单击鼠标右键，在弹出的快捷菜单中选择"速度/持续时间"命令。在弹出的"素材速度/持续时间"对话框中，将"持续时间"设置为"00:00:03:00"，然后勾选"波纹编辑，移动后面的素材"复选框。

步骤3 在轨道中选中"26.jpg"素材图片，在"特效控制台"面板中，设置时间为"00:00:03:00"。在"运动"下，单击"旋转"左侧的"切换动画"按钮，设置"旋转"为50。

单击"切换动画"按钮

步骤4 将时间修改为"00:00:05:00"，单击"旋转"右侧的"添加/移除关键帧"按钮，然后将"旋转"设置为0。

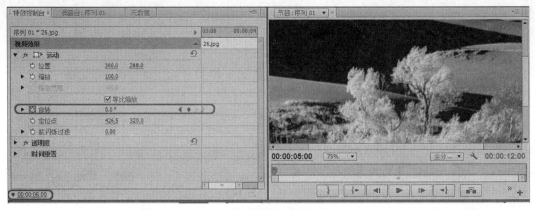

设置"旋转"关键帧

步骤5 切换到"效果"面板，选择"缩放"下的"交叉缩放"特效，按住鼠标将其拖至序列面板中的"25.jpg、26.jpg"素材之间。设置其参数，在"特效控制台"面板中，将预览图像B的光圈移动到右上角。

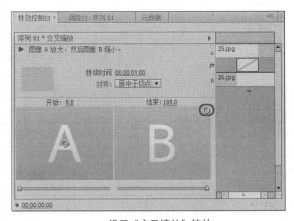

设置"交叉缩放"特效

步骤6 在"效果"面板中，选择"缩放"下的"缩放拖尾"特效，按住鼠标将其拖至序列面板中的"26.jpg、27.jpg"素材之间。设置其参数，在"特效控制台"面板中，将单击"自定义"按钮，在弹出的"缩放拖尾设置"对话框中，将"拖尾数量"设置为5。

步骤7 在"效果"面板中，选择"缩放"下的"缩放框"特效，按住鼠标将其拖至序列面板中的"27.jpg、28.jpg"素材之间。设置其参数，在"特效控制台"面板中，将"边宽"设置为1，"边色"设置为白色。

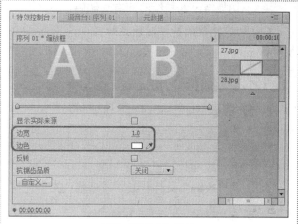

设置"缩放拖尾"特效	设置"缩放框"特效

步骤8 按空格键预览"缩放"切换效果。

预览"缩放"切换效果

步骤9 在菜单栏中选择"文件丨另存为"命令，将项目保存为"缩放"切换效果。

5.12 操作答疑

在使用Premiere Pro CS6的视频切换时可能会遇到的一些疑问，本节举出常见问题并对其进行一一解答。并在后面追加多个习题，以便巩固所学的知识。

5.12.1 专家答疑

（1）添加切换特效后，为什么"对齐"方式中的"自定义开始"不能选择使用？

答：设置切换特效的"持续时间"或通过鼠标拖动切换特效时，"对齐"方式将自动更改为"自定义开始"。

（2）切换特效只能添加在两个视频或图片之间吗？

答：切换特效不仅能添加在两个视频或图片之间，也可以添加到视频或图片的顶端或尾部，但不能直接将其添加到视频或图片的中间部分。

（3）切换特效的持续时间有限制吗？

答：切换特效的持续时间最短可以设置为"00:00:00:01"，最长不超过将其添加到的视频或图片的持续时间。

5.12.2　操作习题

1. 选择题

（1）"视频切换"文件共有（　　　）种切换特效。

A.10　　　　　　　　　B.11　　　　　　　　　C.9

（2）在"映射"文件特效下的切换效果不包括（　　　）。

A.明亮度映射　　　　　B.映射　　　　　　　C.通道映射

（3）在"特殊效果"文件特效下的切换效果不包括（　　　）。

A.映射红蓝通道　　　　B.纹理　　　　　　　C.漩涡

（4）在"滑动"文件特效下的切换效果包括（　　　）。

A.风车　　　　　　　　B.推　　　　　　　　C.置换

（5）在"擦除"文件特效下的切换效果包括（　　　）。

A.中心合并　　　　　　B.纹理　　　　　　　C.水波块

2. 填空题

（1）在"效果"面板中的效果按钮包括_____、_____和YUV效果。

（2）导入图片的默认持续时间为"_____"。

（3）拖动_____的边缘可以放大或缩小显示的时间刻度。

3. 操作题

使用本章的内容和"29.jpg"、"30.jpg"素材图片，制作更加丰富的影片切换效果。

切换效果图

（1）添加素材图片到视频1轨道。

（2）在"效果"面板中，打开"视频切换"文件夹，选择"擦除"下的"油漆飞溅"特效，按住鼠标将其拖至序列面板中的两个素材之间。设置其参数，在"特效控制台"面板中，将"持续时间"设置为"00:00:03:00"，"对齐"设置为"居中于切点"，"边宽"设置为1，"边色"设置为白色。

（3）然后将其保存。

第6章

视频特效

本章重点:

　　本章重点介绍为视频添加与编辑特效的方法。视频效果的好坏在很大程度上取决于特效的应用，巧妙地为影片添加各种视频特技，可以赋予影片很强的视觉感染力。Premiere Pro CS6提供了大量的视频特效，这些特效可以单独使用，也可以多个同时进行设置，本章将讲解多种特效的使用方法及应用效果。

学习目的:

　　通过本章的学习，熟练掌握为素材添加视频特效及对其进行编辑和设置的方法。

参考时间: 210分钟

主要知识	学习时间
6.1　Distort视频特效	5分钟
6.2　"变换"视频特效	15分钟
6.3　"图像控制"视频特效	10分钟
6.4　"实用"视频特效	5分钟
6.5　"扭曲"视频特效	20分钟
6.6　"时间"视频特效	5分钟
6.7　"杂波与颗粒"视频特效	10分钟
6.8　"模糊和锐化"视频特效	20分钟
6.9　"生成"视频特效	15分钟
6.10　"色彩校正"视频特效	10分钟
6.11　"视频"视频特效项	5分钟
6.12　"调整"视频特效	15分钟
6.13　"过渡"视频特效	10分钟
6.14　"透视"视频特效	10分钟
6.15　"通道"视频特效	10分钟
6.16　"键控"视频特效	25分钟
6.17　"风格化"视频特效	20分钟

6.1 | Distort视频特效

在Distort变形文件夹下，包括两项变形效果的视频效果。

6.1.1 Rolling Shutter Repair（滚动快门修复）

数码单反相机和其他基于CMOS传感器的相机有一个常见的问题，它们通常有一个视频扫描线之间的滞后时间。由于扫描之间的时间滞后，并非所有部位的图像记录在完全相同的时间，造成滚动快门失真。在Premiere中，用户可以根据需要使用Rolling Shutter Repair（滚动快门修复）特效来除去这些失真度。

Rolling Shutter Repair（滚动快门修复）特效中的各个选项的功能如下。

❶Rolling Shutter Rate（滚动快门率）：用于指定帧速率，用户可以根据需要随意调整该参数，直到扭曲的线条变得垂直。

❷Scan Direction（扫描方向）：用于指定扫描的方向。

❸Method（模式）：用于设置运动的模式。

❹detailed Analysis(详细分析)：进行更详细的分析。

❺Pixel Motion Detail（像素运动详细信息）：用户可以根据需要制定像素运动的详细信息。

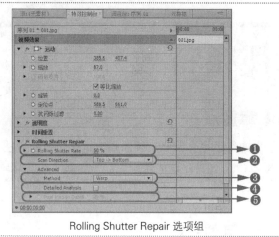

Rolling Shutter Repair 选项组

6.1.2 Warp Stabilizer（经线稳定）特效

Stabilizer（经线稳定）特效可以稳定运动，消除抖动和滚动式快门伪像以及其他与运动相关的异常情况。

选择要添加该特效的对象，打开"效果"面板，在"视频特效"文件夹中选择Distort中的Warp Stabilizer（经线稳定）特效，双击该特效，即可为选中的对象添加该特效。

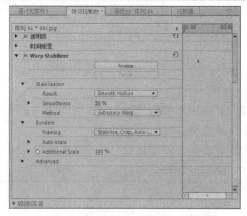

添加的Warp Stabilizer（经线稳定）特效

6.2 | "变换"视频特效

在"变换"文件夹下，包括7项变换效果的视频特技效果。

6.2.1 "垂直保持"特效

"垂直保持"特效可以使素材向上翻卷，用户可以在"序列"面板中选择要添加特效的对象，打开"效果"面板，在"视频特效"文件夹中选择"变换"中的"垂直保持"特效，双击该特效，即可为选中的对象添加该特效。

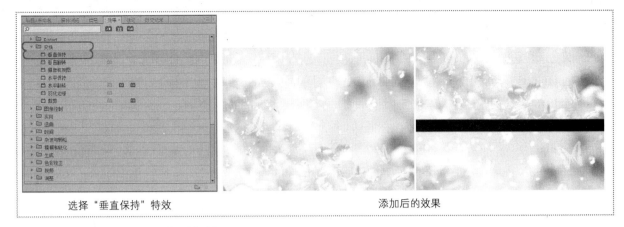

选择"垂直保持"特效　　　　　　　　　　添加后的效果

6.2.2 "垂直翻转"特效

　　"垂直翻转"特效可以使素材上下翻转，在"序列"面板中选择要添加特效的对象，打开"效果"面板，在"视频特效"文件夹中选择"变换"中的"垂直翻转"特效，双击该特效，即可为选中的对象添加该特效。

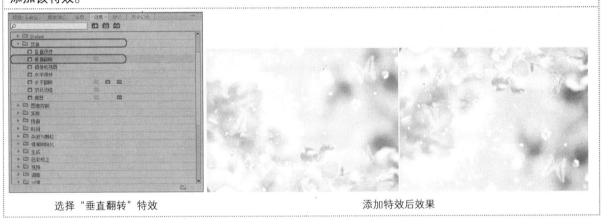

选择"垂直翻转"特效　　　　　　　　　　添加特效后效果

6.2.3 "摄像机视图"特效

　　"摄像机视图"特效可以模拟相机从不同角度观看素材，产生素材的变形，通过控制相机的位置来改变素材的形状，在"序列"面板中选择要添加特效的对象，打开"效果"面板，在"视频特效"文件夹中选择"变换"中的"摄像机视图"特效，双击该特效，即可为选中的对象添加该特效，在"特效控制台"面板中，将"经度"设置为41，将"距离"设置为117。

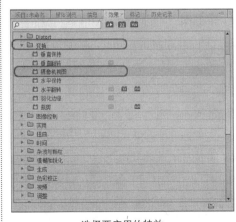
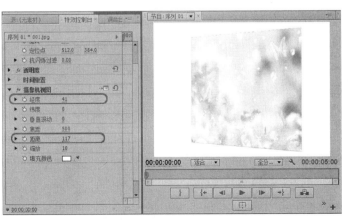

选择要应用的特效　　　　　　　　　设置特效参数以及其效果

6.2.4 "水平保持"特效

"水平保持"特效可以将图像向左或向右倾斜，打开"效果"面板，在"视频特效"文件夹中选择"变换"中的"水平保持"特效，双击该特效，即可为选中的对象添加该特效，在"特效控制台"面板中将"偏移"设置为242，设置完成后，即可在"节目"面板中查看效果。

设置"偏移"参数

添加特效后的效果

6.2.5 "水平翻转"特效

"水平翻转"特效可以使素材水平翻转，在"序列"面板中选择要添加特效的对象，打开"效果"面板，在"视频特效"文件夹中选择"变换"中的"水平翻转"特效，双击该特效，即可为选中的对象添加该特效。设置完成后，即可在"节目"面板中查看效果。

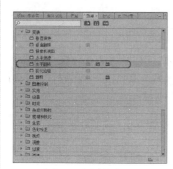
选择"水平翻转"特效

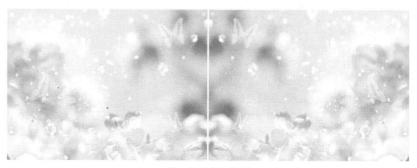
添加特效后的效果

6.2.6 "羽化边缘"特效

"羽化边缘"特效用于对素材片段的边缘进行羽化，在"序列"面板中选择要添加特效的对象，打开"效果"面板，在"视频特效"文件夹中选择"变换"中的"羽化边缘"特效，双击该特效，即可为选中的对象添加该特效，在"特效控制台"面板中将"数量"设置为65，设置完成后，即可在"节目"面板中查看效果。

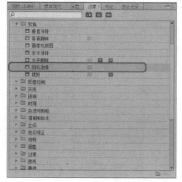
选择"羽化边缘"特效

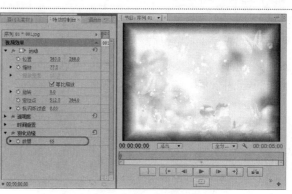
设置羽化边缘的数量

6.2.7　"裁剪"特效

　　"裁剪"特效可以将素材边缘的像素剪掉，并可以自动将修剪过的素材尺寸变到原始尺寸，使用滑块控制可以修剪素材的个别边缘，可以采用像素或图像百分比两种方式进行计算。

　　在"视频特效"文件夹中选择"变换"中的"裁剪"特效，双击该特效，即可为选中的对象添加该特效，在"特效控制台"面板中，将"左侧"、"顶部"、"右侧"、"底部"分别设置为15、15、2、13，设置完成后，即可在"节目"面板中查看效果。

设置裁剪参数　　　　　　　　　　　　　　　　　　裁剪后的效果

6.2.8　实战：制作视频画中画效果

　　在Premiere Pro CS6中，用户可以根据需要对视频进行美化，本节介绍如何制作视频画中画效果，具体操作步骤如下。

步骤1　运行Premiere Pro CS6软件，在弹出的欢迎界面中单击"新建项目"按钮，打开"新建项目"对话框。

步骤2　单击"确定"按钮，在打开的"新建序列"对话框中选择"DV-24P"下的"标准 48kHz"，使用默认的序列名称即可，单击"确定"按钮。

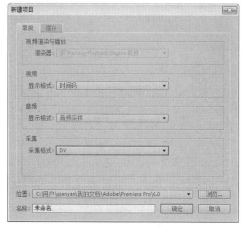

"新建项目"对话框　　　　　　　　　　　　　　　"新建序列"对话框

步骤3　在"项目"面板的"名称"区域下双击鼠标左键，弹出"导入"对话框，选择随书附带光盘中的"CDROM\素材\第6章\002.avi"文件。

步骤4　单击"打开"按钮，即可将选择的素材文件导入到"项目"面板中。

步骤5　在"项目"面板中选择"002.avi"，按住鼠标将其拖曳至"视频1"轨道中。

步骤6　再在"项目"面板中选择"002.avi"，按住鼠标将其拖曳至"视频2"轨道中，选中"视频2"轨道中的对象，在"特效控制台"面板中，将"位置"设置为587.8、405，将"缩放"设置为55。

选择素材文件

导入素材文件

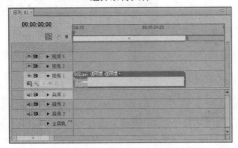

将素材拖曳至视频1轨道中

设置对象的位置及缩放值

步骤7 继续选中该对象，切换至"效果"面板中，选择"视频特效丨变换丨裁剪"特效。按住鼠标将其拖曳至002.avi上，在"特效控制台"中，将"左侧"、"顶部"、"右侧"、"底部"分别设置为14、13、18、24。

步骤8 切换至"效果"面板中，选择"视频特效丨风格化丨Alpha 辉光"特效，按住鼠标将其拖曳至002.avi上，在"特效控制台"中，将"发光"设置为10，将"起始颜色"的RGB值设置为（0、0、0），对完成后的场景进行保存即可。

设置裁剪参数值

添加Alpha 辉光

6.3 "图像控制"视频特效

在"图像控制"文件夹下，包括5项图像色彩效果的视频特技效果。

6.3.1 "灰度系数（Gamma）校正"特效

"灰度系数（Gamma）校正"特效可以使素材渐渐变亮或变暗，在"序列"面板中选择要添加特效的对象，打开"效果"面板，在"视频特效"文件夹中选择"图像控制"中的"灰度系数（Gamma）校正"特效，双击该特效，即可为选中的对象添加该特效，在"特效控制台"面板中，将"灰度系数"设置为5，设置完成后，即可在"节目"面板中查看效果。

选择"灰度系数（Gamma）校正"特效　　　设置灰度系数　　　　　　　　　　　　添加特效后的效果

6.3.2 "色彩传递"特效

"色彩传递"特效可将素材转变成灰度，除了只保留一个指定的颜色外，使用这个效果可以突出素材的某个特殊区域。

在"序列"面板中选择要添加特效的对象，打开"效果"面板，在"视频特效"文件夹中选择"图像控制"中的"色彩传递"特效，双击该特效，即可为选中的对象添加该特效，在"特效控制台"面板中将"灰度系数"设置为88，设置完成后，即可在"节目"面板中查看效果。

选择"色彩传递"特效　　　　　　设置灰度系数　　　　　　　　　　　添加特效后的效果

6.3.3 "颜色平衡（RGB）"特效

"颜色平衡（RGB）"特效可以按RGB颜色模式调节素材的颜色，达到校色的目的。

在"序列"面板中选择要添加特效的对象，打开"效果"面板，在"视频特效"文件夹中，选择"图像控制"中的"颜色平衡（RGB）"特效，双击该特效，即可为选中的对象添加该特效，在"特效控制台"面板中，将"红色"、"绿色"、"蓝色"分别设置为113、98、140，设置完成后，即可在"节目"面板中查看效果。

选择"颜色平衡（RGB）"特效　　　　设置特效参数　　　　　　　　　添加特效后的效果

6.3.4 实战：利用"颜色替换"特效替换背景

　　"颜色替换"特效可以将选择的颜色替换成一个新的颜色，且保持不变的灰度级。使用这个效果可以通过选择图像中一个物体的颜色，然后通过调整控制器产生一个不同的颜色，达到改变物体颜色的目的。

步骤1　新建一个空白文档，在"项目"面板的"名称"区域下双击鼠标左键，弹出"导入"对话框，选择随书附带光盘中的"CDROM\素材\第6章\004.jpg"文件。

步骤2　单击"打开"按钮，即可将选中的素材文件导入到"项目"面板中，将其拖曳至"序列"面板中的"视频1"轨道中。

选择素材文件

将其拖曳至"视频1"轨道中

步骤3　选中该素材文件，在"特效控制台"面板中将"缩放"设置为118。

步骤4　打开"效果"面板，在"视频特效"文件夹中选择"图像控制"中的"颜色替换"特效。

步骤5　双击该特效，为选中的对象添加该特效，在"特效控制台"面板中，将"相似性"设置为18，将"目标颜色"的RGB值设置为（255、255、255），将"替换颜色"的RGB值设置为（255、228、0）。

步骤6　设置完成后，即可在"节目"面板中查看效果。

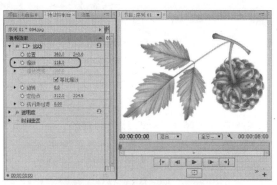

设置缩放值

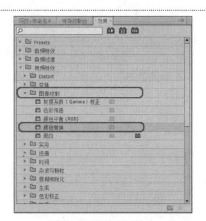

选择"颜色替换"特效

设置特效参数

设置后的效果

6.3.5 "黑白"特效

"黑白"特效可以将任何彩色素材变成灰度图，也就是说，颜色由灰度的明暗来表示。

在"序列"面板中选择要添加特效的对象，打开"效果"面板，在"视频特效"文件夹中选择"图像控制"中的"黑白"特效，双击该特效，即可为选中的对象添加该特效，添加完成后，用户可以在"节目"面板中查看效果。

选择"黑白"特效

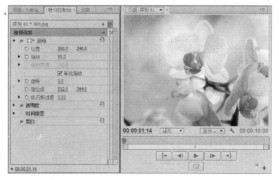

添加特效后的效果

6.4 "实用"视频特效

在"实用"视频特效文件夹下，包括1项电影转换效果的视频特技效果。

"Cineon转换"特效

"Cineon转换"特效提供一个高度数的Cineon图像的颜色转换器。

"Cineon转换"特效选项组中的各项功能说明如下。

❶ "转换类型"：用于指定Cineon文件如何被转换。

❷ "10位黑场"：为转换为10Bit对数的Cineon层指定黑点（最小密度）。

❸ "内部黑场"：指定黑点在层中如何使用。

❹ "10位白场"：为转换为10Bit对数的Cineon层指定白点（最大密度）。

❺ "内部白场"：指定白点在层中如何使用。

❻ "灰度系数"：指定中间色调值。

❼ "高光滤除"：指定输出值校正高亮区域的亮度。

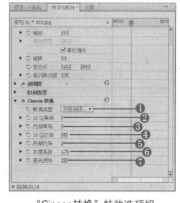

"Cineon转换"特效选项组

6.5 "扭曲"视频特效

在"扭曲"文件夹下，包括11项扭曲效果的视频特技效果。

6.5.1 "偏移"特效

"偏移"特效是将原来的图片进行偏移复制，并通过"混合"显示图片上的图像。

在"序列"面板中选择要添加特效的对象，打开"效果"面板，在"视频特效"文件夹中选择"扭曲"中的"偏移"特效，双击该特效，即可为选中的对象添加该特效，在"特效控制台"面板中，将"中心转换"设置为40、372，设置完成后，即可在"节目"面板中查看效果。

选择"偏移"特效　　　　　设置"中心转换"参数　　　　　添加特效后的效果

6.5.2　"变换"特效

　　　"变换"特效是对素材应用二维几何转换效果。使用"变换"特效可以沿任何轴对素材进行变换。

　　　在"序列"面板中选择要添加特效的对象，打开"效果"面板，在"视频特效"文件夹中选择"扭曲"中的"变换"特效，双击该特效，即可为选中的对象添加该特效，在"特效控制台"面板中，将"定位点"设置为342、372，勾选"统一缩放"复选框，将"缩放"设置为143，将"旋转"设置为90，设置完成后，即可在"节目"面板中查看效果。

选择"变换"特效　　　　　设置特效参数　　　　　添加特效后的效果

6.5.3　"弯曲"特效

　　　"弯曲"特效可以使素材产生一个波浪沿素材水平和垂直方向移动的变形效果，可以根据不同的尺寸和速率产生多个不同的波浪形状。

　　　在"序列"面板中选择要添加特效的对象，打开"效果"面板，在"视频特效"文件夹中选择"扭曲"中的"弯曲"特效，双击该特效，即可为选中的对象添加该特效，在"特效控制台"面板中，将"水平宽度"设置为51，将"垂直强度"设置为97，将"垂直速率"设置为0，设置完成后，即可在"节目"面板中查看效果。

选择"弯曲"特效　　　　　设置弯曲参数　　　　　添加特效后的效果

6.5.4　"放大"特效

　　"放大"特效可以使图像局部呈圆形或方形的放大，并可以将放大的部分进行"羽化"、"透明"等的设置。

　　在"序列"面板中选择要添加特效的对象，打开"效果"面板，在"视频特效"文件夹中选择"扭曲"中的"放大"特效，双击该特效，即可为选中的对象添加该特效，在"特效控制台"面板中，将"居中"设置为528、451，将"放大率"设置为262，将"大小"设置为213，将"羽化"设置为754，设置完成后，即可在"节目"面板中查看效果。

选择"放大"特效	设置特效参数	添加特效后的效果

6.5.5　"旋转扭曲"特效

　　"旋转扭曲"特效可以使素材围绕它的中心旋转，形成一个漩涡。

　　在"序列"面板中选择要添加特效的对象，打开"效果"面板，在"视频特效"文件夹中选择"扭曲"中的"旋转扭曲"特效，双击该特效，即可为选中的对象添加该特效，在"特效控制台"面板中，将"角度"设置为5X349，设置完成后，即可在"节目"面板中查看效果。

选择"旋转扭曲"特效	设置特效参数	添加特效后的效果

6.5.6　"波形弯曲"特效

　　"波形弯曲"特效可以使素材变形为波浪的形状。

　　在"序列"面板中选择要添加特效的对象，打开"效果"面板，在"视频特效"文件夹中选择"扭曲"中的"波形弯曲"特效，双击该特效，即可为选中的对象添加该特效，在"特效控制台"面板中，将"波形类型"设置为"三角形"，将"波形高度"设置为28，设置完成后，即可在"节目"面板中查看效果。

选择"波形弯曲"特效	设置特效参数	添加"波形弯曲"后的效果

6.5.7 "球面化"特效

"球面化"特效将素材包裹在球形上，可以赋予物体和文字三维效果。

在"序列"面板中选择要添加特效的对象，打开"效果"面板，在"视频特效"文件夹中选择"扭曲"中的"球面化"特效，双击该特效，即可为选中的对象添加该特效，在"特效控制台"面板中将"半径"设置为376，设置完成后，即可在"节目"面板中查看效果。

选择"球面化"特效	设置半径参数	添加"球面化"特效后的效果

6.5.8 "紊乱置换"特效

"紊乱置换"特效可以使图片中的图像变形。在"序列"面板中选择要添加特效的对象，打开"效果"面板，在"视频特效"文件夹中选择"扭曲"中的"紊乱置换"特效，双击该特效，即可为选中的对象添加该特效，在"特效控制台"面板中，将"置换"设置为"扭转"，将"大小"设置为416，将"复杂度"设置为10，设置完成后，即可在"节目"面板中查看效果。

选择"紊乱置换"特效	设置特效参数	添加"紊乱置换"特效后的效果

6.5.9 "边角固定"特效

"边角固定"特效是通过分别改变一个图像的四个顶点，而使图像产生变形，比如伸展、收缩、歪斜和扭曲，模拟透视或者模仿支点在图层一边的运动。

在"序列"面板中选择要添加特效的对象，打开"效果"面板，在"视频特效"文件夹中选择"扭曲"中的"边角固定"特效，双击该特效，即可为选中的对象添加该特效，在"特效控制台"面板中将"左上"设置为109.6、264.3，将"右上"设置为925.8、262，设置完成后，即可在"节目"面板中查看效果。

| 选择"边角固定"特效 | 设置特效参数 | 添加特效后的效果 |

注意：

除此之外，用户还可以通过单击该特效名称左侧的按钮，然后在"节目"面板中调整控制柄的位置，同样也可以完成对素材的边角固定。

6.5.10 实战：利用"镜像"特效制作水中倒影

"镜像"特效用于将图像沿一条线裂开并将其中一边反射到另一边。反射角度决定另一边被反射到什么位置，可以随时间改变镜像的轴线和角度。

步骤1 新建一个空白项目文件，在"项目"面板中双击鼠标，在弹出的"导入"对话框中选择随书附带光盘中的"CDROM\素材\第6章\007.jpg"文件。

步骤2 单击"打开"按钮，即可将选中的对象导入到"项目"面板中，按住鼠标将其拖曳至"视频1"轨道中，选中该对象，在"特效控制台"面板中将"缩放"设置为65。

| 选择素材文件 | 设置素材文件的大小 |

步骤3 再在"项目"面板中选择007.jpg，按住鼠标将其拖曳至"视频2"轨道中，并将其缩放值设置为65，确认"视频2"轨道中的对象处于选中状态，打开"效果"面板，在"视频特效"文件夹中选择"扭曲"中的"镜像"特效。

步骤4 双击该特效，即可为"视频2"轨道中的对象添加该特效，在"特效控制台"面板中，将"反射中心"设置为1024、603，将"反射角度"设置为90。

选择"镜像"特效

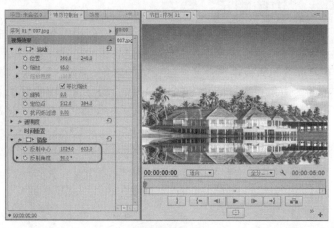

设置镜像参数

步骤5 设置完成后，继续打开"效果"面板，在"视频特效"文件夹中选择"变换"中的"裁剪"特效。

步骤6 双击该特效，为选中的对象添加该特效，在"特效控制台"中将"顶部"设置为79。

选择"裁剪"特效

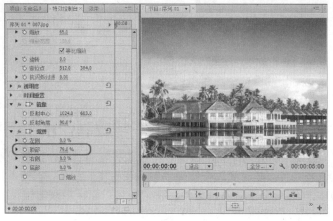

设置裁剪参数

步骤7 设置完成后，继续打开"效果"面板，在"视频特效"文件夹中选择"扭曲"中的"波形弯曲"特效。

步骤8 双击该特效，为其添加该特效，在"特效控制台"面板中，将"波形高度"设置为3，将"波形速度"设置为17.6。

选择"波形弯曲"特效

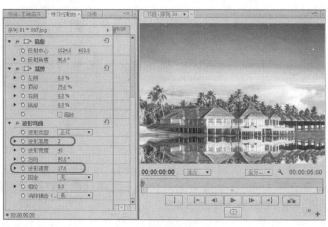

设置特效参数

步骤9 继续选中该对象，在"特效控制台"面板中单击"透明度"左侧的"切换动画"按钮，然后将"透明度"设置为19。

步骤10 设置完成后，即可在"节目"面板中查看效果。

设置透明度

添加特效后的效果

6.5.11 "镜头扭曲"特效

"镜头扭曲"特效是模拟一种从变形透镜观看素材的效果。

在"序列"面板中选择要添加特效的对象，打开"效果"面板，在"视频特效"文件夹中选择"扭曲"中的"镜头扭曲"特效，双击该特效，即可为选中的对象添加该特效，在"特效控制台"面板中，将"弯度"设置为54，设置完成后，即可在"节目"面板中查看效果。

选择"镜头扭曲"特效

设置"弯度"参数

添加"镜头扭曲"特效

6.6 "时间"视频特效

在"时间"文件夹下，包括两项时间变形效果的视频特技效果。

6.6.1 "抽帧"特效

使用该特效后，素材将被锁定到一个指定的帧率，以跳帧播放产生动画效果，能够生成抽帧的效果。

6.6.2 "重影"特效

"重影"特效可以混合一个素材中很多不同的时间帧。它的用处很多，从一个简单的视觉回声到飞奔的动感效果的设置。

在"序列"面板中选择要添加特效的对象，打开"效果"面板，在"视频特效"文件夹中选择"时间"中的"重影"特效，双击该特效，即可为选中的对象添加该特效，添加完成后，用户可以在"特效控制台"面板中进行设置。设置完成后，即可在"节目"面板中查看效果。

选择"重影"特效	添加"重影"特效后的效果

6.7 "杂波与颗粒"视频特效

在"杂波与颗粒"视频特效文件夹下，包括6项噪波、颗粒效果的视频特技效果。

6.7.1 "中值"特效

"中值"特效指使用指定半径内相邻像素的中间像素值替换像素。使用较低的值时，这个效果可以降低噪波；如果使用较高的值，可以将素材处理成一种美术效果。

在"序列"面板中选择要添加特效的对象，打开"效果"面板，在"视频特效"文件夹中选择"杂波与颗粒"中的"中值"特效，双击该特效，即可为选中的对象添加该特效，在"特效控制台"面板中，将"半径"设置为15，设置完成后，即可在"节目"面板中查看效果。

选择"中值"特效	设置"半径"参数	添加"中值"特效后的效果

"中值"特效选项组中各选项说明如下。

❶ "半径"：指定使用中间值效果的像素数量。

❷ "在Alpha通道上操作"：对素材的Alpha通道应用该效果。

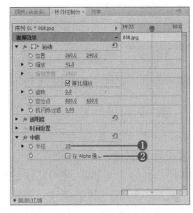

"中值"特效选项组

6.7.2 "杂波"特效

"杂波"特效将未受影响和素材中像素中心的颜色赋予每一个分片，其余的分片将被赋予未受影响的素材中相应范围的平均颜色。

在"序列"面板中选择要添加特效的对象，打开"效果"面板，在"视频特效"文件夹中选择"杂波与颗粒"中的"杂波"特效，双击该特效，即可为选中的对象添加该特效，在"特效控制台"面板中，将"杂波数量"设置为100，设置完成后，即可在"节目"面板中查看效果。

选择"杂波"特效

设置"杂波数量"

添加"杂波"特效后的效果

6.7.3 "杂波 Alpha"特效

"杂波Alpha"特效可以将统一的或方形噪波添加到图像的Alpha通道中。

在"序列"面板中选择要添加特效的对象，打开"效果"面板，在"视频特效"文件夹中选择"杂波与颗粒"中的"杂波 Alpha"特效，双击该特效，即可为选中的对象添加该特效，在"特效控制台"面板中，将"杂波"设置为"统一动画"，将"数量"设置为100，设置完成后，即可在"节目"面板中查看效果。

选择"杂波 Alpha"特效

设置杂波与数量

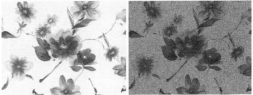

添加"杂波 Alpha"特效后的效果

"杂波Alpha"特效选项组中的各选项说明如下。

❶ "杂波"：指定效果使用的杂波的类型。

❷ "数量"：指定添加到图像中杂波的数量。

❸ "原始Alpha"：指定如何应用杂波到图像的Alpha通道中。

❹ "溢出"：指定效果重新绘制超出0~255灰度缩放范围的值。

❺ "杂波相位"：指定杂波的随机值。

❻ "杂波选项(动画)"：指定杂波的动画效果。

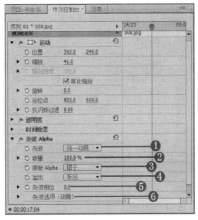

"杂波Alpha"特效选项组

6.7.4 "杂波 HLS" 特效

"杂波HLS"特效可以为指定的色度、亮度、饱和度添加噪波，并调整杂波的尺寸和相位。

在"序列"面板中选择要添加特效的对象，打开"效果"面板，在"视频特效"文件夹中选择"杂波与颗粒"中的"杂波 HLS"特效，双击该特效，即可为选中的对象添加该特效，在"特效控制台"面板中，将"杂波"设置为"方形"，将"色相"设置为100，设置完成后，即可在"节目"面板中查看效果。

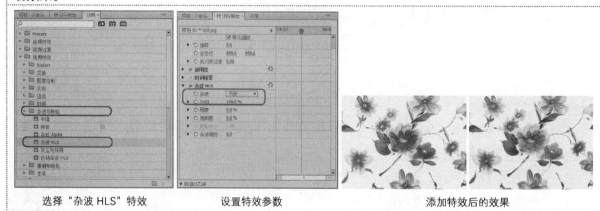

| 选择"杂波 HLS"特效 | 设置特效参数 | 添加特效后的效果 |

6.7.5 "灰尘与划痕" 特效

"灰尘与划痕"特效可以通过改变不同的像素减少噪波。调试不同的范围组合和阈值设置，达到锐化图像和隐藏缺点之间的平衡的效果。

在"序列"面板中选择要添加特效的对象，打开"效果"面板，在"视频特效"文件夹中选择"杂波与颗粒"中的"灰尘与划痕"特效，双击该特效，即可为选中的对象添加该特效，在"特效控制台"面板中，将"半径"设置为213，将"阈值"设置为0.5，设置完成后，即可在"节目"面板中查看效果。

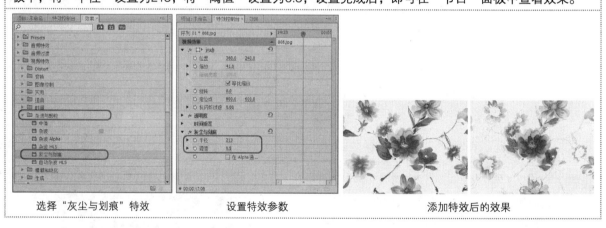

| 选择"灰尘与划痕"特效 | 设置特效参数 | 添加特效后的效果 |

6.7.6 "自动杂波 HLS" 特效

"自动杂波HLS"特效与"杂波HLS"特效相似。在"序列"面板中选择要添加特效的对象，打开"效果"面板，在"视频特效"文件夹中选择"杂波与颗粒"中的"自动杂波HLS"特效，双击该特效，即可为选中的对象添加该特效，在"特效控制台"面板中，将"杂波"设置为"颗粒"，将"色相"设置为100，将"明度"设置为70，将"颗粒大小"设置为2，设置完成后，即可在"节目"面板中查看效果。

| 选择"自动杂波 HLS"特效 | 设置"自动杂波 HLS"特效参数 | 添加特效后的效果 |

6.8 "模糊和锐化"视频特效

在"模糊和锐化"文件夹下，包括10项模糊、锐化效果的视频特技效果。

6.8.1 "快速模糊"特效

"快速模糊"特效可以指定模糊图像的强度，也可以指定模糊的方向是纵向、横向或双向。

在"序列"面板中选择要添加特效的对象，打开"效果"面板，在"视频特效"文件夹中选择"模糊和锐化"中的"快速模糊"特效，双击该特效，即可为选中的对象添加该特效，在"特效控制台"面板中将"模糊量"设置为53，将"模糊量"设置为"水平"，设置完成后，即可在"节目"面板中查看效果。

| 选择"快速模糊"特效 | 设置特效参数 | 添加"快速模糊"特效后的效果 |

6.8.2 "摄像机模糊"特效

"摄像机模糊"特效用于模仿在相机焦距之外的图像模糊效果。

在"序列"面板中选择要添加特效的对象，打开"效果"面板，在"视频特效"文件夹中选择"模糊和锐化"中的"摄像机模糊"特效，双击该特效，即可为选中的对象添加该特效，在"特效控制台"面板中将"模糊百分比"设置为8，设置完成后，即可在"节目"面板中查看效果。

| 选择"摄像机模糊"特效 | 设置模糊百分比 | 添加"摄像机模糊"特效后的效果 |

6.8.3 "方向模糊"特效

"方向模糊"特效是对图像选择一个有方向性的模糊，可以为素材增加运动感。

在"序列"面板中选择要添加特效的对象，打开"效果"面板，在"视频特效"文件夹中选择"模糊和锐化"中的"方向模糊"特效，双击该特效，即可为选中的对象添加该特效，在"特效控制台"面板中将"方向"设置为30，将"模糊长度"设置为7，设置完成后，即可在"节目"面板中查看效果。

| 选择"方向模糊"特效 | 设置方向和模糊长度 | 添加"方向模糊"特效后的效果 |

6.8.4 "残像"特效

"残像"特效用于将刚经过的帧叠加到当前帧的路径上，以产生多重留影的效果，它对表现运动物体的路径特别有用。

6.8.5 "消除锯齿"特效

"消除锯齿"特效可以使素材的边缘变得圆滑，并产生轻微的模糊效果。

在"序列"面板中选择要添加特效的对象，打开"效果"面板，在"视频特效"文件夹中选择"模糊和锐化"中的"消除锯齿"特效，双击该特效，即可为选中的对象添加该特效，设置完成后，即可在"节目"面板中查看效果。

| 选择"消除锯齿"特效 | 添加特效后的效果 |

6.8.6 "混合模糊"特效

"混合模糊"特效对图像进行复合模糊，为素材增加全面的模糊。

在"序列"面板中选择要添加特效的对象，打开"效果"面板，在"视频特效"文件夹中选择"模糊和锐化"中的"混合模糊"特效，双击该特效，即可为选中的对象添加该特效，在"特效控制台"面板中，将"最大模糊"设置为59，设置完成后，即可在"节目"面板中查看效果。

| 选择"混合模糊"特效 | 设置"最大模糊"参数 | 添加特效后的效果 |

6.8.7 "通道模糊"特效

"通道模糊"特效可以对素材的红、绿、蓝和Alpha通道个别进行模糊，可以指定模糊的方向是水平、垂直或双向。使用这个特效可以创建辉光效果或使一个图层的边缘附近变得不透明。

在"序列"面板中选择要添加特效的对象，打开"效果"面板，在"视频特效"文件夹中选择"模糊和锐化"中的"通道模糊"特效，双击该特效，即可为选中的对象添加该特效，在"特效控制台"面板中，将"蓝色模糊度"设置为110，设置完成后，即可在"节目"面板中查看效果。

| 选择"通道模糊"特效 | 设置特效参数 | 添加特效后的效果 |

6.8.8 "锐化"特效

"锐化"特效将未受影响的素材中像素中心的颜色赋予每一个分片，其余的分片被赋予未受影响的素材中相应范围内的平均颜色。

在"序列"面板中选择要添加特效的对象，打开"效果"面板，在"视频特效"文件夹中选择"模糊和锐化"中的"锐化"特效，双击该特效，即可为选中的对象添加该特效，在"特效控制台"面板中，将"锐化数量"设置为201，设置完成后，即可在"节目"面板中查看效果。

| 选择"锐化"特效 | 设置锐化数量 | 添加"锐化"特效后的效果 |

6.8.9 "非锐化遮罩"特效

"非锐化遮罩"特效能够将图片中模糊的地方变亮。

在"序列"面板中选择要添加特效的对象，打开"效果"面板，在"视频特效"文件夹中选择"模糊和锐化"中的"非锐化遮罩"特效，双击该特效，即可为选中的对象添加该特效，在"特效控制台"面板中，将"数量"设置为229，设置完成后，即可在"节目"面板中查看效果。

选择"非锐化遮罩"特效　　　　设置特效参数　　　　添加特效后的效果

6.8.10 "高斯模糊"特效

"高斯模糊"特效能够模糊和柔化图像并消除噪波。可以指定模糊的方向为水平、垂直或双向。

在"序列"面板中选择要添加特效的对象，打开"效果"面板，在"视频特效"文件夹中选择"模糊和锐化"中的"高斯模糊"特效，双击该特效，即可为选中的对象添加该特效，在"特效控制台"面板中，将"模糊度"设置为18，设置完成后，即可在"节目"面板中查看效果。

选择"高斯模糊"特效　　　　设置特效参数　　　　添加特效后的效果

6.9 "生成"视频特效

在"生成"视频特效文件夹下，包括12项生成效果的视频特技效果。

6.9.1 "书写"特效

"书写"特效可以在图像中产生书写的效果，通过为特效设置关键点，并不断地调整笔触的位置，可以产生水彩笔书写的效果。

在"序列"面板中选择要添加特效的对象，打开"效果"面板，在"视频特效"文件夹中选择"生成"中的"书写"特效，双击该特效，即可为选中的对象添加该特效，在"特效控制台"面板中对该特效进行参数设置，设置完成后，即可在"节目"面板中查看效果。

 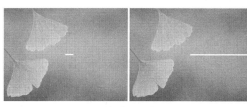

| 选择"书写"特效 | 设置书写参数 | 添加特效后的效果 |

> **提示：**
>
> 　　为选中对象添加该特效后，需要在"特效控制台"面板中为"画笔位置"选项添加动画，只有为该选项添加动画效果，才会出现书写效果。

6.9.2 "吸色管填充"特效

　　"吸色管填充"特效通过调节采样点的位置，将采样点所在位置的颜色覆盖于整个图像上。这个特效有利于在最初的素材的一个点上很快地采集一种纯色，或从一个素材上采集一种颜色并利用混合方式应用到第二个素材上。

　　在"序列"面板中选择要添加特效的对象，打开"效果"面板，在"视频特效"文件夹中选择"生成"中的"吸色管填充"特效，双击该特效，即可为选中的对象添加该特效，在"特效控制台"面板中，将"取样半径"设置为55，将"与原始图像"设置为30，设置完成后，即可在"节目"面板中查看效果。

| 选择"吸色管填充"特效 | 设置特效参数 | 添加特效后的效果 |

6.9.3 "四色渐变"特效

　　"四色渐变"特效可以使图像产生4种混合渐变颜色。在"序列"面板中选择要添加特效的对象，打开"效果"面板，在"视频特效"文件夹中，选择"生成"中的"四色渐变"特效，双击该特效，即可为选中的对象添加该特效，在"特效控制台"面板中，将"混合"设置为5，将"透明度"设置为27，将"混合模式"设置为"正常"，设置完成后，即可在"节目"面板中查看效果。

| 选择"四色渐变"特效 | 设置渐变参数 | 添加"四色渐变"特效后的效果 |

6.9.4 "圆"特效

"圆"特效可在任意创造一个实心圆或圆环，用户可以通过设置它的混合模式来形成素材轨道之间的区域混合的效果。

在"序列"面板中选择要添加特效的对象，打开"效果"面板，在"视频特效"文件夹中选择"生成"中的"圆"特效，双击该特效，即可为选中的对象添加该特效，在"特效控制台"面板中将"半径"设置为812，将"羽化外部边缘"设置为295，勾选"反相圆形"复选框，将"混合模式"设置为"正常"，设置完成后，即可在"节目"面板中查看效果。

 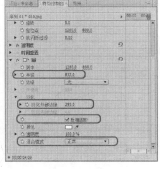  

选择"圆"特效 　　　　设置特效参数 　　　　　　　　　　添加特效后的效果

6.9.5 "棋盘"特效

"棋盘"特效可创造国际跳棋棋盘式的长方形图案，它有一半的方格是透明的，通过它自身提供的参数可以对该特效进行进一步的设置。

在"序列"面板中选择要添加特效的对象，打开"效果"面板，在"视频特效"文件夹中选择"生成"中的"棋盘"特效，双击该特效，即可为选中的对象添加该特效，在"特效控制台"面板中，将"宽度"设置为273，将"混合模式"设置为"正常"，设置完成后，即可在"节目"面板中查看效果。

选择"棋盘"特效 　　　设置宽度与混合模式 　　　　　　　添加特效后的效果

6.9.6 "椭圆"特效

"椭圆"特效可以创造一个实心椭圆或椭圆环。在"序列"面板中选择要添加特效的对象，打开"效果"面板，在"视频特效"文件夹中选择"生成"中的"椭圆"特效，双击该特效，即可为选中的对象添加该特效，在"特效控制台"面板中，将"宽"、"高"、"厚度"、"柔化"分别设置为767、722、92、100，将"内侧颜色"和"外侧颜色"的RGB值设置为（255、255、255），勾选"在原始图像上合成"复选框，设置完成后，即可在"节目"面板中查看效果。

| 选择"椭圆"特效 | 设置特效参数 | 添加特效后的效果 |

6.9.7 "油漆桶"特效

　　"油漆桶"特效是将一种纯色填充到一个区域。它用起来很像在Adobe Photoshop里使用油漆桶工具。在一个图像上使用油漆桶工具可将一个区域的颜色替换为其他的颜色。

　　在"序列"面板中选择要添加特效的对象，打开"效果"面板，在"视频特效"文件夹中选择"生成"中的"油漆桶"特效，双击该特效，即可为选中的对象添加该特效，在"特效控制台"面板中，将"透明度"设置为36，设置完成后，即可在"节目"面板中查看效果。

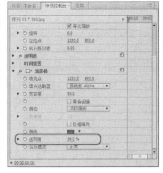

| 选择"油漆桶"特效 | 设置特效参数 | 添加特效后的效果 |

6.9.8 "渐变"特效

　　"渐变"特效能够产生一个颜色渐变，并能够与源图像内容混合。可以创建线性或放射状渐变，并可以随着时间改变渐变的位置和颜色。

　　在"序列"面板中选择要添加特效的对象，打开"效果"面板，在"视频特效"文件夹中选择"生成"中的"渐变"特效，双击该特效，即可为选中的对象添加该特效，在"特效控制台"面板中，将"起始颜色"的RGB值设置为（255、252、0），将"结束颜色"的RGB值设置为（255、192、0），将"与原始图像混合"设置为55，设置完成后，即可在"节目"面板中查看效果。

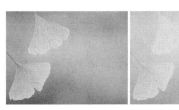

| 选择"渐变"特效 | 设置特效参数 | 添加特效后的效果 |

6.9.9 "网格"特效

"网格"特效可创造一组可任意改变的网格,可以为网格的边缘调节大小和进行羽化,或作为一个可调节透明度的蒙版用于源素材上。

在"序列"面板中选择要添加特效的对象,打开"效果"面板,在"视频特效"文件夹中选择"生成"中的"网格"特效,双击该特效,即可为选中的对象添加该特效,在"特效控制台"面板中,将"边框"设置为20,将"透明度"设置为55,将"混合模式"设置为"正常",设置完成后,即可在"节目"面板中查看效果。

  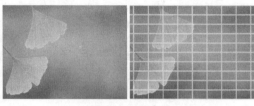

| 选择"网格"特效 | 设置特效参数 | 添加特效后的效果 |

6.9.10 "蜂巢图案"特效

"蜂巢图案"特效在基于噪波的基础上可产生蜂巢的图案。使用"蜂巢图案"特效可产生静态或移动的背景纹理和图案。

在"序列"面板中选择要添加特效的对象,打开"效果"面板,在"视频特效"文件夹中选择"生成"中的"蜂巢图案"特效,双击该特效,即可为选中的对象添加该特效,在"特效控制台"面板中,将"单元格图案"设置为"晶格化HQ",设置完成后,即可在"节目"面板中查看效果。

  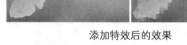

| 选择"蜂巢图案"特效 | 设置特效参数 | 添加特效后的效果 |

6.9.11 实战:利用"镜头光晕"特效制作光晕效果

"镜头光晕"特效能够产生镜头光斑效果,它是通过模拟亮光透过摄像机镜头时的折射而产生的。

步骤1 新建一个空白项目文件,在"项目"面板中双击鼠标,在弹出的"导入"对话框中选择随书附带光盘中的"CDROM\素材\第6章\011.jpg"文件。

步骤2 单击"打开"按钮,即可将选中的对象导入到"项目"面板中,按住鼠标将其拖曳至"视频1"轨道中,选中该对象,在"特效控制台"面板中将"缩放"设置为46。

选择素材文件   设置素材文件的大小

步骤3　在"序列"面板中选择要添加特效的对象，打开"效果"面板，在"视频特效"文件夹中选择"生成"中的"镜头光晕"特效。

步骤4　双击该特效，即可为选中的对象添加该特效，在"特效控制台"面板中，将"光晕中心"设置为957.5、207.9，将"光晕亮度""将"光晕高度"设置为140，设置完成后，即可在"节目"面板中查看效果。

选择"镜头光晕"特效   设置特效参数

6.9.12　"闪电"特效

　　"闪电"特效用于产生闪电和其他类似放电的效果，不用关键帧就可以自动产生动画。

　　在"序列"面板中选择要添加特效的对象，打开"效果"面板，在"视频特效"文件夹中选择"生成"中的"闪电"特效，双击该特效，即可为选中的对象添加该特效，用户可以在"特效控制台"面板中对其参数进行设置，设置完成后，即可在"节目"面板中查看效果。

选择"闪电"特效   "闪电"特效的参数   添加"闪电"特效后的效果

6.10 | "色彩校正"视频特效

在"色彩校正"视频特效文件夹下，包括10项色彩校正效果的视频特技效果。

6.10.1 "亮度与对比度"特效

"亮度与对比度"特效可以调节画面的亮度和对比度。该特效可以同时调整所有像素的亮部区域、暗部区域和中间色区域，但不能对单一通道进行调节。

在"序列"面板中选择要添加特效的对象，打开"效果"面板，在"视频特效"文件夹中选择"色彩校正"中的"亮度与对比度"特效，双击该特效，即可为选中的对象添加该特效，在"特效控制台"面板中，将"亮度"和"对比度"分别设置为21、9，设置完成后，即可在"节目"面板中查看效果。

选择"亮度与对比度"特效

设置亮度和对比度

添加特效后的效果

6.10.2 "分色"特效

"分色"特效用于将素材中除被选中的颜色及相类似颜色以外的其他颜色分离。

在"序列"面板中选择要添加特效的对象，打开"效果"面板，在"视频特效"文件夹中选择"色彩校正"中的"分色"特效，双击该特效，即可为选中的对象添加该特效，在"特效控制台"面板中，将"脱色量"设置为100，将"要保留的颜色"的RGB值设置为（112、179、22），将"匹配颜色"设置为"使用色相"，设置完成后，即可在"节目"面板中查看效果。

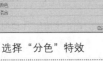
选择"分色"特效

设置特效参数

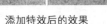
添加特效后的效果

6.10.3 "广播级颜色"特效

"广播级色彩"特效用来改变、设置像素的色值范围，保持信号的幅度，广播制式有NTSC和PAL两种。使用非安全切断或安全切断确定哪一部分图像受到影响。

在"序列"面板中选择要添加特效的对象，打开"效果"面板，在"视频特效"文件夹中选择"色彩校正"中的"广播级颜色"特效，双击该特效，即可为选中的对象添加该特效，在"特效控制台"面板中，将"广播区域"设置为"PAL"，将"如何确保颜色安全"设置为"降低饱和度"，将"最大信号波幅"设置为90，设置完成后，即可在"节目"面板中查看效果。

| 选择"广播级颜色"特效 | 设置特效参数 | 添加特效后的效果 |

6.10.4 "更改颜色"特效

"更改颜色"特效通过在素材色彩范围内调整色相、亮度和饱和度，来改变色彩范围内的颜色。

在"序列"面板中选择要添加特效的对象，打开"效果"面板，在"视频特效"文件夹中选择"色彩校正"中的"更改颜色"特效，双击该特效，即可为选中的对象添加该特效，在"特效控制台"面板中，将"明度变换"设置为40，将"要更改的颜色"设置为62、65、80，将"匹配柔和度"设置为12，设置完成后，即可在"节目"面板中查看效果。

| 选择"更改颜色"特效 | 设置特效参数 | 添加特效后的效果 |

6.10.5 "染色"特效

"染色"特效修改图像的颜色信息。亮度值在两种颜色间对每一个像素效果确定一种混合效果。

在"序列"面板中选择要添加特效的对象，打开"效果"面板，在"视频特效"文件夹中选择"色彩校正"中的"染色"特效，双击该特效，即可为选中的对象添加该特效，在"特效控制台"面板中将"着色数量"设置为79，设置完成后，即可在"节目"面板中查看效果。

| 选择"染色"特效 | 设置特效参数 | 添加特效后的效果 |

6.10.6 "色彩均化"特效

　　"色彩均化"特效可改变图像像素的值。与Adobe Photoshop中的"色调均化"命令类似，透明度为0（完全透明）不被考虑。

　　在"序列"面板中选择要添加特效的对象，打开"效果"面板，在"视频特效"文件夹中选择"色彩校正"中的"色彩均化"特效，双击该特效，即可为选中的对象添加该特效，用户可以在"特效控制台"面板中对参数进行设置，在此使用其默认设置，在"节目"面板中查看效果。

选择"色彩均化"特效

添加特效后的效果

6.10.7 "色彩平衡"特效

　　"色彩平衡"特效设置图像在阴影、中值和高光下的红绿蓝三色的参数。

　　在"序列"面板中选择要添加特效的对象，打开"效果"面板，在"视频特效"文件夹中选择"色彩校正"中的"色彩平衡"特效，双击该特效，即可为选中的对象添加该特效，在"特效控制台"面板中，将"阴影红色平衡"、"阴影绿色平衡"、"阴影蓝色平衡"、"中间调红色平衡"、"高光红色平衡"、"高光蓝色平衡"分别设置为73、95、100、26、17、25，设置完成后，即可在"节目"面板中查看效果。

选择"色彩平衡"特效

设置特效参数

添加特效后的效果

6.10.8 "色彩平衡(HLS)"特效

　　"色彩平衡(HLS)"特效通过调整色调、饱和度和明亮度对颜色的平衡度进行调节。

　　在"序列"面板中选择要添加特效的对象，打开"效果"面板，在"视频特效"文件夹中选择"色彩校正"中的"色彩平衡（HLS）"特效，双击该特效，即可为选中的对象添加该特效，在"特效控制台"面板中，将"色相"设置为-22°，设置完成后，即可在"节目"面板中查看效果。

选择"色彩平衡（HLS）"特效

设置色相参数

添加特效后的效果

6.10.9 "转换颜色"特效

"转换颜色"特效可以指定某种颜色，然后使用一种新的颜色替换指定的颜色。

在"序列"面板中选择要添加特效的对象，打开"效果"面板，在"视频特效"文件夹中选择"色彩校正"中的"转换颜色"特效，双击该特效，即可为选中的对象添加该特效，在"特效控制台"面板中，将"从"的RGB值设置为（108、182、15），将"到"的RGB值设置为（255、234、0），设置完成后，即可在"节目"面板中查看效果。

选择"转换颜色"特效　　　　设置特效参数　　　　　添加"转换颜色"特效后的效果

6.10.10 "通道混合"特效

"通道混合"特效可以用当前颜色通道的混合值修改一个颜色通道。通过为每个通道设置不同的颜色偏移量，来校正图像的色彩。

在"序列"面板中选择要添加特效的对象，打开"效果"面板，在"视频特效"文件夹中选择"色彩校正"中的"通道混合"特效，双击该特效，即可为选中的对象添加该特效，在"特效控制台"面板中对各个参数进行设置，设置完成后，即可在"节目"面板中查看效果。

选择"通道混合"特效　　　　设置特效参数　　　　　　添加特效后的效果

6.11 "视频"特效

在"视频"特效文件夹下，包括"时间码"一个视频特技效果。

6.11.1 "时间码"特效

"时间码"特效可以将素材边缘的像素剪掉，并可以自动将修剪过的素材尺寸变到原始尺寸。使用滑块控制可以修剪素材的个别边缘。可以采用像素或图像百分比两种方式计算。

在"序列"面板中选择要添加特效的对象，打开"效果"面板，在"视频特效"文件夹中选择"视频"中的"时间码"特效，双击该特效，即可为选中的对象添加该特效，在"特效控制台"面板中，将"大小"设置为12.8，设置完成后，即可在"节目"面板中查看效果。

选择"时间码"特效

设置大小

添加特效后的效果

6.12 | "调整"特效

在"调节"特效文件夹下，包括9项调节效果的视频特技效果。

6.12.1 实战："卷积内核"特效

"卷积内核"特效根据数学卷积分的运算来改变素材中每个像素的值。

步骤1 在"项目"面板中双击鼠标，在弹出的"导入"对话框中选择随书附带光盘中的"CDROM\素材\第6章\013.jpg"文件。

步骤2 单击"打开"按钮，在"项目"面板中选择"013.jpg"素材文件，将其添加至时间线面板中的视频1轨道中。

选择素材文件

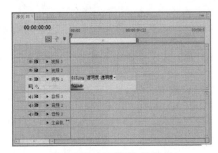
将素材拖曳至视频1轨道中

步骤3 在时间线面板中选择"013.jpg"素材文件，切换至"特效控制台"面板，展开"运动"选项，将"缩放"设置为64。

步骤4 打开"效果"面板，在"视频特效"文件夹中选择"调整"中的"卷积内核"特效。

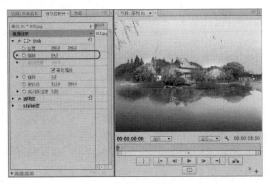
设置素材的缩放值

选择"卷积内核"特效

步骤5 双击该特效，即可为选中的对象添加该特效，在"特效控制台"面板中将"M11"设置为1。

步骤6 设置完成后，即可在"节目"面板中查看添加特效后的效果。

设置特效参数

添加特效后的效果

6.12.2 实战："基本信号控制"特效

"基本信号控制"特效可以分别调整影片的亮度、对比度、色相和饱和度。

步骤1 在"项目"面板中双击鼠标，在弹出的"导入"对话框中选择随书附带光盘中的"CDROM\素材\第6章\014.jpg"文件。

步骤2 单击"打开"按钮，在"项目"面板中选择"014.jpg"素材文件，将其添加至时间线面板中的视频1轨道中。

选择素材文件

将素材拖曳至视频1轨道中

步骤3 在时间线面板中选择"014.jpg"素材文件，切换至"特效控制台"面板，展开"运动"选项，将"缩放"设置为54。

步骤4 打开"效果"面板，在"视频特效"文件夹中选择"调整"中的"基本信号控制"特效。

设置素材的缩放值

选择"基本信号控制"特效

步骤5 双击该特效，即可为选中的对象添加该特效，在"特效控制台"面板中将"亮度"、"对比度"、"拆分百分比"分别设置为-21、112、35，然后再勾选"拆分屏幕"复选框。

步骤6 设置完成后，即可在"节目"面板中查看添加特效后的效果。

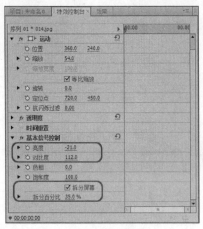

设置特效参数

添加特效后的效果

"基本信号控制"选项组中各个选项的功能如下。

❶ "亮度"：控制图像的亮度。

❷ "对比度"：控制图像的对比度。

❸ "色调"：控制图像的色相。

❹ "饱和度"：控制图像的颜色饱和度。

❺ "拆分屏幕"：勾选该复选框后，可以将设置的效果在素材文件上拆分显示。

❻ "拆分百分比"：该参数被激活后，可以调整范围，对比调节前后的效果。

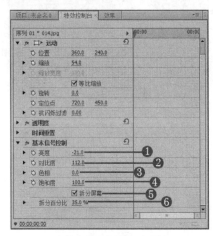

"基本信号控制"选项组

6.12.3 实战："提取"特效

"提取"特效可从视频片段中析取颜色，然后通过设置灰色的范围控制影像的显示。单击选项组中"提取"右侧的"设置…"按钮，弹出"提取设置"对话框。

"提取设置"对话框中各个参数的功能如下。

❶ "输入范围"：在对话框中的柱状图用于显示在当前画面中每个亮度值上的像素数目。拖动其下的两个滑块，可以设置将被转为白色或黑色的像素范围。

❷ "柔和度"：拖动"柔和度"滑块在被转换为白色的像素中加入灰色。

❸ "反相"：选中"反相"选项可以反转图像效果。

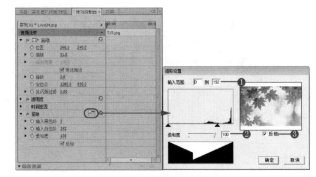

"提取设置"对话框

应用"提取"特效的具体操作步骤如下。

步骤1 在"项目"面板中双击鼠标，在弹出的"导入"对话框中选择随书附带光盘中的"CDROM\素材\第6章\015.jpg"文件。

步骤2 单击"打开"按钮，在"项目"面板中选择"015.jpg"素材文件，将其添加至时间线面板中的视频1轨道中。

选择素材文件   将素材拖曳至视频1轨道中

步骤3 在时间线面板中选择"015.jpg"素材文件，切换至"特效控制台"面板，展开"运动"选项，将"缩放"设置为31。

步骤4 打开"效果"面板，在"视频特效"文件夹中选择"调整"中的"提取"特效。

设置素材的缩放值   选择"提取"特效

步骤5 双击该特效，即可为选中的对象添加该特效，在"特效控制台"面板中将"输入黑色阶"、"输入白色阶"、"柔和度"分别设置为0、192、100，勾选"反相"复选框。

步骤6 设置完成后，用户可以在"节目"面板中查看添加特效后的效果。

设置特效参数   添加特效后的效果

6.12.4 "照明效果"特效

"照明效果"特效可以在一个素材上同时添加5个灯光特效，并可以调节它们的属性。包括：灯光类型、照明颜色、中心、主半径、次要半径、角度、强度、聚焦。还可以控制表面光泽和表面材质，也可引用其他视频片段的光泽和材质。

在"序列"面板中选择要添加特效的对象，打开"效果"面板，在"视频特效"文件夹中选择"调整"中的"照明效果"特效，双击该特效，即可为选中的对象添加该特效，在"特效控制台"面板中将"环境照明强度"设置为41，设置完成后，即可在"节目"面板中查看效果。

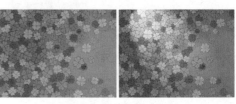

| 选择"照明效果"特效 | 设置"环境照明强度"参数 | 添加特效后的效果 |

6.12.5 "自动对比度"特效

　　"自动对比度"特效可以调整总的色彩的混合，或除去偏色。

　　在"序列"面板中选择要添加特效的对象，打开"效果"面板，在"视频特效"文件夹中选择"调整"中的"自动对比度"特效，双击该特效，即可为选中的对象添加该特效，在"特效控制台"面板中将"自动对与原始图像混合"设置为28，设置完成后，即可在"节目"面板中查看效果。

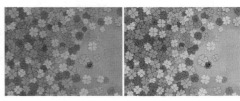

| 选择"自动对比度"特效 | 设置特效参数 | 添加特效后的效果 |

6.12.6 "自动色阶"特效

　　"自动色阶"特效可以自动调节高光、阴影，因为"自动色阶"调节每一处颜色，它可能移动或传入颜色。

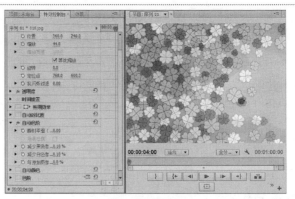

| 选择"自动色阶"特效 | 添加特效后的效果 |

　　在"序列"面板中选择要添加特效的对象，打开"效果"面板，在"视频特效"文件夹中选择"调整"中的"自动色阶"特效，双击该特效，即可为选中的对象添加该特效，用户可以在"特效控制台"面板中进行相应的设置，设置完成后，即可在"节目"面板中查看效果。

6.12.7 "自动颜色"特效

"自动颜色"特效可以调节黑色和白色像素的对比度。

在"序列"面板中选择要添加特效的对象，打开"效果"面板，在"视频特效"文件夹中选择"调整"中的"自动颜色"特效，双击该特效，即可为选中的对象添加该特效，用户可以在"特效控制台"面板中进行相应的设置，设置完成后，即可在"节目"面板中查看效果。

选择"自动颜色"特效

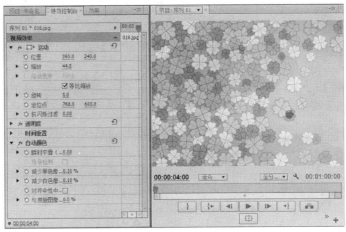

添加特效后的效果

6.12.8 "色阶"特效

"色阶"特效可以控制影视素材片段的亮度和对比度。单击选项组中"色阶"右侧的按钮，弹出"色阶设置"对话框。

"色阶设置"对话框中的各个选项的功能如下。

❶通道：在通道选择下拉列表框中，可以选择调节影视素材片段的R通道、G通道、B通道及统一的RGB通道。

❷"输入色阶"：当前画面帧的输入灰度级显示为柱状图。柱状图的横向X轴代表了亮度数值，从左边的最黑(0)到右边的最亮(255)；纵向Y轴代表了在某一亮度数值上总的像素数目。将柱状图下的黑三角形滑块向右拖动，使影片变暗，向左拖动白色滑块增加亮度；拖动灰色滑块可以控制中间色调。

❸"输出色阶"：使用"输出色阶"输出水平栏下的滑块可以减少影视素材片段的对比度。向右拖动黑色滑块可以减少影视素材片段中的黑色数值；向左拖动白色滑块可以减少影视素材片段中的亮度数值。

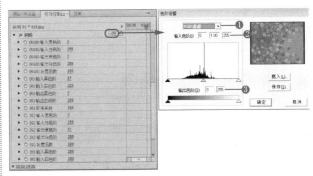

"色阶设置"对话框

在"序列"面板中选择要添加特效的对象，打开"效果"面板，在"视频特效"文件夹中选择"调整"中的"色阶"特效，双击该特效，即可为选中的对象添加该特效，在"特效控制台"面板中，将"（R）输入黑色阶"设置为57，将"（G）输出黑色阶"设置为51，将"（G）灰度系数"设置为100，其余按图中进行设置，设置完成后，即可在"节目"面板中查看效果。

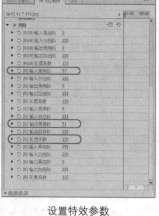

选择"色阶"特效　　　　　　设置特效参数　　　　　　　　添加特效后的效果

6.12.9 "阴影/高光"特效

"阴影/高光"特效可以使一个图像变亮并附有阴影，还原图像的高光值。这个特效不会使整个图像变暗或变亮，它基于周围的环境像素独立地调整阴影和高光的数值。也可以调整一副图像的总对比度，设置的默认值可解决图像的高光问题。

在"序列"面板中选择要添加特效的对象，打开"效果"面板，在"视频特效"文件夹中选择"调整"中的"阴影/高光"特效，双击该特效，即可为选中的对象添加该特效，在"特效控制台"面板中将"中间调对比度"设置为67，将"减少白色像素"设置为5，设置完成后，即可在"节目"面板中查看效果。

选择"阴影/高光"特效　　　　　设置特效参数　　　　　　　　添加特效后的效果

6.13 "过渡"特效

在"过渡"特效文件夹下，包括5项过渡效果的视频特技效果。

6.13.1 实战："块溶解"特效

"块溶解"特效可使素材随意地一块块消失。块宽度和块高度可以设置溶解时块的大小。

下面介绍如何应用"块溶解"特效，具体操作步骤如下。

步骤1　新建一个项目文件，在"项目"面板中双击鼠标，在弹出的"导入"对话框中选择随书附带光盘中的"CDROM\素材\第6章\017.jpg、018.png"文件。

步骤2　单击"打开"按钮，在"项目"面板中选择"017.jpg"素材文件。

选择素材文件

选择"017.jpg"素材文件

步骤3 按住鼠标将其拖曳至"视频1"轨道中，选中该对象，在"特效控制台"面板中，将"缩放"设置为64。

步骤4 在"项目"面板中选择"018.png"，将其拖曳至"视频2"轨道中。

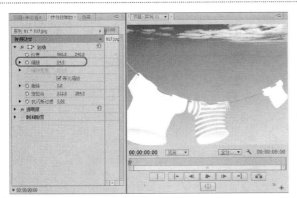

设置素材文件的缩放值

将素材文件拖曳至视频2轨道中

步骤5 选中该对象，在"特效控制台"面板中，将"缩放"设置为75，继续选中该对象，激活"效果"面板，在"视频特效"文件夹中选择"过渡"中的"块溶解"特效。

设置缩放值

选择"块溶解"特效

步骤6 双击该特效，为选中的对象添加该特效，将当前时间设置为00:00:02:00，在"特效控制台"面板中，单击"过渡完成"左侧的"切换动画"按钮，将"过渡完成"设置为0。

步骤7 将当前时间设置为00:00:04:23，在"特效控制台"面板中将"过渡完成"设置为100。

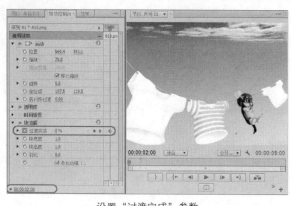

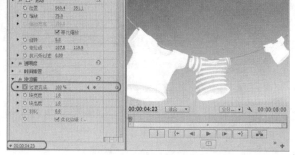

设置"过渡完成"参数　　　　　　　　　设置"过渡完成"参数

步骤8　设置完成后，按空格键在"节目"面板中预览效果。

添加"块溶解"特效后的效果

6.13.2　实战："径向擦除"特效

　　"径向擦除"特效是将素材以指定的一个点为中心进行旋转从而显示出下面的素材，下面介绍如何应用"径向擦除"特效，具体操作步骤如下。

步骤1　新建一个项目文件，在"项目"面板中双击鼠标，在弹出的"导入"对话框中选择随书附带光盘中的"CDROM\素材\第6章\019.jpg、020.jpg"文件。

步骤2　单击"打开"按钮，在"项目"面板中选择"019.jpg"素材文件。

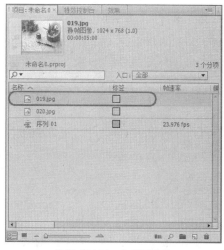

选择素材文件　　　　　　　　　　　选择"019.jpg"素材文件

步骤3　按住鼠标将其拖曳至"视频1"轨道中，选中该对象，在"特效控制台"面板中将"缩放"设置为66。

步骤4　在"项目"面板中选择"020.jpg"，将其拖曳至"视频2"轨道中。

设置素材文件的缩放值

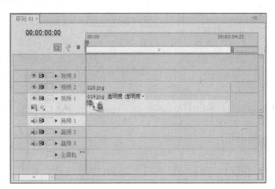

将素材文件拖曳至视频2轨道中

步骤5　选中视频2轨道中的对象，在"特效控制台"面板中将"缩放"设置为64，继续选中该对象，激活"效果"面板，在"视频特效"文件夹中选择"过渡"中的"径向擦除"特效。

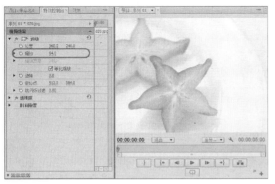

设置缩放值

选择"径向擦除"特效

步骤6　双击该特效，为选中的对象添加该特效，将当前时间设置为00:00:01:00，在"特效控制台"面板中，单击"过渡完成"左侧的"切换动画"按钮 ⬙，将"过渡完成"设置为0，将"羽化"设置为21。

步骤7　将当前时间设置为00:00:04:23，在"特效控制台"面板中将"过渡完成"设置为100。

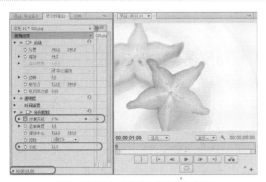

设置"过渡完成"和"羽化"参数

设置"过渡完成"参数

步骤8　设置完成后，按空格键在"节目"面板中预览效果。

添加"径向擦除"特效后的效果

6.13.3 "渐变擦除"特效

　　"渐变擦除"特效可以将其中一个素材基于另一个素材相应的亮度值渐渐变为透明，这个素材叫渐变层。渐变层的黑色像素引起相应的像素变得透明。

　　在"序列"面板中选择要添加特效的对象，打开"效果"面板，在"视频特效"文件夹中选择"过渡"中的"渐变擦除"特效，双击该特效，即可为选中的对象添加该特效，在"特效控制台"面板中进行相应的设置，设置完成后，即可在"节目"面板中查看效果。

选择"渐变擦除"特效　　　　　　　　　　　　　添加特效后的效果

6.13.4 实战："百叶窗"特效

　　"百叶窗"特效可以将图像分割成类似百叶窗的长条状。下面介绍如何应用"百叶窗"特效，其具体操作步骤如下。

步骤1　新建一个项目文件，在"项目"面板中双击鼠标，在弹出的"导入"对话框中选择随书附带光盘中的"CDROM\素材\第6章\021.jpg、022.jpg"文件。

步骤2　单击"打开"按钮，在"项目"面板中选择"021.jpg"素材文件。

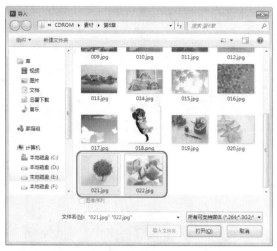
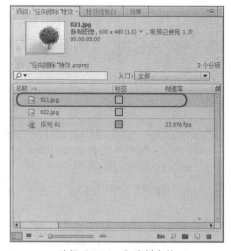

选择素材文件　　　　　　　　　　　　选择"021.jpg"素材文件

步骤3　按住鼠标将其拖曳至"视频1"轨道中，选中该对象，在"特效控制台"面板中，将"缩放"设置为109。

步骤4　在"项目"面板中选择"022.jpg"，将其拖曳至"视频2"轨道中。

步骤5　选中视频2轨道中的对象，在"特效控制台"面板中，将"缩放"设置为44，继续选中该对象，激活"效果"面板，在"视频特效"文件夹中选择"过渡"中的"百叶窗"特效。

设置素材文件的缩放值

将素材文件拖曳至视频2轨道中

设置缩放值

选择"百叶窗"特效

步骤6 双击该特效，为选中的对象添加该特效，将当前时间设置为00:00:00:00，在"特效控制台"面板中单击"过渡完成"左侧的"切换动画"按钮 ⑥，将"过渡完成"设置为0，将"宽度"设置为64。

步骤7 将当前时间设置为00:00:04:23，在"特效控制台"面板中，将"过渡完成"设置为100。

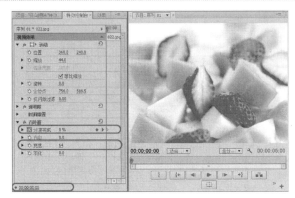

设置"过渡完成"和"宽度"参数

设置"过渡完成"参数

步骤8 设置完成后，按空格键在"节目"面板中预览效果。

添加"百叶窗"特效后的效果

该特效的各个选项的功能如下。

❶ "过渡完成"：可以调整分割后图像之间的缝隙。

❷ "方向"：通过调整方向的角度，可以调整百叶窗的角度。

❸ "宽度"：可以调整图像被分割后的每一条的宽度。

❹ "羽化"：通过调整羽化值，可以对图像的边缘进行不同程度的模糊。

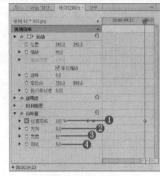

"百叶窗"特效选项组

6.13.5 "线性擦除"特效

"线性擦除"特效是利用黑色区域从图像的一边向另一边抹去，最后图像完全消失。

在"序列"面板中选择要添加特效的对象，打开"效果"面板，在"视频特效"文件夹中选择"过渡"中的"线性擦除"特效，双击该特效，即可为选中的对象添加该特效，在"特效控制台"面板中进行相应的设置，设置完成后，即可在"节目"面板中查看效果。

选择"线性擦除"特效

添加特效后的效果

其中该特效的各个选项的功能如下。

❶ "完成过渡"：可以调整图像中黑色区域的覆盖面积。

❷ "擦除角度"：用于调整黑色区域的角度。

❸ "羽化"：通过调整羽化值，可以对黑色区域与图像的交接处进行不同程度的模糊。

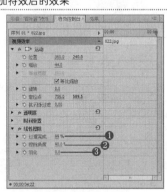

"线性擦除"特效

6.14 "透视"特效

在"透视"特效文件夹下，包括5项透视效果的视频特技效果。

6.14.1 实战：利用"基本3D"特效制作动态偏移效果

"基本3D"特效可以在一个虚拟的三维空间中操纵素材，可以围绕水平和垂直旋转图像和移动或远离屏幕。使用简单3D效果，还可以使一个旋转的表面产生镜面反射高光，而光源位置总是在观看者的左后上方，因为光来自上方，图像就必须向后倾斜才能看见反射。

步骤1 新建一个项目文件，在"项目"面板中双击鼠标，在弹出的"导入"对话框中选择随书附带光盘中的"CDROM\素材\第6章\023.png、024.jpg"文件。

步骤2 单击"打开"按钮，在"项目"面板中选择"023.png"素材文件。

选择素材文件

选择"023.png"素材文件

步骤3 将023.png拖曳至"视频1"轨道中，确认该对象处于选中状态，在"特效控制台"中将"缩放"设置为42。

步骤4 切换至"效果"面板中，在"视频特效"文件夹中选择"透视"中的"基本3D"特效。

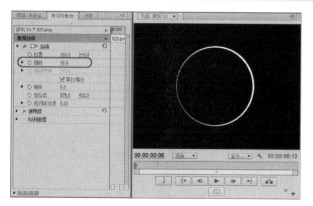

设置素材文件的缩放值

选择"基本3D"特效

步骤5 双击该特效，为选中的对象添加该特效，将当前时间设置为00:00:00:00，在"特效控制台"中单击"旋转"左侧的"切换动画"按钮，然后再单击"倾斜"左侧的"切换动画"按钮。

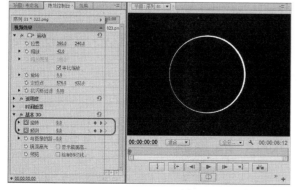

单击"切换动画"按钮

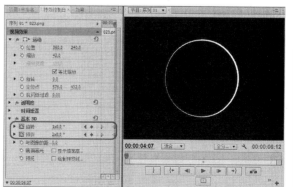

设置"旋转"和"倾斜"参数

步骤6 将当前时间为00:00:04:07，将"基本3D"区域下的"旋转"设置为360，将"倾斜"设置为720。

步骤7 当前时间设置为00:00:00:04，在"项目"面板中选择023.png，按住鼠标将其拖曳至"视频2"轨道中，将其与编辑标识线对齐。

步骤8 在"视频1"轨道中选择023.png，右击鼠标，在弹出的快捷菜单中选择"复制"命令。

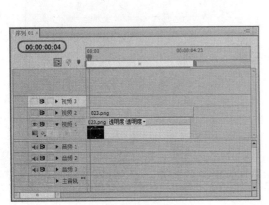

将素材与编辑标识线对齐　　　　　　　　　　选择"复制"命令

步骤9 再在"视频2"轨道中选择023.png，右击鼠标，在弹出的快捷菜单中选择"粘贴属性"命令。

步骤10 使用同样的方法在不同的轨道中每隔4帧添加一个对象，并为其粘贴属性。

选择"粘贴属性"命令　　　　　　　　　　　添加其他对象后的效果

步骤11 按Ctrl+N组合键，在弹出的对话框中选择"DV-24P"下的"标准 48kHz"，使用默认的序列名称即可，然后单击"确定"按钮。

步骤12 在"项目"面板中选择024.jpg，按住鼠标将其拖曳至"序列02"的"视频1"轨道中，选中该对象，在"特效控制台"中将"缩放"设置为68。

步骤13 继续选中该对象，右击鼠标，在弹出的快捷菜单中选择"速度/持续时间"命令，在弹出的对话框中将"持续时间"设置为00:00:06:12。

步骤14 设置完成后，单击"确定"按钮，在"项目"面板中选择"序列01"，按住鼠标将其拖曳至"视频2"轨道中，设置完成后，对完成后的场景进行保存即可。

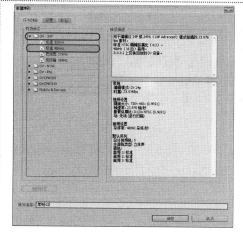

"新建序列"对话框

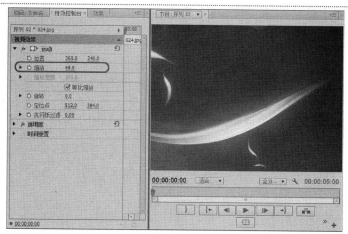

设置素材文件的缩放值

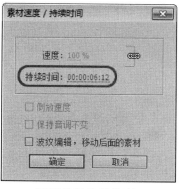

设置素材速度/持续时间

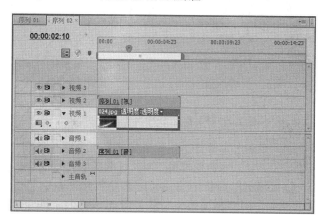

将序列01拖曳至序列02中的视频1轨道中

6.14.2　"径向阴影"特效

　　"径向阴影"特效利用素材上方的电光源来造成阴影效果，而不是无限的光源投射。阴影从原素材上通过Alpha通道产生影响。

　　在"序列"面板中选择要添加特效的对象，打开"效果"面板，在"视频特效"文件夹中选择"透视"中的"径向阴影"特效，双击该特效，即可为选中的对象添加该特效，在"特效控制台"面板中，将"阴影颜色"设置为白色，将"透明度"、"投影距离"、"柔和度"分别设置为100、4、50，将"光源"设置为543.9、408.3，将"渲染"设置为"玻璃边缘"，勾选"调整图层大小"复选框，设置完成后，即可在"节目"面板中查看效果。

选择"径向阴影"特效

设置特效参数

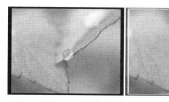

添加特效后的效果

6.14.3 "投影"特效

"投影"特效用于给素材添加一个阴影效果。

在"序列"面板中选择要添加特效的对象,打开"效果"面板,在"视频特效"文件夹中选择"透视"中的"投影"特效,双击该特效,即可为选中的对象添加该特效,在"特效控制台"面板中,将"阴影颜色"设置为白色,将"透明度"、"方向"、"距离"、"柔和度"分别设置为100、124、24、38,设置完成后,即可在"节目"面板中查看效果。

 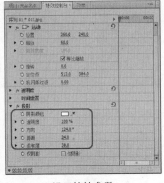 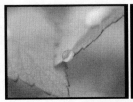 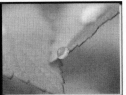

选择"投影"特效　　　　　　设置特效参数　　　　　　添加特效后的效果

6.14.4 "斜角边"特效

"斜角边"特效能给图像边缘产生一个凿刻的高亮的三维效果。边缘的位置由源图像的Alpha通道来确定。与 Alpha边框效果不同,该效果中产生的边缘总是成直角的。

在"序列"面板中选择要添加特效的对象,打开"效果"面板,在"视频特效"文件夹中选择"透视"中的"斜角边"特效,双击该特效,即可为选中的对象添加该特效,在"特效控制台"面板中,将"边缘厚度"、"照明角度"分别设置为0.05、-34,设置完成后,即可在"节目"面板中查看效果。

  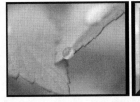

选择"斜角边"特效　　　　　　设置特效参数　　　　　　添加特效后的效果

6.14.5 "斜面Alpha"特效

"斜面Alpha"特效能够产生一个倒角的边,而且图像的Alpha通道边界变亮。通常是将一个二维赋予三维效果。如果素材没有Alpha通道或它的Alpha通道是完全不透明的,那么这个效果就全应用到素材的缘。

在"序列"面板中选择要添加特效的对象,打开"效果"面板,在"视频特效"文件夹中选择"透视"中的"斜面Alpha"特效,双击该特效,即可为选中的对象添加该特效,在"特效控制台"面板中,将"边缘厚度"设置为40,设置完成后,即可在"节目"面板中查看效果。

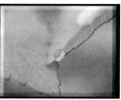

| 选择"斜面Alpha"特效 | 设置"边缘厚度"参数 | 添加特效后的效果 |

6.15 | "通道"视频特效

在"通道"视频特效文件夹下，包括7项通道效果的视频特技效果。

6.15.1 "反转"特效

"反转"特效用于将图像的颜色信息反相。在"序列"面板中选择要添加特效的对象，打开"效果"面板，在"视频特效"文件夹中选择"通道"中的"反转"特效，双击该特效，即可为选中的对象添加该特效，在"特效控制台"面板中将"通道"设置为"求积彩色度"，设置完成后，即可在"节目"面板中查看效果。

| 选择"反转"特效 | 设置特效参数 | 添加"反转"特效 |

6.15.2 "固态合成"特效

"固态合成"特效将图像进行单色混合，可以改变混合颜色。在"序列"面板中选择要添加特效的对象，打开"效果"面板，在"视频特效"文件夹中选择"通道"中的"固态合成"特效，双击该特效，即可为选中的对象添加该特效，在"特效控制台"面板中，将"颜色"的RGB值设置为（210、0、0），将"混合模式"设置为"添加"，设置完成后，即可在"节目"面板中查看效果。

| 选择"固态合成"特效 | 设置特效参数 | 添加"固态合成"特效后的效果 |

6.15.3 "复合算法"特效

在"序列"面板中选择要添加特效的对象，打开"效果"面板，在"视频特效"文件夹中选择"通道"中的"复合算法"特效，双击该特效，即可为选中的对象添加该特效，在"特效控制台"面板中将"二级源图层"设置为"视频1"，将"与原始图像混合"设置为39，设置完成后，即可在"节目"面板中查看效果。

| 选择"复合算法"特效 | 设置特效参数 | 添加特效后的效果 |

提示：

该特效需要两个素材才可以出现相应的效果，本节将素材027.jpg放置在"视频1"轨道中，所以需要将"二级源图层"设置为"视频1"。

6.15.4 "混合"特效

"混合"特效能够采用5种模式中的任意一种来混合两个素材。

在"序列"面板中选择要添加特效的对象，打开"效果"面板，在"视频特效"文件夹中选择"通道"中的"混合"特效，双击该特效，即可为选中的对象添加该特效，在"特效控制台"面板中，将"与图层混合"设置为"视频1"，将"与原始图像混合"设置为40，将"如果图层大小不同"设置为"伸展以适配"，设置完成后，即可在"节目"面板中查看效果。

| 选择"混合"特效 | 设置特效参数 | 添加特效后的效果 |

6.15.5 "算法"特效

"算法"特效对一个图像的红、绿、蓝通道进行不同的简单的数学操作。

在"序列"面板中选择要添加特效的对象，打开"效果"面板，在"视频特效"文件夹中选择"通道"中的"算法"特效，双击该特效，即可为选中的对象添加该特效，在"特效控制台"面板中，将"操作符"设置为"滤色"，将"绿色值"设置为40，将"蓝色值"设置为61，设置完成后，即可在"节目"面板中查看效果。

选择"算法"特效	设置特效参数	添加特效后的效果添加特效后的效果

6.15.6 "计算"特效

　　"计算"特效将一个素材的通道与另一个素材的通道结合在一起。

　　在"序列"面板中选择要添加特效的对象，打开"效果"面板，在"视频特效"文件夹中选择"通道"中的"计算"特效，双击该特效，即可为选中的对象添加该特效，在"特效控制台"面板中，将"二级图层"设置为"视频1"，将"二级图层透明度"设置为20，将"混合模式"设置为"模板Alpha"，设置完成后，即可在"节目"面板中查看效果。

选择"计算"特效	设置特效参数	添加特效后的效果

6.15.7 "设置遮罩"特效

　　"遮罩"效果可以将与遮罩层相链接的图形中的图像遮盖起来。用户可以将多个层组合后放在一个遮罩层下，以创建出多种效果。

　　在"序列"面板中选择要添加特效的对象，打开"效果"面板，在"视频特效"文件夹中选择"通道"中的"设置遮罩"特效，双击该特效，即可为选中的对象添加该特效，在"特效控制台"面板中将"从图层获取遮罩"设置为"视频1"，将"用于遮罩"设置为"明度"，勾选"反相遮罩"复选框，设置完成后，即可在"节目"面板中查看效果。

选择"设置遮罩"特效	设置特效参数	添加特效后的效果

6.16 "键控"视频特效

在"键控"视频特效文件夹下，包括15项键控效果的视频特技效果。

6.16.1 "16点无用信号遮罩"特效

"16点无用信号遮罩"特效是指在画面四周有16个控制点，通过改变这16个控制点的位置来遮罩图像。

在"序列"面板中选择要添加特效的对象，打开"效果"面板，在"视频特效"文件夹中选择"键控"中的"16点无用信号遮罩"特效，双击该特效，即可为选中的对象添加该特效，在"特效控制台"面板中对参数进行设置，设置完成后，即可在"节目"面板中查看效果。

选择"16点无用信号遮罩"特效

添加特效后的效果

6.16.2 "4点无用信号遮罩"特效

"4点无用信号遮罩"特效与"16点无用信号遮罩"特效基本相同，只是在画面四周仅有4个控制点，通过随意移动控制点的位置来遮罩画面。

在"序列"面板中选择要添加特效的对象，打开"效果"面板，在"视频特效"文件夹中选择"键控"中的"4点无用信号遮罩"特效，双击该特效，即可为选中的对象添加该特效，在"特效控制台"面板中对参数进行设置，设置完成后，即可在"节目"面板中查看效果。

选择"4点无用信号遮罩"特效

添加"4点无用信号遮罩"特效后的效果

6.16.3 "8点无用信号遮罩"特效

"8点无用信号遮罩"特效是在画面四周添加8个控制点，并且可以任意调整控制点的位置。

在"序列"面板中选择要添加特效的对象，打开"效果"面板，在"视频特效"文件夹中选择"键控"中的"8点无用信号遮罩"特效，双击该特效，即可为选中的对象添加该特效，在"特效控制台"面板中对参数进行设置，设置完成后，即可在"节目"面板中查看效果。

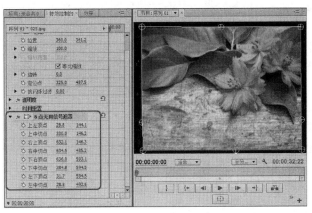

选择"8点无信号遮罩"   添加特效后的效果

6.16.4 "Alpha 调整"特效

　　当用户需要改变默认的固定效果来改变不透明度的百分比时。可以使用"Alpha 调整"特效来代替不透明度效果。

　　"Alpha调整"特效位于"视频特效"中的"键控"文件夹下。应用该特效后，用户可以根据需要在"Alpha 调整"特效选项组中进行相应的设置。

　　"Alpha调整"特效是通过控制素材的Alpha通道来实现抠像效果的，勾选"忽视Alpha"复选框后会忽略素材的Alpha通道，而不让其产生透明。也可以勾选"反转Alpha"复选框，这样可以反转键出效果。

选择"Alpha 调整"特效

6.16.5 实战："RGB 差异键"特效

　　"RGB差异键"特效类似于"色度键控"特效，同样是在素材中选择一种颜色或一个颜色范围，并使它们透明。二者不同之处在于，"色度键控"特效可以单独地调节素材像素的颜色和灰度值，而"RGB差异键"特效则可以同时调节这些内容。勾选"投影"复选框，可以设置投影。

步骤1 新建一个项目文件，在"项目"面板中双击鼠标，在弹出的"导入"对话框中选择随书附带光盘中的"CDROM\素材\第6章\029.jpg"文件。

选择素材文件   将素材文件拖曳至"视频1"轨道中

步骤2 单击"打开"按钮,在"项目"面板中选择"023.png"素材文件,按住鼠标将其拖曳至"视频1"轨道中。

步骤3 在"序列"面板中选中该对象,在"特效控制台"中将"缩放"设置为64。

步骤4 切换至"效果"面板中,在"视频特效"文件夹中选择"键控"中的"RGB差异键"特效。

设置素材文件的缩放值

选择"RGB差异键"特效

步骤5 双击该特效,为选中的对象添加该特效,在"特效控制台"面板中,将"颜色"的RGB值设置为(238、237、239),将"相似性"设置为26,勾选"仅蒙版"复选框。

步骤6 设置完成后,在"节目"面板中查看效果即可。

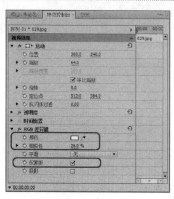

设置特效参数

添加"RGB差异键"特效后的效果

6.16.6 实战:"亮度键"特效

"亮度键"特效可以在键出图像的灰度值的同时保持它的色彩值。"亮度键"特效常用来在纹理背景上附加影片。以使附加的影片覆盖纹理背景。

步骤1 新建一个项目文件,在"项目"面板中双击鼠标,在弹出的"导入"对话框中选择随书附带光盘中的"CDROM\素材\第6章\030.jpg"文件。

选择素材文件

选择"颜色遮罩"命令

步骤2 单击"打开"按钮，将其导入到"项目"面板中，在"项目"面板中右击鼠标，在弹出的快捷菜单中选择"新建分项 | 颜色遮罩"命令。

步骤3 在弹出的对话框中使用其默认设置，单击"确定"按钮，再在弹出的对话框中将RGB值设置为（255、210、0）。设置完成后，单击"确定"按钮，在弹出的对话框中使用其默认名称。

"新建彩色蒙板"对话框

设置RGB值

"选择名称"对话框

步骤4 单击"确定"按钮，按住鼠标将新建的"颜色遮罩"拖曳至"视频1"轨道中，然后选中该对象并右击鼠标，在弹出的快捷菜单中选择"速度/持续时间"命令。

步骤5 在弹出的对话框中将"持续时间"设置为00:00:05:00，然后单击"确定"按钮，再在"项目"面板中选择030.jpg，按住鼠标将其拖曳至"视频2"轨道中。

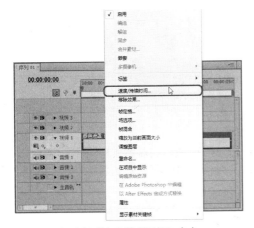

选择"速度/持续时间"命令

将030.jpg拖曳至"视频2"轨道中

步骤6 选中"视频2"轨道中的030.jpg，切换至"效果"面板中，在"视频特效"文件夹中选择"键控"中的"亮度键"特效，双击鼠标，为选中的对象添加该特效，在"特效控制台"面板中，将"阈值"设置为0，将"屏蔽度"设置为20。

步骤7 设置完成后，在"节目"面板中查看添加特效后的效果即可。

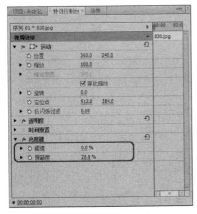

设置"阈值"和"屏蔽度"

添加特效后的效果

6.16.7 "图像遮罩键"特效

"图像遮罩键"特效是在图像素材的亮度值基础上去除素材图像，透明的区域可以将下方的素材显示出来，同样也可以使用图像遮罩键特效进行反转。

6.16.8 实战："差异遮罩"特效

"差异遮罩"特效可以将原素材的静止背景去除，并将叠加素材的移动物体合并到原素材上。

步骤1 新建一个项目文件，在"项目"面板中双击鼠标，在弹出的"导入"对话框中选择随书附带光盘中的"CDROM | 素材 | 第6章 | 031.jpg"文件。

步骤2 单击"打开"按钮，将其导入到"项目"面板中，在"项目"面板中右击鼠标，在弹出的快捷菜单中选择"新建分项 | 颜色遮罩"命令。

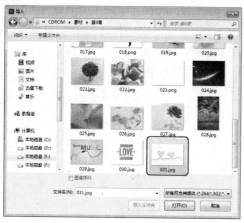

选择素材文件

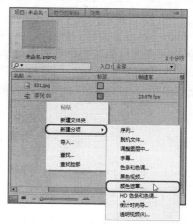

选择"颜色遮罩"命令

步骤3 在弹出的对话框中使用其默认设置，单击"确定"按钮，再在弹出的对话框中将RGB值设置为（0、186、255），设置完成后，单击"确定"按钮，在弹出的对话框中使用其默认名称。

"新建彩色蒙板"对话框

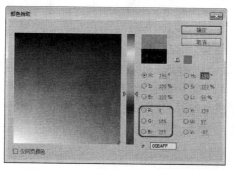

设置RGB值

"选择名称"对话框

步骤4 单击"确定"按钮，按住鼠标将新建的"颜色遮罩"拖曳至"视频1"轨道中，然后选中该对象并右击鼠标，在弹出的快捷菜单中选择"速度/持续时间"命令，在弹出的对话框中将"持续时间"设置为00:00:05:00。

步骤5 然后单击"确定"按钮，在"项目"面板中选择031.jpg，按住鼠标将其拖曳至"视频2"轨道中，选中"视频2"轨道中的031.jpg，切换至"效果"面板中，在"视频特效"文件夹中选择"键控"中的"差异遮罩"特效。

步骤6 双击鼠标，为选中的对象添加该特效，在"特效控制台"面板中将"差异图层"设置为"视频1"，将"匹配宽容度"设置为46，将"匹配柔和度"设置为42，将"差异前模糊"设置为82.6。

步骤7 设置完成后，在"节目"面板中查看添加特效后的效果即可。

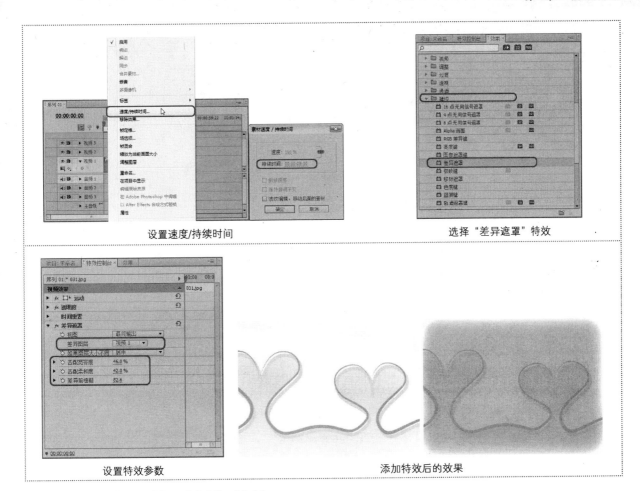

设置速度/持续时间   选择"差异遮罩"特效

设置特效参数   添加特效后的效果

6.16.9 实战："极致键"特效

"极致键"特效可以快速、准确地在具有挑战性的素材上进行抠像，可以对HD高清素材进行实时抠像，该特效对于照明不均匀、背景不平滑的素材以及人物的卷发都有很好的抠像效果。

步骤1 新建一个项目文件，在"项目"面板中双击鼠标，在弹出的"导入"对话框中选择随书附带光盘中的"CDROM\素材\第6章\032.jpg"文件。

步骤2 单击"打开"按钮，将其导入到"项目"面板中，按住鼠标将其拖曳至"视频1"轨道中。

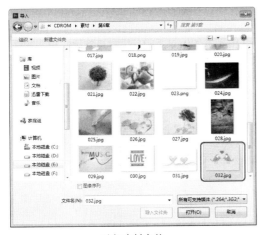

选择素材文件

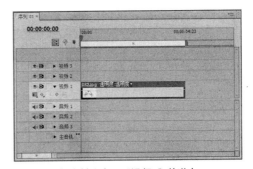

将素材拖曳至"视频1"轨道中

步骤3 确认该对象处于选中状态，在"特效控制台"面板中将"缩放"设置为83。

步骤4 切换至"效果"面板中，在"视频特效"文件夹中选择"键控"中的"极致键"特效。

设置缩放值

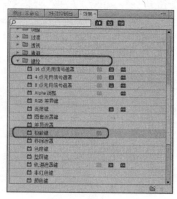

选择"极致键"特效

步骤5 双击鼠标，为选中的对象添加该特效，在"特效控制台"面板中，将"输出"设置为"颜色通道"，将"键色"的RGB值设置为（246、239、106）。

步骤6 设置完成后，在"节目"面板中查看添加特效后的效果即可。

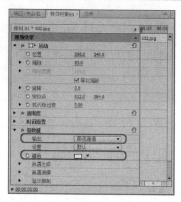

设置速度/持续时间

添加特效后的效果

6.16.10 "移除遮罩"特效

"移除遮罩"特效可以移动来自素材的颜色。如果要从一个透明通道导入影片或者用After Effects创建透明通道，就需要除去来自一个图像的光晕。光晕是由图像色彩与背景或表面粗糙的色彩之间有大的差异而引起的。除去或者改变表面粗糙的颜色能除去光晕。

6.16.11 "色度键"特效

"色度键"特效允许用户在素材中选择一种颜色或一个颜色范围，并使之透明。这是最常用的键出方式。

该特效的参数选项组中的各个参数选项功能如下。

❶ **"颜色"**：可以通过该选项在素材中选择一种颜色，从而进行抠像。

❷ **"相似性"**：此参数控制与键出颜色的容差度。容差度越高，与指定颜色相近的颜色被透明得越多；容差度越低，则被透明的颜色越少。

❸ **"混合"**：此参数调节透明与非透明边界的色彩混合度。

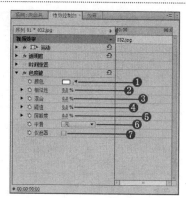

"色度键"选项组

❹ **"阈值"**：比参数调节图像阴暗部分的量。

⑤ **"屏蔽度"**：此参数使用纯度键调节暗部细节。

⑥ **"平滑"**：为素材变换的部分建立柔和的边缘。

⑦ **"仅遮罩"**：在素材的透明部分产生一个黑白或灰度的Alpha蒙板，这对半透明的抠像尤其重要。如果需要向Premiere传送一个素材，并用Premiere的绘图工具润色，或需要从图像通道中分离出键通道，也可以选择该项。

6.16.12 "蓝屏键"特效

"蓝屏键"特效用在以纯蓝色为背景的画面上。创建透明时，屏幕上的纯蓝色变得透明。所谓纯蓝是不含任何的红色与绿色，极接近PANTONE2735的颜色。

"蓝屏键"特效选项组

6.16.13 "轨道遮罩键"特效

"轨道遮罩键"特效是把序列中一个轨道上的影片作为透明用的蒙板。可以使用任何素材片段或静止图像作为轨道蒙板，可以通过像素的亮度值定义轨道蒙板层的透明度。在屏蔽中的白色区域不透明，黑色区域可以创建透明的区域，灰色区域可以生成半透明区域。为了创建叠加片段的原始颜色，可以用灰度图像作为屏蔽。

"轨道遮罩键"特效与"图像遮罩键"特效的工作原理相同，都是利用指定遮罩对当前抠像对象进行透明区域定义，但是"轨道遮罩键"特效更加灵活。由于使用时间线中的对象作为遮罩，所以可以使用动画遮罩或者为遮罩设置运动。

"轨道遮罩键"特效选项组

> **提示：**
> 一般情况下，一个轨道的影片作为另一个轨道的影片的遮罩使用后，应该关闭该轨道显示。

6.16.14 "非红色键"特效

"非红色键"特效用在蓝、绿色背景的画面上创建透明。类似于前面所讲到的"蓝屏键"。可以混合两个素材片段或创建一些半透明的对象。它与绿背景配合工作时效果尤其好。

选择"非红色键"特效

设置特效参数

添加特效后的效果

在"序列"面板中选择要添加特效的对象，打开"效果"面板，在"视频特效"文件夹中选择"键控"中的"非红色键"特效，双击该特效，即可为选中的对象添加该特效，在"特效控制台"面板中将"屏蔽度"设置为100，将"去边"设置为"蓝色"，设置完成后，即可在"节目"面板中查看效果。

6.16.15 "颜色键"特效

"颜色键"特效可以去掉图像中所指定颜色的像素，这种特效只会影响素材的Alpha通道。

在"序列"面板中选择要添加特效的对象，打开"效果"面板，在"视频特效"文件夹中选择"键控"中的"颜色键"特效，双击该特效，即可为选中的对象添加该特效，在"特效控制台"面板中，将"主要颜色"的RGB值设置为（102、190、214），将"颜色宽容度"设置为61，将"羽化边缘"设置为4，即可在"节目"面板中查看效果。

选择"颜色键"特效

设置特效参数

添加特效后的效果

6.17 "风格化"视频特效

在"风格化"视频特效文件夹下，包括13项风格化效果的视频特技效果。

6.17.1 实战："Alpha 辉光"特效

"Alpha辉光"特效可以对素材的Alpha通道起作用，从而产生一种辉光效果，如果素材拥有多个Alpha通道，那么仅对第一个Alpha通道起作用。

步骤1 新建一个项目文件，在"项目"面板中双击鼠标，在弹出的"导入"对话框中选择随书附带光盘中的"CDROM\素材\第6章\033.png"文件。

步骤2 单击"打开"按钮，将其导入到"项目"面板中，在"项目"面板中右击鼠标，在弹出的快捷菜单中选择"新建分项|颜色遮罩"命令。

选择素材文件

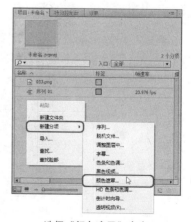
选择"颜色遮罩"命令

步骤3 在弹出的对话框中使用其默认设置，单击"确定"按钮，再在弹出的对话框中将RGB值设置为（191、79、78），设置完成后，单击"确定"按钮，在弹出的对话框中使用其默认名称。

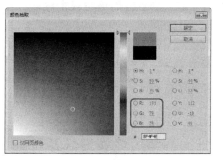

"新建彩色蒙板"对话框	设置RGB值	"选择名称"对话框

步骤4　单击"确定"按钮，按住鼠标将新建的"颜色遮罩"拖曳至"视频1"轨道中，在"项目"面板中选择033.png，按住鼠标将其拖曳至"视频2"轨道中，选中"视频2"轨道中的033.png，在"特效控制台"面板中将"缩放"设置为65。

步骤5　切换至"效果"面板中，在"视频特效"文件夹中选择"风格化"中的"Alpha 辉光"特效。

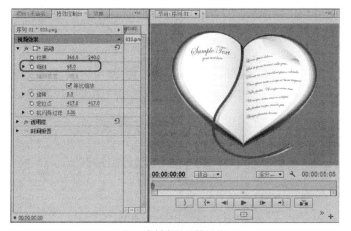

设置素材文件的缩放值	选择"Alpha 辉光"特效

步骤6　双击鼠标，为选中的对象添加该特效，在"特效控制台"面板中，将"发光"设置为12，将"起始颜色"的RGB值设置为（255、255、255），取消勾选"淡出"复选框。

步骤7　设置完成后，在"节目"面板中查看添加特效后的效果即可。

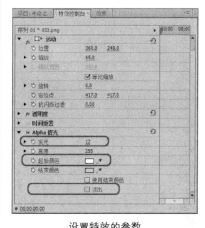

设置特效的参数	添加特效后的效果

6.17.2　实战：利用"复制"特效制作多面电视墙效果

　　"复制"特效将分屏幕分块，并在每一块中都显示整个图像，用户可以通过拖动滑块设置每行或每列的分块数目。

步骤1 新建一个项目文档,在"项目"面板中双击鼠标,在弹出的"导入"对话框中选择随书附带光盘中的"CDROM\素材\第6章\034.avi、035.avi"文件。

步骤2 单击"打开"按钮,将其导入到"项目"面板中,在"项目"面板中右击鼠标,在弹出的快捷菜单中选择"新建分项|颜色遮罩"命令。

选择素材文件

选择"颜色遮罩"命令

步骤3 在弹出的对话框中使用其默认设置,单击"确定"按钮,再在弹出的对话框中将RGB值设置为(255、255、255),设置完成后,单击"确定"按钮,在弹出的对话框中设置名称为"白色背景"。

"新建彩色蒙板"对话框

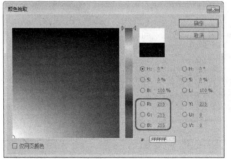

设置RGB值

"选择名称"对话框

步骤4 设置完成后,单击"确定"按钮,按住鼠标将其拖曳至"视频1"轨道中,并在该对象上右击鼠标,在弹出的快捷菜单中选择"速度/持续时间"命令,在弹出的对话框中将"持续时间"设置为00:00:21:02。

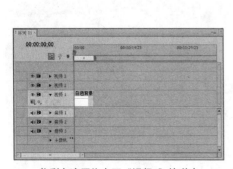

将彩色遮罩拖曳至"视频1"轨道中

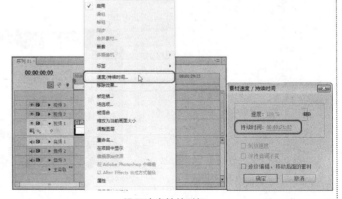

设置速度持续时间

步骤5 设置完成后,单击"确定"按钮,在"项目"面板中选择"034.avi",按住鼠标将其拖曳至"视频2"轨道中,在该对象右击鼠标,在弹出的快捷菜单中选择"解除视音频链接"命令,然后将"音频1"轨道中的音频文件删除。

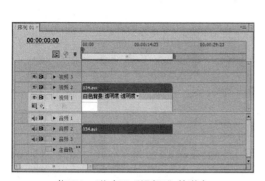

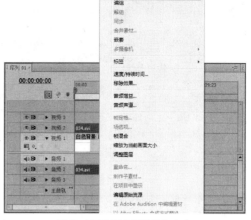

将034.avi拖曳至"视频2"轨道中　　　　　　　选择"解除视音频链接"命令

步骤6　选中"视频2"轨道中的034.avi，在"特效控制台"面板中将"缩放"设置为47，切换至"效果"面板中，在"视频切换"文件夹中选择"擦除"中的"带状擦除"特效。

设置缩放值　　　　　　　　　　　　　　　　选择"带状擦除"特效

步骤7　按住鼠标将其拖曳至034.avi的开始处，为其添加该特效。切换至"效果"面板中，在"视频特效"文件夹中选择"风格化"中的"复制"特效。

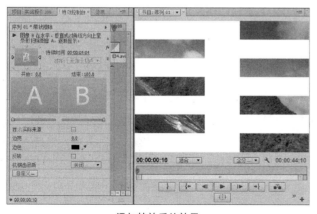

添加特效后的效果　　　　　　　　　　　　　选择"复制"特效

步骤8　双击鼠标，为选中对象添加该特效，将当前时间设置为00;00;00;19，在"特效控制台"中单击"计数"左侧的"切换动画"按钮 ，为其添加关键帧。

步骤9　将当前时间设置为00:00:02:01，在"特效控制台"面板中将"计数"设置为3。

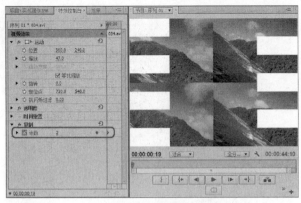

设置"计数"参数

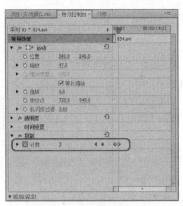

将"计数"设置为3

步骤10 将当前时间设置为00;00;03;00，在"项目"面板中选中035.avi，按住鼠标将其拖曳至"序列"面板中的"视频3"轨道中，并将其与编辑标识线对齐，并解除视音频的链接，然后将音频文件删除。

步骤11 切换至"效果"面板中，在"视频特效"文件夹中选择"生成"中的"棋盘"特效。

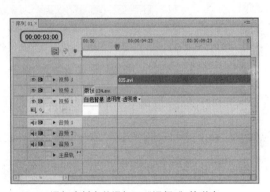

添加素材文件添加至"视频3"轨道中

选择"棋盘"特效

步骤12 双击该特效，为选中对象添加该特效，将当前时间设置为00:00:02:21，在"特效控制台"中将"定位点"设置为478、361.2，将"从以下位置"设置为"角点"，将"边角"设置为959.4、720.7，将"混合模式"设置为"模板Alpha"，单击"透明度"左侧的"切换动画"按钮，将"透明度"设置为0。

步骤13 将当前时间设置为00:00:05:15，将"缩放"设置为143，将"透明度"设置为100。

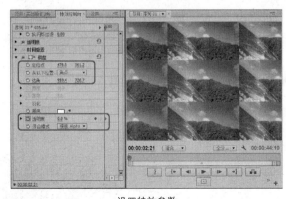

设置特效参数

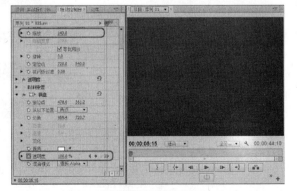

设置缩放及透明度

步骤14 切换至"效果"面板中，在"视频特效"文件夹中，选择"风格化"中的"复制"特效，双击鼠标，为选中对象添加该特效，在"特效控制台"面板中，将"计数"设置为3，设置完成后，对场景进行保存即可。

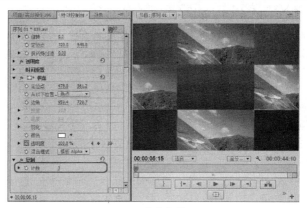

选择"复制"特效　　　　　　　　　　　　　　　　设置特效参数

6.17.3 "彩色浮雕"特效

　　"彩色浮雕"特效用于锐化图像中物体的边缘并修改图像颜色。这个效果会从一个指定的角度使边缘高光。

　　在"序列"面板中选择要添加特效的对象，打开"效果"面板，在"视频特效"文件夹中选择"风格化"中的"彩色浮雕"特效，双击该特效，即可为选中的对象添加该特效，在"特效控制台"面板中，将"方向"设置为320，将"凸现"设置为5，设置完成后，即可在"节目"面板中查看效果。

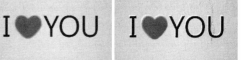

选择"彩色浮雕"特效　　　　　设置特效参数　　　　　添加特效后的效果

6.17.4 "曝光过度"特效

　　"曝光过度"特效将产生一个正片与负片之间的混合，引起晕光效果。类似一张相片在显影时的快速曝光。

　　在"序列"面板中选择要添加特效的对象，打开"效果"面板，在"视频特效"文件夹中选择"风格化"中的"曝光过度"特效，双击该特效，即可为选中的对象添加该特效，在"特效控制台"面板中将"阈值"设置为100，设置完成后，即可在"节目"面板中查看效果。

选择"曝光过度"特效　　　　　设置阈值　　　　　添加特效后的效果

6.17.5 "材质"特效

"材质"特效将使素材看起来具有其他素材的纹理效果。将素材037.jpg添加至"视频1"轨道中，将036.jpg素材文件添加至"视频2"轨道中，选中"视频2"轨道中的对象，打开"效果"面板，在"视频特效"文件夹中，选择"风格化"中的"材质"特效，双击该特效，即可为选中的对象添加该特效，在"特效控制台"面板中将"纹理图层"设置为"视频1"，将"纹理对比度"设置为0.8，将"纹理位置"设置为"拉伸纹理以适配"，设置完成后，即可在"节目"面板中查看效果。

选择"材质"特效　　　　　　设置特效参数　　　　　　添加特效后的效果

6.17.6 "查找边缘"特效

"查找边缘"特效用于识别图像中的显著变化和明显边缘，边缘可以显示为白色背景上的黑线和黑色背景上的彩色线。

在"序列"面板中选择要添加特效的对象，打开"效果"面板，在"视频特效"文件夹中选择"风格化"中的"查找边缘"特效，双击该特效，即可为选中的对象添加该特效，在"特效控制台"面板中勾选"反相"复选框，将"与原始图像混合"设置为10，设置完成后，即可在"节目"面板中查看效果。

选择"查找边缘"特效　　　　　　设置特效参数　　　　　　添加特效后的效果

6.17.7 "浮雕"特效

"浮雕"特效用于锐化图像中物体的边缘并修改图像颜色。这个效果会从一个指定的角度使边缘高光。

在"序列"面板中选择要添加特效的对象，打开"效果"面板，在"视频特效"文件夹中选择"风格化"中的"浮雕"特效，双击该特效，即可为选中的对象添加该特效，在"特效控制台"面板中将"凸现"设置为3.9，将"与原始图像混合"设置为45，设置完成后，即可在"节目"面板中查看效果。

| 选择"浮雕"特效 | 设置特效参数 | 添加特效后的效果 |

6.17.8　"笔触"特效

　　"笔触"特效可以为图像添加一个粗略的着色效果，也可以通过设置该特效笔触的长短和密度制作出油画风格的图像。

　　在"序列"面板中选择要添加特效的对象，打开"效果"面板，在"视频特效"文件夹中选择"风格化"中的"笔触"特效，双击该特效，即可为选中的对象添加该特效，在"特效控制台"面板中，将"描绘随机性"设置为2，设置完成后，即可在"节目"面板中查看效果。

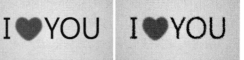

| 选择"笔触"特效 | 设置特效参数 | 添加特效后的效果 |

6.17.9　"色调分离"特效

　　"色调分离"特效通过对色阶值进行调整可以控制影视素材片段的亮度和对比度，从而产生类似于海报的效果。

　　在"序列"面板中选择要添加特效的对象，打开"效果"面板，在"视频特效"文件夹中选择"风格化"中的"色调分离"特效，双击该特效，即可为选中的对象添加该特效，在"特效控制台"面板中，将"色阶"设置为2，设置完成后，即可在"节目"面板中查看效果。

| 选择"色调分离"特效 | 设置特效参数 | 添加特效后的效果 |

6.17.10 "边缘粗糙"特效

"边缘粗糙"特效可以使图像的边缘产生粗糙效果，使图像边缘变得粗糙但不是很硬，在边缘类型列表中可以选择图像的粗糙类型，如：腐蚀、影印等。

在"序列"面板中选择要添加特效的对象，打开"效果"面板，在"视频特效"文件夹中选择"风格化"中的"边缘粗糙"特效，双击该特效，即可为选中的对象添加该特效，在"特效控制台"面板中，将"边框"设置为172，将"边缘锐度"设置为10，将"复杂度"设置为10，设置完成后，即可在"节目"面板中查看效果。

| 选择"边缘粗糙"特效 | 设置特效参数 | 添加特效后的效果 |

6.17.11 '闪光灯"视频特效

"闪光灯"特效用于模拟频闪或闪光灯效果，它随着片段的播放按一定的控制率隐掉一些视频帧。

在"序列"面板中选择要添加特效的对象，打开"效果"面板，在"视频特效"文件夹中选择"风格化"中的"闪光灯"特效，双击该特效，即可为选中的对象添加该特效，在"特效控制台"面板中，将"明暗闪动持续时间"设置为25.6，将"明暗闪动间隔时间"设置为16.8，将"随机明暗闪动概率"设置为91，将"闪光运算符"设置为"差值"，设置完成后，即可在"节目"面板中查看效果。

| 选择"闪光灯"特效 | 设置特效参数 | 添加特效后的效果 |

6.17.12 '阈值"视频特效

"阈值"特效将素材转化为黑、白两种色彩，通过调整电平值来影响素材的变化，当值为0时素材为白色，当值为255时素材为黑色，一般情况下可以取中间值。

在"序列"面板中选择要添加特效的对象，打开"效果"面板，在"视频特效"文件夹中选择"风格化"中的"阈值"特效，双击该特效，即可为选中的对象添加该特效，在"特效控制台"面板中将"色阶"设置为85，设置完成后，即可在"节目"面板中查看效果。

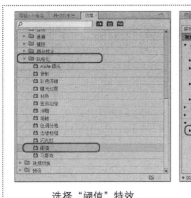

选择"阈值"特效	设置特效参数	添加特效后的效果

6.17.13 "马赛克"特效

　　"马赛克"特效将使用大量的单色矩形填充一个图层。在"序列"面板中选择要添加特效的对象，打开"效果"面板，在"视频特效"文件夹中选择"风格化"中的"马赛克"特效，双击该特效，即可为选中的对象添加该特效，在"特效控制台"面板中，将"水平块"和"垂直块"分别设置为73、48，设置完成后，即可在"节目"面板中查看效果。

选择"马赛克"特效	设置特效参数	添加特效后的效果

6.18 | 操作答疑

　　在添加视频特效时可能会遇到一些疑问，这里将举出常见问题并对其进行一一解答。并在后面追加多个习题，以方便读者学习了前面的知识后，巩固前面所学知识。

6.18.1 专家答疑

　　（1）请简单描述"裁剪"特效的作用？

　　答："裁剪"特效可以将素材边缘的像素剪掉，并可以自动将修剪过的素材尺寸变到原始尺寸，使用滑块控制可以修剪素材的个别边缘，可以采用像素或图像百分比这两种方式进行计算。

　　（2）请简单描述"极致键"特效的作用？

　　答："极致键"特效可以快速、准确地在具有挑战性的素材上进行抠像，可以对HD高清素材进行实时抠像，该特效对于照明不均匀、背景不平滑的素材以及人物的卷发都有很好的抠像效果。

6.18.2 操作习题

1. 选择题

　　（1）"照明效果"特效可以在一个素材上同时添加（　　　　　）灯光特效，并可以调节它们的属性。

A.1个　　　　　　　　　　　　　　B.2个

C.5个　　　　　　　　　　　　　　D.多个

（2）（　　　　）特效可将素材转化为黑、白两种色彩。

A.阈值　　　　　　　　　　　　　B.Alpha调整特效

C.材质　　　　　　　　　　　　　D.色彩平衡

2. 填空题

（1）＿＿＿＿＿＿特效可以将任何彩色素材变成灰度图。

（2）＿＿＿＿＿＿特效通过对色阶值进行调整，可以控制影视素材片段的亮度和对比度，从而产生类似于海报的效果。

3. 操作题

（1）新建项目文件，进入操作界面后，在"项目"面板中双击鼠标左键，弹出"导入"对话框，选择随书附带光盘中的"CDROM\素材\第6章\时间码.wmv"。

（2）将其拖至"序列"面板的"视频1"轨道中。

（3）切换到"效果"面板，打开"视频特效"文件夹，选择"时间码"，并为其添加该特效。

（4）在"特效控制台"的"时间码"选项下，将"大小"设置为10%，将"透明度"设置为0。

第 7 章

字幕特效的应用

本章重点：

在各种影视节目中，字幕起到解释画面、补充内容的作用。作为专业处理影视节目的软件来说，也必然包括字幕的制作和处理。这里所讲的字幕，包括文字、图形等内容。字幕本身是静止的，但是利用 Premiere Pro CS6 可以制作出多种的动画效果。

学习目标：

熟练掌握字幕的创建方法及文字属性的设置以及设置简单的文字动画效果的方法。

参考时间：30分钟

主要知识	学习时间
7.1 创建字幕	5分钟
7.2 设置文字属性	5分钟
7.3 编辑字幕	5分钟
7.4 建立文字对象	5分钟
7.5 建立图形并进行编辑	5分钟
7.6 应用与创建字幕样式效果	5分钟

7.1 创建字幕

对于Premiere Pro CS6来说，字幕是一个独立的文件，如同Project(项目)窗口中的其他片段一样，只有把字幕文件加入到Sequence（序列）窗口视频轨道中，才能真正地称为影视节目的一部分。

7.1.1 通过菜单命令创建字幕

字幕的制作主要是在字幕窗口中进行的，我们可以通过在菜单栏中选择字幕命令来创建字幕，其步骤如下。

步骤1 在菜单栏中选择"文件 | 新建 | 字幕"命令。

步骤2 执行完该命令即可弹出"新建字幕"对话框，在该对话框中进行简单的设置。

选择"字幕"命令

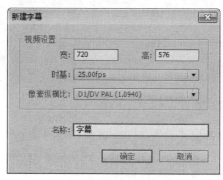

"新建字幕"对话框

步骤3 单击"确定"按钮，打开"字幕编辑器"。字幕设计对话框左侧工具栏中包括生成、编辑文字与物体的工具。要使用工具做单个操作，在工具箱中单击该工具然后在字幕显示区域拖出文本框就可以加入字了。

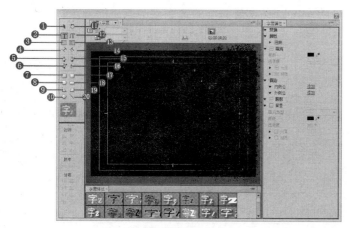

"字幕编辑器"

工具箱中各选项的说明如下。

❶ "选择工具" ：该工具可用于选择一个物体或文字块。按住Shift键使用选择工具可选择多个物体，直接拖动对象句柄改变对象区域和大小。对于Bezier曲线物体来说，还可以使用选择工具编辑节点。

❷ "输入工具" ：该工具可以建立并编辑文字。

❸ "区域文字工具" ：该工具可以用于建立段落文本。段落文本工具与普通文字工具的不同在于，它建立文本的时候，首先要限定一个范围框，调整文本属性，范围框不会受到影响。

❹ "路径文字工具" ：使用该工具可以建立一段沿路径排列的文本。

❺ "钢笔工具" ：使用该工具可以创建复杂的曲线。

❻ "添加定位点工具" ：使用该工具可以在线段上增加控制点。

❼ "矩形工具" ：用户可以使用该工具来绘制矩形。

⑧ "切角矩形工具" 🔲 ：使用该工具可以绘制一个矩形，并且对该矩形的边界进行剪裁控制。

⑨ "楔形工具" ◺ ：使用该工具可以绘制一个三角形。

⑩ "椭圆工具" ◯ ：该工具可用来绘制椭圆。在拖动鼠标绘制图形的同时按住Shift键可绘制出一个正圆。

⑪ "旋转工具" ↻ ：该工具可以旋转对象。

⑫ "垂直文本工具" ⅠT ：该工具用于建立竖排文本。

⑬ "垂直区域文字工具" ▦ ：该工具用于建立竖排段落文本。

⑭ "垂直文字路径工具" ◁ ：该工具主要用于创建垂直于路径的文本。

⑮ "删除定位点工具" ◊ ：使用该工具可以在线段上减少控制点。

⑯ "转换定位点工具" ↖ ：该工具可以产生一个尖角或用来调整曲线的圆滑程度。

⑰ "圆角矩形工具" ▢ ：使用该工具可以绘制一个带有圆角的矩形。

⑱ "圆矩形工具" ⬭ ：使用该工具可以绘制一个偏圆的矩形。

⑲ "弧形工具" ◺ ：使用该工具可绘制一个圆弧。

⑳ "直线工具" ╲ ：使用该工具可以绘制一条直线。

7.1.2 通过"项目"窗口创建字幕

除了上述方法以外，还可以通过项目窗口创建字幕，其操作步骤如下。

新建一个项目文件，在"项目"窗口中的空白处单击鼠标右键，在弹出的快捷菜单中选择"新建分项丨字幕"命令。

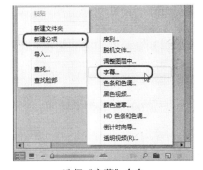

选择"字幕"命令

> **📝 提示：**
> 除了上述的两种方法以外，还可以通过快捷键方式创建字幕，其快捷键为Ctrl+L组合键。

7.1.3 实例：创建滚动字幕

水平滚动的字幕在视频中也会经常用到，下面将简单介绍一下创建滚动字幕的方法。

步骤1 启动Premiere Pro CS6软件，在弹出的界面中选择"新建项目"按钮。	**步骤2** 在弹出的"新建项目"对话框中，将其名称设置为"滚动字幕"。	**步骤3** 设置完成后单击"确定"按钮，在弹出的对话框中选择"DV-PAL丨标准48KHz"选项。

选择"新建项目"按钮	"新建项目"对话框	"新建序列"对话框

步骤4 设置完成后单击"确定"按钮，在"项目"窗口中的空白位置双击鼠标，在弹出的对话框中选择随书附带光盘中的"CDROM\素材\第7章\滚动素材.jpg"素材文件。

步骤5 单击"打开"按钮，即可将选择的素材文件导入到"项目"窗口中，然后将其添加至视频轨道中。

步骤6 在视频轨道中选择添加的素材文件，切换至"特效控制台"面板，在该面板中展开"运动"选项，在该选项下将"缩放"设置为77。

"导入"对话框

添加素材文件

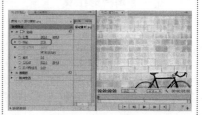

设置素材大小

步骤7 按Ctrl+T组合键，弹出"新建字幕"对话框。在弹出的对话框中保持其默认设置，将"名称"设置为"滚动字幕"。

步骤8 设置完成后单击"确定"按钮，即可进入"字幕编辑器"。

"新建字幕"对话框

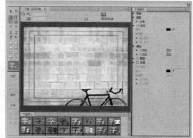

字幕编辑器

步骤9 在工具栏中选择"输入工具" T ，在舞台中单击鼠标左键，激活文本框，在右侧的"属性"组中将"字体"设置为"DFKai-SB"，"字体大小"设置为45，颜色的RGB值设置为（84、0、142），然后在字幕面板中输入相应的文本信息。

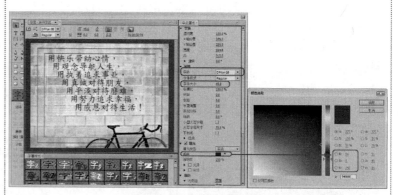

输入文本信息并设置其属性

步骤10 输入完成后选择输入的文本内容，在右侧的"变换"组中将"X轴位置"设置为318，"Y轴位置"设置为185。

步骤11 设置完成后，单击"滚动/游动选项"按钮 ，打开"滚动/游动选项"对话框。在该对话框中，将"字幕类型"设置为"滚动"，在"时间"选项组中勾选"开始于屏幕外"复选框。

设置位置

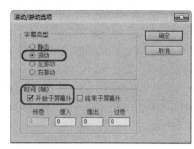

"滚动/游动选项"对话框

步骤12　设置完成后单击"确定"按钮，然后将"字幕编辑器"对话框关闭。在"项目"窗口中选择创建的"滚动字幕"字幕，将其添加至视频2轨道中。	**步骤13**　按Ctrl+M组合键，打开"输出名称"对话框，在该对话框中单击"输出名称"，在弹出的对话框中为其指定一个正确的存储路径，并为其重命名。	**步骤14**　单击"保存"按钮，返回到"导出设置"对话框，在该对话框中单击"导出"按钮，系统即可以进度条的形式将其导出。

添加字幕

"另存为"对话框

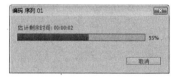

导出进度提示对话框

7.1.4　创建游动字幕

　　游动字幕与滚动字幕的创建方法基本相同。在此不再详细介绍，本节主要介绍创建游动选项的讲解。

步骤1　创建一个空白的项目文档，导入素材文件，按Ctrl+T组合键，在弹出的对话框中进行简单的设置，进入"字幕编辑器"，并在字幕编辑器中输入相应的文字信息。	**步骤2**　在"字幕编辑器"中单击"滚动/游动选项"按钮 ▤，在弹出的对话框中选中"左游动"复选框。在"时间（帧）"组中勾选"开始于屏幕外"复选框。

输入文本信息

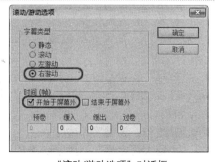

"滚动/游动选项"对话框

步骤3 设置完成后单击"确定"按钮,将"字幕编辑器"关闭。并将其添加至"视频轨道2"中。

步骤4 使用同样的方法,导出视频并保存场景文件。

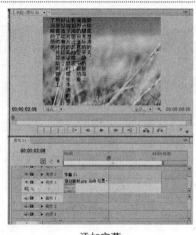

添加字幕

7.2 设置文字属性

字幕属性的设置是使用"字幕属性"参数栏对文本或图形对象进行参数的设置。使用不同的工具,"字幕属性"参数栏也略有不同。

7.2.1 字幕属性

字幕属性的设置是使用"字幕属性"参数栏对文本或者是图形对象进行相应的参数设置。

使用不同的工具创建不同的对象时,"字幕属性"参数栏中的选项也略有不同。

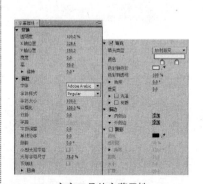

文字工具的字幕属性

形状工具的字幕属性

在"属性"区域中可以对字幕的属性进行设置。对于不同的对象,可调整的属性也有所不同。

下面介绍一些常用选项的作用。

● **"字体"**:在该下拉列表中,显示系统中所有安装的字体,可以在其中选择需要的字体进行使用。

● **"字体样式"**:Bold(粗体)、Bold Italic(粗体 倾斜)、Italic(倾斜)、Regular(常规)、Semibold(半粗体)、Semibold Italic(半粗体 倾斜)。

● **"字体大小"**:设置字体的大小。

● **"纵横比"**:设置字体的长宽比。

● **"行距"**:设置行与行之间的行间距。

● **"字距"**:设置光标位置处前后字符之间的距离,可在光标位置处形成两段有一定距离的字符。

● **"跟踪"**:设置所有字符或者所选字符的间距,调整的是单个字符间的距离。

● **"基线位移"**:设置字符所有字符基线的位置。通过改变该选项的值,可以方便地设置上标和下标。

● **"倾斜"**:设置字符的倾斜。

● **"小型大写字母"**:激活该选项,可以输入大写字母,或者将已有的小写字母改为大写字母。

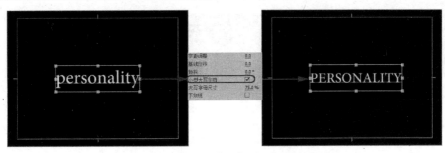

勾选与取消勾选"小型大写字母"选项的效果对比

● **"小型大写字母尺寸"**：小写字母改为大写字母后，可以利用该选项来调整大小。
● **"下划线"**：激活该选项，可以在文本下方添加下划线。
● **"扭曲"**：在该参数栏中可以对文本进行扭曲设定。调节"扭曲"参数栏下的X轴和Y轴向扭曲度。可以产生变化多端的文本形状。

对于图形对象来说，"属性"设置栏中又有不同的参数设置，后面结合不同的图形对象进行具体的介绍。

7.2.2 填充设置

在"填充"区域中，可以指定文本或者图形的填充状态，即使用颜色或者纹理来填充对象。

● **"填充类型"**
单击"填充类型"右侧的下拉列表，在弹出的下拉菜单中选择一种选项，可以决定使用何种方式填充对象，在默认情况下是以实色为其填充颜色，可单击"颜色"右侧的颜色缩略图，在弹出的"颜色拾取"对话框中为其执行一个颜色。

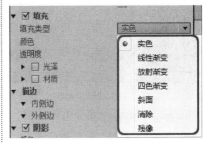

填充类型

各种填充类型的使用方法及效果都是不同的，下面将详细的介绍一下。

● **"实色"**：该选项为默认选项。
● **"线性渐变"**：当选择"线性渐变"进行填充时，颜色会发生改变，如果想要改变线性渐变的颜色时，可以分别单击两个颜色滑块，在弹出的对话框中选择渐变开始和渐变结束的颜色。选择颜色滑块后，按住鼠标左键可以拖动滑动改变位置，以决定该颜色在整个渐变色中所占的比例。

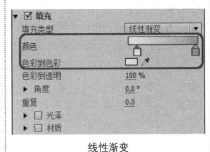

线性渐变

● **"放射渐变"**："放射渐变"同"线性渐变"相似，唯一不同的是，"线性渐变"是由一条直线发射出去，而"放射渐变"是由一个点向周围渐变，呈放射状。
● **"四色渐变"**：与上面两种渐变类似，但是四个角上的颜色块允许重新定义。
● **"斜面"**：使用"斜角边"方式，可以为对象产生一个立体的浮雕效果。选择"斜角边"后，首先需要在"高亮颜色"中指定立体字的受光面颜色。然后在"阴影颜色"栏中指定立体字的背光面颜色；还可以分别在各自的"透明度"栏中指定不透明度；"平衡"参数栏调整明暗对比度，数值越高，明暗对比越强；"大小"参数可以调整浮雕的尺寸高度；激活"变亮"选项，可以在"亮度角度"选项中调整滑轮，让浮雕对象产生光线照射效果；"亮度级别"选项可以调整灯光强度；激活"管状"选项，可在明暗交接线上勾边，产生管状效果。

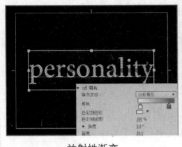 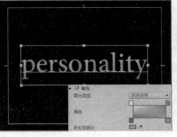 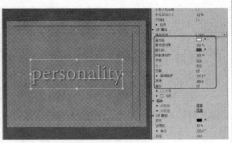

放射性渐变　　　　　　　　　四色渐变　　　　　　　　设置斜面参数后的效果

- **"消除"**：在"消除"模式下，无法看到对象。如果为对象设置了阴影或者描边，就可以清楚地看到效果。对象被阴影减去部分镂空，而其他部分的阴影则保留下来。需要注意的是，在"消除"模式下，阴影的尺寸必须大于对象，如果相同的话，同尺寸相减后是不会出现镂空效果的。
- **"残像"**：在克隆模式下，隐藏了对象，却保留了阴影。这与"消除"模式类似，但是对象和阴影没有发生相减的关系，而是完整地显现了阴影。

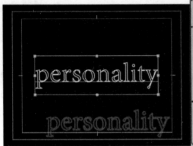  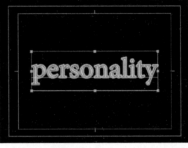 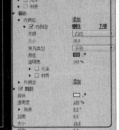

设置消除参数后的效果　　　　　　　　　　　　　设置"残像"后的效果

- **"色彩到透明"**：设置该参数则可以控制该点颜色的不透明度，这样，就可以产生一个有透明的渐变过程。通过调整"转角"滑轮，可以控制渐变的角度。
- **"重复"**：这项参数可以为渐变设置一个重复值。
- **"光泽"**和**"材质"**

在"光泽"选项中，可以为对象添加光晕，产生金属光泽等一些迷人的光泽效果。"色彩"栏一般用于指定光泽的颜色，"透明度"参数控制光泽的不透明度；"大小"用于控制光泽的扩散范围；可以在"角度"参数栏中调整光泽的方向；"偏移"参数栏用于对光泽位置产生偏移。

下面将介绍为对象填充材质的具体操作步骤。

步骤1　新建一个空白字幕，在字幕编辑器中绘制一个矩形。

步骤2　在右侧的"字幕属性"面板中展开"材质"选项，在该选项下勾选"材质"复选框，单击该选项中材质右侧的缩略图，在弹出的对话框中选择随书附带光盘中的"CDROM\素材\第7章\001.jpg"素材文件。

步骤3　单击"打开"按钮，即可将选择的素材填充至矩形框中。

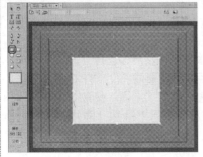  

创建矩形　　　　　　　　　"选择材质图像"对话框　　　　　　　填充完成后的效果

勾选"翻转物体"和"旋转物体"复选框后，当对象移动旋转时，添加的纹理也会跟着一起旋转。

在"缩放比例"栏中可以对纹理进行缩放，可以在"水平"和"垂直"栏中水平或垂直缩放纹理图的大小。

- ● **"平铺"**：此参数被选择的话，如果纹理小于对象，则会平铺填满对象。
- ● **"校准"**：主要用于对齐纹理，调整纹理的位置。
- ● **"融合"**：此参数栏用于调整纹理和原始填充效果的混合程度。

7.2.3 描边设置

可以在"描边"参数栏中为对象设置一个描边效果。

Premiere Pro CS6提供了两种形式的描边。我们可以选择使用"内侧边"或"外侧边"进行设置，或者两者一起使用。要应用描边效果，首先必须单击"添加"按钮，为其添加一种描边形式。

- ● **"内侧边"**：选择添加内侧边描边效果可以为文字绘制的形状添加一个内侧描边效果。
- ● **"外侧边"**：选择添加外侧边描边效果可以为文字绘制的形状添加一个外侧描边效果。

添加内侧边后的效果

添加外侧边后的效果

应用描边效果后，可以在"描边类型"下拉列表中选择描边类型，分别为"深度"、"凸出"和"凹进"三个选项。

描边类型

各类型的讲解如下。

- ● **"深度"**：这是正常的描边效果。选择"深度"选项，可以在"大小"参数栏设置边缘宽度，在"色彩"栏指定边缘颜色，在"透明"参数栏控制描边的不透明度，在"填充类型"中控制描边的填充方式，这些参数和前面学习的填充模式基本一样。
- ● **"凸出"**：在"凸出"模式下，对象产生一个厚度，呈现立体字的效果。可以在"角度"设置栏调整滑轮，改变透视效果。
- ● **"凹进"**：在"凹进"模式下，对象产生一个分离的面，类似于产生透视的投影，可以在"级别"设置栏控制强度，在"角度"中调整分离面的角度。

设置"深度"后的效果

设置"凸出"后的效果

设置"凹进"后的效果

7.2.4　阴影设置

勾选"阴影"复选框，可以为字幕设置一个投影。在"字幕属性"面板中的阴影选项组中各参数的讲解如下。

- ● **"色彩"**：可以指定投影的颜色。
- ● **"透明度"**：控制投影的不透明度。
- ● **"角度"**：控制投影的角度。
- ● **"距离"**：控制投影距离对象的远近。
- ● **"大小"**：控制投影的大小。
- ● **"扩散"**：制作投影的柔度，较高的参数产生柔和的投影。

7.2.5　设置背景

设置字幕背景的方法与设置文字或形状颜色的类型是相同的，这里就不再赘述，下面将简单叙述一下设置背景的操作方法。

步骤1　新建一个项目文件，在菜单栏中选择"文件 | 新建 | 新建字幕"命令，打开"新建"字幕对话框。

步骤2　单击"确定"按钮，在"字幕属性"面板中勾选"背景"复选框，单击"填充类型"右侧的下拉按钮，在弹出的下拉列表中选择"四色渐变"选项。

"新建字幕"对话框

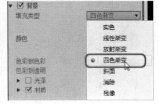

选择"四色渐变"

步骤3　双击"颜色"左上角的色块，在弹出的"颜色拾取"对话框中将颜色设置为白色，将右上角的颜色的RGB值设置为（0、253、244），将左下角颜色的RGB值设置为（0、255、0），将右下角颜色的RGB值设置为（0、144、255）。

步骤4　设置完成后在字幕编辑器中观察效果。

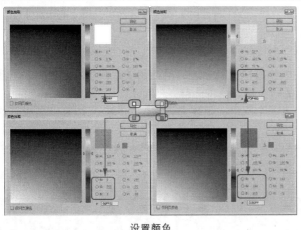

设置颜色

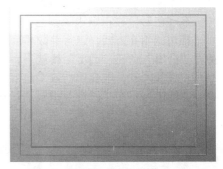

设置完成后的效果

7.2.6　实战：带阴影效果的字幕

在实际操作带阴影效果的字幕时，主要针对文字的设置和与背景画面的融合。制作带阴影效果的字幕的具体操作步骤如下。

步骤1　启动Premiere Pro CS6程序，在欢迎使用界面中选择"新建项目"按钮，将弹出"新建项目"对话框。

步骤2　在"新建项目"对话框中的"位置"选项中，选择项目所需保存的路径，在"名称"文本框中对项目名称进行重命名。

欢迎使用界面

"新建项目"对话框

步骤3 单击"确定"按钮,在弹出的"新建序列"对话框中的序列设置选项卡中,在"有效预置"下选择"DV-PAL|标准48KHz"选项,对序列名称进行重命名。

步骤4 弹出操作界面,在菜单栏中选择"文件|导入"命令,在弹出的对话框中选择随书附带光盘中的"CDROM\素材\第7章\带阴影效果的字幕.jpg"文件,单击"打开"按钮。

"新建序列"对话框

导入素材

步骤5 将导入的素材拖至"时间线"面板中的视频1轨道上。

步骤6 选择导入的素材,在"特效控制台"窗口中设置"运动"选项中的"缩放"比例为"90"。

素材拖至到窗口

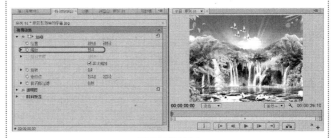

设置缩放比例

步骤7 按Ctrl+T组合键,打开"新建"对话框,建立字幕01,单击"确定"按钮,在字幕编辑器中添加白色区域并调整透明度,使用"输入工具"输入文字;在"属性"中,将"字体样式"设置为Ebrima,"字体大小"为105.0;在"填充"选项组中,设置"颜色"为淡蓝色,进行位置的调整。

步骤8 在"描边"选项中添加"外侧边",将"大小"设置为"10.0"、"填充类型"设置为"实色","颜色"值设置为(32、46、93);将"阴影"进行勾选,设置"颜色"为"黑色",透明度为100%,"角度"为"-220","距离"为"5.0","大小"为"16.0","扩散"为"46"。

设置字体

设置属性

步骤9 关闭"字幕"窗口，将字幕01拖至"时间线"面板中的"视频2"轨道中。即可在窗口监视器中查看效果。

字幕拖至"时间线"面板

7.2.7 实战：带辉光效果的字幕

下面介绍如何应用"标记出点"，具体操作步骤如下。

步骤1 启动Premiere Pro CS6程序，在菜单栏在选择"文件 | 导入"命令，在弹出的对话框中选择随书附带光盘中的"CDROM\素材\第7章 | 带辉光效果的素材.jpg"文件，单击"打开"按钮。

步骤2 将导入的素材拖至"时间线"面板中的视频1轨道上。

导入素材

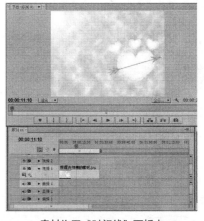

素材拖至"时间线"面板中

步骤3 选择面板中的素材，在"特效控制"窗口中设置"运动"选项中的"等比缩放"比例。

步骤4 在菜单栏在选择"字幕 | 新建字幕 | 默认静态字幕"命令。

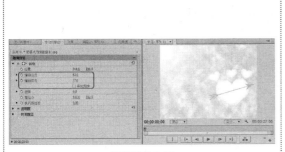

调整缩放比例

新建字幕

步骤5　弹出"新建字幕"对话框，可对字幕名称进行命名，在此执行默认操作，单击"确定"按钮。

步骤6　在字幕窗口中使用"输入工具"输入文字；在"属性"中，将"字体样式"设置为"STXinwei"，"字体大小"设置为110.0，将"字距"设置为"6"，填充"类型"为"实色"，在"填充"选项组中，设置"颜色"为白色，进行位置的调整。

"新建字幕"对话框

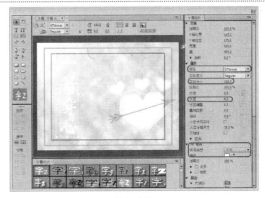

设置字体

步骤7　在"描边"选项中添加"外侧边"，将"类型"定义为"凸出"，"大小"设置为"17"、"填充类型"设置为"实色"，"颜色值"设置为（32、46、93）；勾选"阴影"复选框，设置"颜色"为"黑色"，透明度为"55%"，"角度"为"45"，"距离"为"0"，"大小"为"54"，"扩散"为"37"。

步骤8　关闭"字幕"窗口，将字幕01拖至"时间线"面板中的"视频02"轨道中。

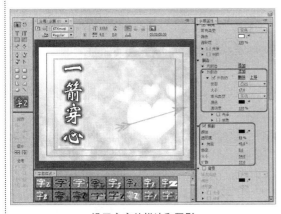

设置文字的描边和阴影

将字幕拖至"时间线"面板

步骤9　在节目监视器中查看效果。

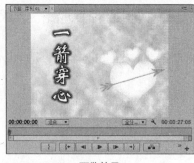

预览效果

7.2.8　实战：颜色渐变的字幕

对字幕进行颜色渐变设置，具体操作步骤如下。

步骤1　启动Premiere Pro CS6程序，新建项目文件，在菜单栏在选择"文件 | 导入"命令，在弹出的对话框中选择随书附带光盘中的"CDROM\素材\第7章\颜色渐变的素材.jpg"文件，单击"打开"按钮。

步骤2　在"项目"面板中，将导入的素材拖至"时间线"面板中的"视频01"轨道上。

导入素材

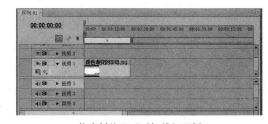

将素材拖至"时间线"面板

步骤3　选择面板中的素材，在"特效控制"窗口中设置"运动"选项中的"等比缩放"比例，设置"缩放高度"为"96.0"，"缩放宽度"为"84.0"。

步骤4　新建字幕01，使用默认的命名，单击"确定"按钮。

设置缩放比例

"新建字幕"对话框

步骤5　在字幕窗口中使用"输入工具"输入文字；在"属性"中，将"字体样式"设置为"LiSu"，"字体大小"设置为110.0，将"字距"设置为"7"，在"填充"选项组中，设置"填充类型"为放射渐变，将"颜色值"左侧色标的RGB设置为（70、180、249），右侧边色标的RGB值设置为（171、243、92）。

步骤6　在"描边"选项中添加"外侧边"，"大小"设置为"20"、"填充类型"设置为"实色"，"颜色值"设置为（255、234、219）；勾选"阴影"复选框，设置"颜色"为"黑色"，透明度为"54%"，"角度"为"35"，"距离"为"6"，"大小"为"0"。

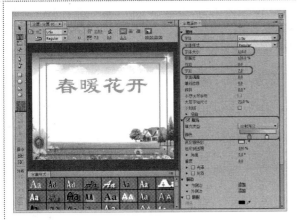

设置字体

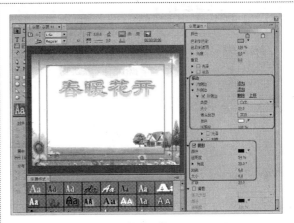

设置属性

步骤7 在字幕窗口中使用"输入工具"输入字母；在"属性"中，将"字体样式"设置为"STXingkai"，"填充"设置为"淡蓝色"，"字体大小"为80，"纵横比"设置为"120"，将"字距"设置为"10"。"填充类型"设置为"消除"。

步骤8 在"描边"选项中，添加"外侧边"，"类型"设置为"凸出"，"填充"设置为"实色"，"颜色"设置为"淡蓝色"，将"阴影"复选框取消。

设置字体

设置文字的描边和阴影

步骤9 关闭"字幕"窗口，将字幕01拖至"时间线"面板中的"视频02"轨道中。

步骤10 即可在节目监视器中查看效果。

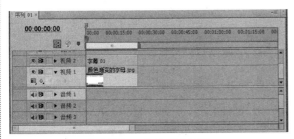

将字幕拖至"时间线"面板

预览效果

7.3 编辑字幕

在Premiere Pro CS6中，用户可以通过字幕编辑器创建丰富的文字和图形字幕，字幕编辑器能识别每一个作为对象创建的文字和图形，可以对这些对象应用各种各样的风格，从而提高字幕的观赏性。

7.3.1 添加制表符

在Premiere Pro CS6中，"制表符"也是一种对齐方式，类似于在Word软件中无线表格的制作方法。

使用"选择工具" 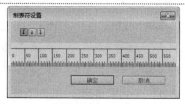，选中文字对象。选择"字幕 | 制表符"命令，打开"制表符"对话框，在该对话框左上方有三个按钮，分别表示左对齐、居中对齐和右对齐。

"制表符设置"对话框

7.3.2 插入标记

在制作节目的过程中，经常需要在影片中插入标记，Premiere Pro CS6也提供了这一功能。在字幕编辑器中单击鼠标右键，在弹出的快捷菜单中选择"标记 | 插入标记"命令，在弹出的对话框中选择需要插入的文件，单击"打开"按钮，即可将其添加至字幕编辑器窗口中。

选择"插入标记"命令

"导入图像为标记"对话框

导入标记后的效果

7.3.3 实例：制作日历

在Premiere Pro CS6中，制表符是一种对齐方式，类似于在Word软件中无线表格的制作方法。

步骤1 新建项目文件后，在"项目"窗口的空白处双击鼠标，在弹出的"导入"对话框中随书附带光盘中的"CDROM\素材\第7章\日历背景.jpg"素材文件。

步骤2 单击"打开"按钮，即可将其导入到"项目"窗口中，并将其添加至"视频轨道1"中。

"导入"对话框

添加素材文件

步骤3　在"视频轨道1"中选择要添加的素材文件，切换至"特效控制台"面板，展开"运动"选项，将"缩放"设置为77。

设置素材缩放值

步骤4　按Ctrl+T组合键，在弹出的"新建字幕"对话框中，将"名称"设置为日历。

"新建字幕"对话框

步骤5　设置完成后单击"确定"按钮，进入"字幕编辑器"，在工具箱中选择"输入工具"［T］，在编辑器中输入相应的文本信息。将颜色设置为白色。

输入文本信息

步骤6　选择输入的文字，在"字幕属性"面板中，将"属性"选项组中的"字体"设置为Raavi，将"字体大小"设置为50，将"填充颜色"设置为黑色。将"X轴位置"设置为263，将"Y轴位置"设置为206。

设置字幕属性

步骤7　设置完成后，在"字幕编辑器"中单击"制表符设置"按钮［圖］。打开"制表符设置"对话框。

步骤8　单击"居中对齐"按钮［↓］，分别在第50、100、150、200、250、300、350处添加制表符。

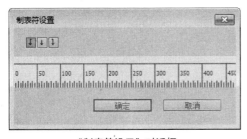

"制表符设置"对话框

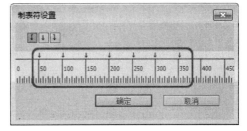

插入对齐方式

步骤9　设置完成后，单击"确定"按钮，将鼠标光标置入到文字"日"的前面，按键盘上的Tab键对其进行调整；然后将鼠标光标置入到文字"日"的后面，按键盘上的Tab键。

步骤10　使用同样的方法，调整其他文字，观察效果，并在"变换"组中将"X轴位置"设置为255。

设置文字距离

设置文字位置

步骤11 设置完成后将其关闭，然后将其添加至"视频轨道2"中。

步骤12 使用同样的方法，再次创建一个名称为"6月"的字幕。在"字幕编辑器"中输入"6月"文字信息。将"字体"设置为Narkisim，将"6"文字大小设置为120，"月"文字大小设置为60，并将其颜色的RGB值设置为（0、192、255）。

添加字幕

输入文字

步骤13 设置完成后将字幕编辑器关闭，将其添加至"视频轨道3"中，观察效果。

步骤14 设置完成后将其导出并保存场景文件。

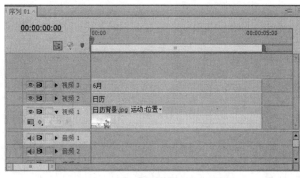

添加字幕

完成后的效果

7.4 建立文字对象

在Premiere Pro CS6中，可以使用"字幕编辑器"对影片或图形添加文字，即创建字幕。使用"字幕编辑器"可以创建具有多种特性的文字和图形的字幕。可以使用系统中的任何矢量字体，包括PostScript、Open Type以及TrueType字体。

"字幕编辑器"能识别每一个作为对象所创建的文字和图形，可以对这些对象应用各种各样的风格和提高字幕的可欣赏性。

7.4.1 使用输入工具创建文字对象

"字幕编辑器"中包括几个创建文字对象的工具，使用这些工具，可以创建出水平或垂直排列的文字，或沿路径行走的文字，以及水平或垂直范围的文字(段落文字)。

● 创建水平或垂直排列文字

新建一个字幕，在工具箱中选择"输入工具" T 或"垂直输入工具" IT ，将鼠标置于字幕编辑窗口中单击，激活文本框后，输入文字即可。

创建水平文字　　　　　　　　　　　　创建垂直文字

● 创建范围文字

在工具箱中选择"区域输入工具" 或"垂直区域输入工具" 。将鼠标置于字幕编辑窗口单击并将其拖曳出文本区域，然后输入文字即可。

绘制文字区域框　　　　　　　输入文字内容　　　　　　　创建垂直区域文字

● 创建路径文字

创建路径文字的操作方法类似于Photoshop中创建路径文字的操作方法，首先选择需要创建的路径文字类型，在此选择"路径文字工具" ，用鼠标选择钢笔工具，在该窗口中文字的开始位置单击鼠标左键，然后创建多个点，创建一个路径文字。然后再输入需要的文本信息。

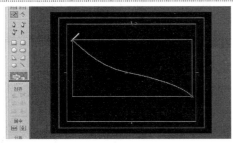 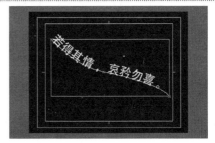

创建路径　　　　　　　　　　　　　　输入文字

7.4.2 文字对象的编辑

● 文字对象的选择与移动

文字对象的选择与移动的操作方法很简单，在工具箱中选择"选择工具" ![选择工具图标]，单击文本对象即可将其选中。

如果当前文字对象处于被选中的状态，单击并移动鼠标即可实现对文字对象的移动操作。也可以使用键盘上的方向键对其进行移动操作。

● 文字对象的缩放与旋转

文字对象的缩放与旋转的具体操作也很简单，在工具箱中选择"选择工具" ![选择工具图标]，在字幕窗口中单击文字对象将其选中。被选择的文字对象周围会出现8个控制点，将鼠标放置在控制点上，当鼠标处于双向箭头状态下，按住鼠标并拖曳鼠标即可对其实现缩放操作。在文字对象处于被选择的状态下，在工具箱中选择"旋转工具" ![旋转工具图标]，将鼠标移动到编辑窗口，按鼠标左键并拖曳，即可对其实现旋转操作。

● 改变文字对象的方向

改变文字对象方向的具体操作步骤如下。

步骤1 在工具箱中选择"选择工具" ![选择工具图标]，在字幕编辑窗口单击文字对象，即可将其选中。

步骤2 在菜单栏中选择"字幕 | 方向 | 水平、垂直"命令，即可改变文字对象的排列方向。

选择"水平、垂直"命令

● 范围文字框的缩放与旋转

范围文字框的缩放与旋转的具体操作步骤如下。

步骤1 在工具箱中选择"选择工具" ![选择工具图标]，在字幕编辑窗口中选择要缩放或旋转的范围文字框。

步骤2 将光标移动至四周的控制点上，当光标变为双向箭头时，拖动这个控制点就可以缩放范围文本框了。

步骤3 如果想要旋转范围文本框，可以使用前面讲到的旋转工具，或者将鼠标移动到控制点上，当鼠标变为可旋转双向箭头时，就可以对其进行旋转操作。

● 设置文字对象的字体与大小

设置文字对象的字体与大小的具体操作步骤如下。

步骤1 使用"选择工具" ![选择工具图标]在字幕编辑窗口中将其选中。

步骤2 在菜单栏中选择"字幕 | 大小"命令，在弹出的子菜单栏中选择一种字体或大小。

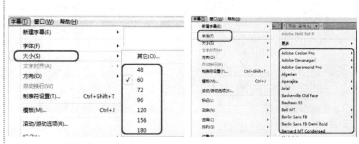

选择"大小"命令　　　　　　　选择"字体"命令

步骤3 在文本对象处于被选择的状态下，在文字对象上单击鼠标右键，在弹出的快捷中选择"字体、大小"命令，在弹出的子菜单栏中选择一种选项。

同样，在"字幕属性"栏中，展开"属性"选项。其中也可以对文字对象的字体和大小进行设置。

● 设置文字的对齐方式

文字的对齐方式只针对范围文字对象。可以通过在菜单栏中选择"字幕 | 文字对齐 | 左对齐、居中、右对齐"命令。或者在"字幕编辑器"窗口上方单击"左对齐" ![左对齐图标]、"居中" ![居中图标]、"右对齐" ![右对齐图标]按钮进行对齐。

7.4.3 实战：沿路径弯曲的字幕

下面介绍如何制作沿路径弯曲的字幕，具体操作步骤如下。

步骤1 启动Premiere Pro CS6程序，新建项目文件，在菜单栏在选择"文件 | 导入"命令，在弹出的对话框中选择随书附带光盘中的"CDROM\素材\第7章\沿路径弯曲的素材.jpg"文件，单击"打开"按钮。

步骤2 在"项目"面板中，将导入的素材拖至"时间线"面板中的"视频01"轨道上。

导入素材文件

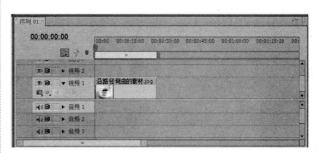

将素材拖至"时间线"面板

步骤3 选择面板中的素材，在"特效控制"窗口中设置"运动"选项中的"等比缩放"比例。设置"缩放高度"为"110"，"缩放宽度"为"116"。

步骤4 在菜单栏中选择"字幕 | 新建字幕 | 默认静态字幕"命令。使用默认的命名，单击"确定"按钮。

设置缩放比例

新建字幕

步骤5 在字幕窗口中使用"路径文字工具"，在字幕设计栏中绘制一个路径。

步骤6 在路径中插入光标，使用"输入工具"，输入文字"香浓的咖啡，清新的口感，迷人的色泽、让你心旷神怡，回味无穷"；在"属性"中，将"字体样式"设置为"LiSu"，"字体大小"为23.5，将"字距"设置为"2"。

绘制路径

输入文字并进行设置

步骤7 关闭"字幕"窗口，将字幕01拖至"时间线"面板中的"视频02"轨道中。

步骤8 即可在节目监视器中查看效果。

将字幕拖至"时间线"面板

预览效果

7.5 建立图形并进行编辑

在字幕窗口的工具箱中，除了文本创建工具外，还包括各种图形创建工具，能够建立直线、矩形、椭圆、多边形等。各种线和形体对象一开始都使用默认的线条、颜色和阴影属性，也可以随时更改这些属性。有了这些工具，在影视节目的编辑过程中就可以方便地绘制一些简单的图形。

7.5.1 使用形状工具绘制图形

在工具箱中选择任何一个绘图工具，在此选择的是工具箱中的"矩形工具" □ ，将鼠标移动至字幕编辑窗口，单击鼠标并拖曳，即可在字幕窗口中创建一个矩形。

7.5.2 改变图形的形状

在"字幕编辑器"窗口中绘制的形状图形，它们之间可以相互转换。

改变图形的形状的具体操作步骤如下。

步骤1 在字幕编辑器中选择一个绘制的图形。

步骤2 在"字幕属性"栏中单击"属性"左侧的三角按钮，将其展开。

步骤3 单击"绘图类型"右侧下拉按钮，即可弹出一个下拉菜单。在该列表中选择一种绘图类型，所选择的图像即可转换为所选绘图类型的形状。

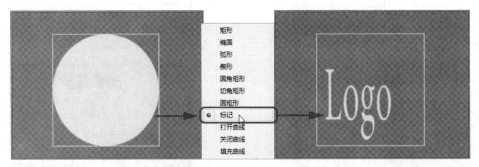

改变图形的形状

7.5.3　使用钢笔工具创建自由图形

钢笔工具是Premiere Pro CS6中最为有效的图形创建工具，可以用它建立任何形状的图形。

钢笔工具通过建立"贝塞尔"曲线创建图形，通过调整曲线路径控制点可以修改路径的形状。

步骤1　将鼠标移动至字幕编辑窗口中，在需要建立图像的第一个控制点位置单击鼠标，创建第一个控制点。

步骤2　创建完第一个控制点后，再将鼠标移动至第二个需要创建的控制点位置。如果需要，可以继续在不同的位置创建其他的控制点。

在使用钢笔工具建立路径时，可以直接建立曲线路径。利用曲线产生路径。可以减少路径上的控制点，并且减少后面对控制点的修改，在创建过程中亦可使图形趋于理想化。单击控制点，按住鼠标向要画的线方向拖动，拖动时鼠标拉出两个控制方向柄之一。方向线的长度和曲线角度决定了画出曲线的形状，然后通过调节方向句柄修改曲线的曲率，在执行完了一系列的操作后，会得到一个理想的线条。

Premiere还允许单独拖动控制点方向句柄，按住Ctrl键拖动方向句柄时，只会对当前句柄有效，而另一个句柄不会发生改变。这样，可以产生更加复杂的曲线，例如，可以产生一边尖锐，一边圆滑的曲线。产生控制点后，按住Shift键拖动鼠标，控制点方向线会以水平、垂直或45度角移动。

Premiere Pro CS6可以通过移动、增加或减少遮罩路径上的控制点。并对线段的曲率进行调整来改变遮罩的形状。

- **"添加定位点工具"**：在图形上需要增加控制点的位置单击鼠标，即可增加新的控制点。
- **"删除定位点工具"**：在图形上单击控制点可以删除该点。
- **"转换定位点工具"**：单击控制点，可以在尖角和圆角之间进行转换。也可拖出句柄对曲线进行调节。

在更多时候，可能需要创建一些规则的图形，这时，使用钢笔工具来创建非常方便。

注意：

通过路径创建图形时，路径上的控制点越多，图形形状越精细，但过多的控制点不利于后边的修改。建议使路径上的控制点在不影响效果的情况下，尽量减少。

7.5.4　改变对象排列顺序

在默认情况下，字幕编辑窗口中的多个物体是按创建的顺序分层放置的，新创建的对象总是处于上方，挡住下面的对象。为了方便编辑，也可以改变对象在窗口中的排列顺序。

步骤1　在"字幕编辑器"中绘制两个对象，并设置不同的颜色。

步骤2　在"字幕编辑器"中选择下层的矩形，单击鼠标右键，在弹出的快捷菜单中选择"上移一层"命令。

步骤3　观察完成后的效果，矩形即可被调整至弧形上侧。

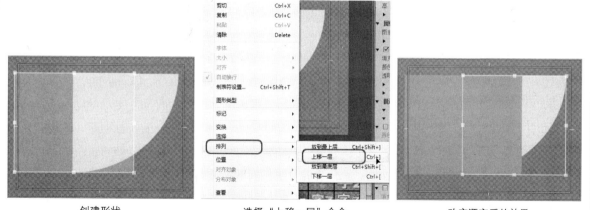

创建形状　　　　　选择"上移一层"命令　　　　　改变顺序后的效果

- **"放到最上层"**：顺序置顶。该命令将选择的对象置于所有对象的最顶层。
- **"上移一层"**：顺序提前。该命令改变当前对象在字幕中的排列顺序，使它的排列顺序提前。
- **"放到最低层"**：顺序置底。该命令将选择的对象置于所有对象的最底层。
- **"下移一层"**：顺序置后。该命令改变当前对象在字幕中的排列顺序。使它的排列顺序置后一层。

7.5.5 实战：沿自定义路径运动的字幕

通过设置字幕的关键帧，可以实现沿自定义路径运动的字幕，具体操作步骤如下。

步骤1 启动Premiere Pro CS6程序，新建项目文件，在菜单栏在选择"文件 | 导入"命令，在弹出的对话框中选择随书附带光盘中的"CDROM\素材\第7章\沿自定义路径运动的素材.jpg"文件，单击"打开"按钮。

导入素材

步骤2 在"项目"面板中，将导入的素材拖至"时间线"面板中的"视频01"轨道上。将持续时间设置为00:00:12:10。

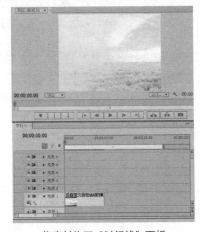

将素材拖至"时间线"面板

步骤3 选择面板中的素材，在"特效控制"窗口中设置"运动"选项中的"等比缩放"比例。设置"缩放高度"为"65"，"缩放宽度"为"60"。

设置缩放比例

步骤4 在菜单栏在选择"字幕 | 新建字幕 | 默认静态字幕"命令。使用默认的命名，单击"确定"按钮。

新建字幕

步骤5 在字幕窗口中输入"绚"字；在"属性"中，将"字体样式"设置为"STXingkai";将"填充"区域下的"颜色"的RGB值设置为（199、97、245）。

步骤6 关闭"字幕"窗口，将字幕01拖至"时间线"面板中的"视频02"轨道中。将"字幕01"的"持续时间"设置为"00:00:12:10"。

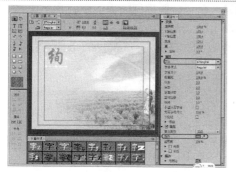

设置字体

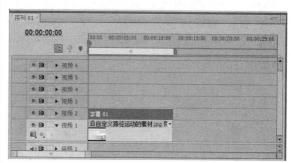

将字幕拖至"时间线"面板

步骤7 选择选择面板中的"字幕01"，在"特效控制"窗口中，设置"运动"选项中的"位置"和"缩放比例"。"位置"设置为"745.6、70.0"，"缩放比例"设置为"30"，单击"透明度"右侧的◆按钮。

步骤8 将"时间线"面板中的表标示线移动到00:00:01:01的位置，在"特效控制面板"中，将"位置"设置为"585、240.0"，将缩放比例设置为50.0。

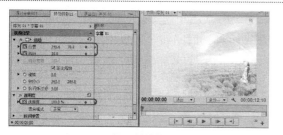

设置关键帧

设置第2处关键帧

步骤9 将"时间线"面板中的表标示线移动到00:00:01:24的位置，在"特效控制面板"中，将"位置"设置为"539.0、384.0"，单击"透明度"右侧的◆按钮。

步骤10 将"时间线"面板中的表标示线移动到00:00:02:08的位置，在"特效控制面板"中，将"位置"设置为"534.0、504.0"，设置"透明度"为0。

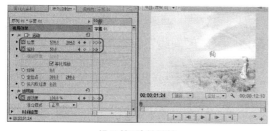

设置第3处关键帧

设置第4处关键帧

步骤11 将"时间线"面板中的表标示线移动到00:00:02:20的位置，单击"位置"右侧的"添加/移除关键帧"按钮，添加一处关键帧，设置"透明度"为100.0%。

步骤12 将"时间线"面板中的表标示线移动到00:00:03:20的位置，在"特效控制面板"中，将"位置"设置为"352.0、297.0"，设置"缩放比例"为100。

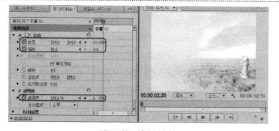

设置第5处关键帧

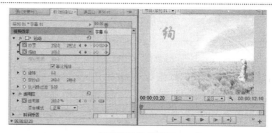

设置第6处关键帧

步骤13 使用相同的方法创建字幕02，设置"烂"字，设置完成后，将字幕02拖至"时间线"面板中的"视频3"轨道中00:00:03:20的位置，将"持续时间"设置为00:00:08:15。

创建"字幕02"并将字幕拖至"时间线"面板

步骤14 在"特效控制面板"中，将"位置"设置为"691.0、5.0"，设置"缩放比例"为30，并单击"透明度"右侧的◆按钮。

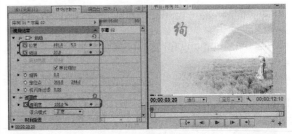

设置第1处关键帧

步骤15 将"时间线"面板中的表标示线移动到00:00:04:15的位置，在"特效控制面板"中，将"位置"设置为"579.0、242.0"，设置"缩放比例"为50。

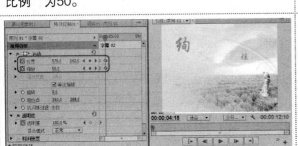

设置第2处关键帧

步骤16 将"时间线"面板中的表标示线移动到00:00:05:05的位置，在"特效控制面板"中，将"位置"设置为"537、368"，并单击"透明度"右侧的◆按钮。

设置第3处关键帧

步骤17 将"时间线"面板中的表标示线移动到00:00:05:16的位置，在"特效控制面板"中，将"位置"设置为"509.0、500.0"，并设置"透明度"为0。

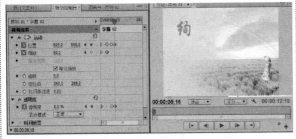

设置第4处关键帧

步骤18 将"时间线"面板中的表标示线移动到00:00:06:06的位置，在"特效控制面板"中，单击"透明度"右侧的◆按钮，将"透明度"设置为100。

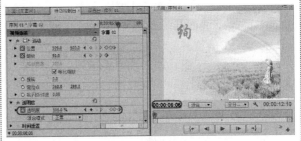

设置第5处关键帧

步骤19 将"时间线"面板中的表标示线移动到00:00:08:06的位置，在"特效控制面板"中，将"位置"设置为"370、190"，设置"缩放比例"为100，并单击"透明度"右侧的◆按钮。

步骤20 在菜单栏中选择"字幕|新建字幕|默认静态字幕"命令。使用默认的命名，单击"确定"按钮。

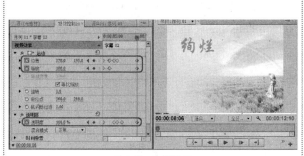

设置第6处关键帧

新建字幕

步骤21 在字幕窗口中使用"输入工具"输入"的"字；在"属性"中将"字体样式"设置为"STXinwei"，将"填充"区域下的"颜色"为黑色。

步骤22 在"项目"面板中，将"字幕03"拖至"时间线"面板的"视频4"轨道中00:00:06:05的位置，将"持续时间"设置为00:00:06:05。

设置字幕

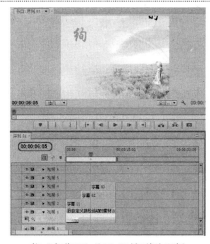

将"字幕03"拖至"时间线"面板

步骤23 选择面板中的"字幕03"，在"特效控制"窗口中，设置"运动"选项中的"位置"为"734.0、-25"，并添加关键帧。

步骤24 将"时间线"面板中的表标示线移动到00:00:07:15的位置，在"特效控制"窗口中设置"运动"选项中的"位置"为"590、110"，并添加关键帧。

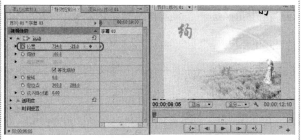

设置第1处关键帧

设置第2处关键帧

步骤25 将"时间线"面板中的表标示线移动到00:00:08:15的位置，在"特效控制"窗口中设置"运动"选项中的"位置"为"360、300"，并添加关键帧。

步骤26 使用创建"字幕03"的方法创建"字幕04"，在字幕窗口中设置"彩"字。在"项目"面板中，将字幕04拖至"时间线"面板中的"视频05"轨道中00:00:08:17的位置。将持续时间设置为00:00:03:18。

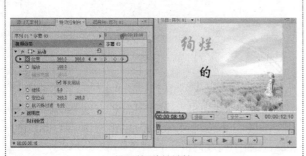

设置第3处关键帧

创建"字幕04"并将字幕拖至"时间线"面板

步骤27 选择面板中的"字幕04",在"特效控制"窗口中,设置"运动"选项中的"位置"为"670、-50",并添加关键帧。

步骤28 将"时间线"面板中的表标示线移动到00:00:10:00的位置,在"特效控制"窗口中设置"运动"选项中的"位置"为"500、190",并添加关键帧。

设置第1处关键帧

设置第2处关键帧

步骤29 将"时间线"面板中的表标示线移动到00:00:11:00的位置,在"特效控制"窗口中,设置"运动"选项中的"位置"为"380、310",并添加关键帧。

步骤30 将"时间线"面板中的表标示线移动到00:00:11:20的位置,在"特效控制"窗口中设置"运动"选项中的"位置"为"330、313",并添加关键帧。

设置第3处关键帧

设置第4处关键帧

步骤31 创建"字幕05",在字幕窗口设置"虹"字,将字幕05拖至"时间线"面板的"视频06"轨道中00:00:11:21的位置,将"持续时间"设置为00:00:00:15。

步骤32 选择"时间线"面板中的"字幕05",在"特效控制"窗口中,设置"运动"选项中的"位置"为"605.0、-38",并添加关键帧。

创建"字幕05"并拖至"时间线"面板

设置第1处关键帧

步骤33 将"时间线"面板中的表标示线移动到00:00:11:22的位置，在"特效控制"窗口中设置"运动"选项中的"位置"为"455.9、256.0"，并添加关键帧。

步骤34 将"时间线"面板中的表标示线移动到00:00:11:24的位置，在"特效控制"窗口中设置"运动"选项中的"位置"为"424.4、313.0"，并添加关键帧。

设置第2处关键帧

设置第3处关键帧

步骤35 将"时间线"面板中的表标示线移动到00:00:12:01的位置，在"特效控制"窗口中设置"运动"选项中的"位置"为"359.4、313.0"，并添加关键帧。

设置第4处关键帧

7.5.6 实战：带卷展效果的字幕

步骤1 启动Premiere Pro CS6程序，新建项目文件，在菜单栏在选择"文件|导入"命令，在弹出的对话框中选择随书附带光盘中的"CDROM\素材\第7章\带卷展效果字幕素材.jpg"，单击"打开"按钮。

步骤2 在"项目"面板中，将导入的素材拖至"时间线"面板中的"视频01"轨道上，将"持续时间"设置为00:00:08:10。

导入素材

将素材拖至"时间线"面板

步骤3 在"特效控制"窗口中设置"运动"选项中的"等比缩放"比例。设置"缩放高度"为"175"，"缩放宽度"为"164"。

步骤4 在"效果"面板中，选择"视频切换 | 卷页 | 卷走"命令，将其拖至"时间线"面板中的"带卷展效果字幕素材.jpg"文件的开头处。

设置缩放比例

添加"卷页"切换效果

步骤5 选择"时间线"面板中的"卷走"切换效果，在"特效控制"窗口中，设置"持续时间"为00:00:02:00，选择"预览框"左侧的小三角，并勾选"反转"复选框。

步骤6 在菜单栏中选择"字幕 | 新建字幕 | 默认静态字幕"命令。使用默认的名称，单击"确定"按钮。

设置持续时间

创建字幕

步骤7 在字幕窗口中使用"输入工具"输入"——早发白帝城 李白"；在"属性"中将"字体样式"设置为"FZShuTi"、"字体大小"设置为"26"、"字距"设置为"3";将"填充"区域下的"颜色"设置为"黑色"。

步骤8 关闭"字幕"窗口，将字幕01拖至"时间线"面板中的"视频02"轨道00:00:02:00处。将"字幕01"的"持续时间"设置为"00:00:06:10"。

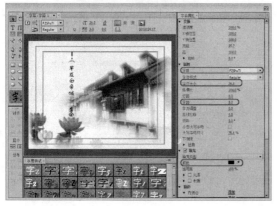

设置字幕

将"字幕01"拖至"时间线"面板

步骤9 在"效果"面板中，选择"视频切换|卷页|卷走"命令，将其拖至"时间线"面板中的"字幕01"的开头。	**步骤10** 选择"时间线"面板中的"卷走"切换效果，在"特效控制"窗口中，设置"持续时间"为00:00:02:00，选择"预览框"左侧的小三角，并勾选"反转"复选框。
 添加"卷走"切换效果	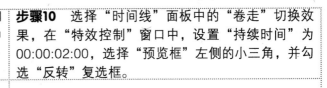 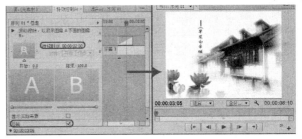 设置"卷走"参数
步骤11 在菜单栏在选择"字幕|新建字幕|默认静态字幕"命令。使用默认的名称，单击"确定"按钮。	**步骤12** 在字幕窗口中使用"输入工具"输入文字"朝辞白帝彩云间,千里江陵一日还。"；在"属性"中，将"字体样式"设置为"FZShuTi"、设置"字体大小"为"24.9"、"字距"为"3";将"填充"区域下的"颜色"设置为"黑色"。
 创建字幕	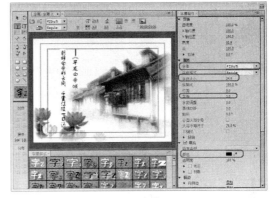 设置字幕
步骤13 关闭"字幕"窗口，将字幕02拖至"时间线"面板中的"视频03"轨道00:00:04:00处。将"字幕02"的"持续时间"设置为"00:00:04:10"。	**步骤14** 在"效果"面板中，选择"视频切换|卷页|卷走"命令，将其拖至"时间线"面板中的"字幕02"的开头。
 将"字幕02"拖至"时间线"面板	 添加"卷走"切换效果

步骤15 在"特效控制"窗口中，设置"持续时间"为00:00:02:00，选择"预览框"左侧的小三角，并勾选"反转"复选框。

步骤16 使用上述同样的方法，创建"字幕03"，在"项目"面板中，将"字幕03"拖至"时间线"面板中的"视频04"轨道00:00:05:22处，将"持续时间"设置为00:00:02:13。

设置"卷走"参数

将"字幕03"拖至"时间线"面板

步骤17 在"效果"面板中，选择"视频切换 | 卷页 | 卷走"命令，将其拖至"时间线"面板中"字幕03"的开头。

步骤18 选择"时间线"面板中的"字幕03"，在"特效控制"窗口中，设置"持续时间"为00:00:02:00，选择"预览框"左侧的小三角，并勾选"反转"复选框。

添加"卷走"切换效果

设置"卷走"参数

步骤19 执行该操作完成后，在菜单栏中选择"文件 | 保存"命令，将场景进行保存。在节目监视器中即可查看完成效果。

预览效果

7.5.7 实战：字幕排列

本例的制作主要是对不同的文字进行不同的设置，具体操作步骤如下。

步骤1 启动Premiere Pro CS6程序，新建项目文件，在菜单栏中选择"文件 | 导入"命令，在弹出的对话框中选择随书附带光盘中的"CDROM\素材\第7章\字幕排列素材.jpg文件"，单击"打开"按钮。

步骤2 选择导入的素材，将其拖至"视频1"轨道中，将持续时间设置为00:00:15:20。在"特效控制"窗口中设置"运动"选项中的"等比缩放"比例。设置"缩放高度"为"72"，"缩放宽度"为"62"。

导入素材

设置缩放比例

步骤3 在选择"字幕 | 新建字幕 | 默认静态字幕"命令。使用默认的名称，单击"确定"按钮。在字幕窗口中使用"输入工具"输入"清"字；在"属性"中，将"字体样式"设置为"STZhongsong"设置 、"字体大小"为"100"；将"填充"区域下的"颜色"设置为"绿色"，在"描边"区域下添加两处"外侧边"，将第一处的"类型"设为"凸出"，将"大小"设置为3，将"颜色"的RGB值设为（246、167、12）。

步骤4 将"阴影"复选框进行勾选，"颜色"设为绿色，将"透明度"设为100，将"角度"设为45，将"距离"设为0，将"大小"设为5，将"扩散"设为50，然后在"变换"区域下，将"X轴位置"设为147.2，将"Y轴位置"设为125.9。

设置字幕

调整字幕

步骤5 使用上述相同的方法，使用"输入工具"输入"凉"字，将其"X轴位置"设为281.3，将"Y轴位置"设为183.2。

步骤6 使用"输入工具"，在字幕窗口中输入"一夏"，在"字幕属性"窗口中，将"字体"设置为"STLiti"，将"字体大小"设置为60，在"外侧边"区域下，将"类型"设置为"凸出"，将"大小"设置为30，将"颜色"设置为绿色。

设置字幕

编辑及调整字幕

步骤7 在"阴影"区域下,将"颜色"的RGB值设为(252、237、141),将"透明度"设为50,将"角度"设为135,将"距离"设为5,将"大小"设为0,将"扩散"设为30,在"填充"区域下,将"透明度"设为0,如左下图所示。

步骤8 在"填充"区域下,将"透明度"设为0,并在"变换"区域下,将"X轴位置"设为281.3,将"Y轴位置"设为183.2,如下右图所示。

设置字幕

调整字幕

步骤9 关闭"字幕"窗口,将字幕01拖至"时间线"面板中的"视频2"轨道中。

步骤10 执行该操作完成后,在菜单栏中选择"文件丨保存"命令,将场景进行保存。在节目监视器中即可查看完成效果。

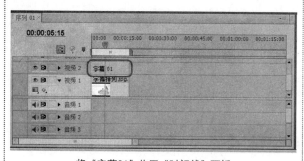

将"字幕01"拖至"时间线"面板

预览效果

7.6 应用与创建字幕样式效果

在Premiere Pro CS6中，提供了丰富多彩的字幕样式，通过为字幕添加各种风格的样式效果，从而制作出更多的字幕样式。

7.6.1 应用风格化样式效果

如果要为一个对象应用预设的风格化效果，只需要选择该对象，然后在编辑窗口下方单击"字幕样式"栏中的样式效果即可。

选择一个样式效果后，单击"字幕样式"栏右侧的菜单 按钮，将弹出如下快捷菜单。

应用样式

快捷菜单

快捷菜单栏中的各个选项的详细讲解如下。

- "新建样式"：新建一个风格化样式。
- "应用样式"：使用当前所显示的样式。
- "应用样式和字体大小"：在使用样式时只应用样式的字号。
- "仅应用样式色彩"：在使用样式时只应用样式的当前色彩。
- "复制样式"：复制一个风格化效果。
- "删除样式"：删除选定的风格化效果。
- "样式重命名"：给选定的风格化另设一个名称。
- "更新样式库"：用默认样式替换当前样式。
- "追加样式库"：读取风格化效果库。
- "保存样式库"：可以把定制的风格化效果存储到硬盘上，产生一个"Prsl"文件，以供随时调用。
- "替换样式库"：替换当前的风格化效果库。
- "仅显示文字"：在风格化效果库中仅显示名称。
- "小缩略图"：以小图标显示风格化效果。
- "大缩略图"：以大图标显示风格化效果。

7.6.2 创建样式效果

当我们费尽心思为一个对象指定了满意的效果后，一定希望可以把这个效果保存下来，以便随时使用。为此，Premiere Pro CS6提供了定制风格化效果的功能。

创建样式效果的具体操作步骤如下。

步骤1 在字幕编辑器中选择需要创建样式效果的对象。

步骤2 在"字幕样式"窗口中单击 按钮，在弹出的下拉菜单中选择"新建样式"命令。

步骤3 此时会弹出一个"新建样式"对话框，在该对话框中使用其默认设置。

步骤4 单击"确定"按钮，即可创建该样式。

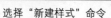

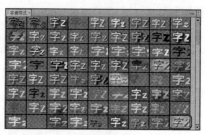

选择"新建样式"命令	"新建样式"对话框	添加的样式

7.6.3 实战：歌词效果

下面介绍如何制作歌词效果，具体操作步骤如下。

步骤1 启动Premiere Pro CS6程序，新建项目文件，在菜单栏在选择"文件丨导入"命令，在弹出的对话框中选择随书附带光盘中的"CDROM\素材\第7章\歌词效果素材.jpg"文件，单击"打开"按钮。

步骤2 选择导入的素材，将其拖至"视频1"轨道中，将持续时间设置为00:00:15:00。在"特效控制"窗口中，设置"运动"选项中的"等比缩放"比例。"缩放高度"为"78"，"缩放宽度"为"77"。

导入素材

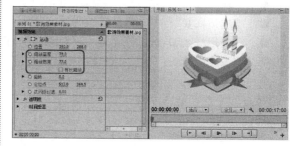

设置缩放比例

步骤3 在"项目"窗口中选择"歌曲素材.mp3"，将"歌曲素材.mp3"拖曳至"音频1"轨道中。

步骤4 将"音频1"轨道中素材的持续时间设置为00:00:15:00。

将"歌曲素材.mp3"拖至"时间线"面板

设置持续时间

步骤5　在选择"字幕|新建字幕|默认静态字幕"命令。使用默认的命名，单击"确定"按钮。

步骤6　在字幕窗口中，使用"输入工具"输入文字，在"属性"中，将"字体"设置为STXinwei，将"字体大小"设置为61，在"变换"选项组中，将"X轴位置"和"Y轴位置"分别设置为381.2、445.7，然后在"填充"选项组中，将"颜色"的RGB值设置为（255、249、158）。

创建字幕

编辑字幕

步骤7　在"描边"选项中，添加"外侧边"，将"大小"设置为40，颜色的RGB值设置为（201、35、111），将"阴影"复选框进行勾选，"透明度"设置为85，"角度"设置为-210，"距离"设置为6，"扩散"设置为35，关闭"字幕"窗口。

步骤8　使用上述方法创建字幕02，将"填充"颜色设为绿色，在"描边"区域下选择"外侧边"，将"颜色"设为白色。

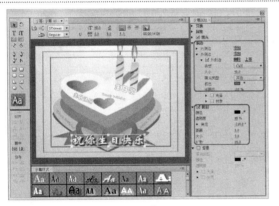

设置字幕效果

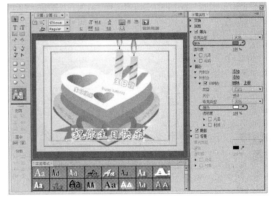

设置字幕02效果

步骤9　将"字幕01"拖至"时间线"面板中的"视频3"轨道中。

步骤10　在"序列"面板中选择"字幕01"，将"持续时间"设置为"00:00:04:22。

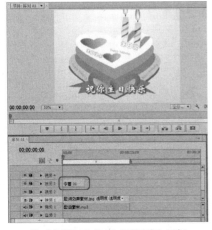

将"字幕01"拖至"时间线"面板

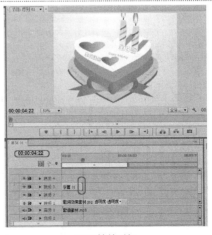

设置持续时间

步骤11　为"字幕01"添加"裁剪"特效。

步骤12　在"特效控制台"中，单击"左侧"左侧的"切换动画"按钮，将"左侧"设置为22。

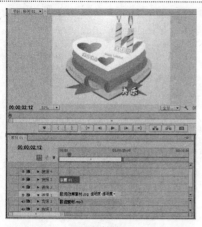

添加特效

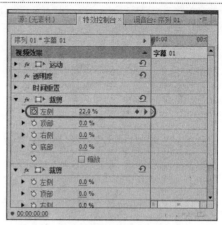

设置"切换动画"

步骤13　将"时间线"面板中的表标示线移动到00:00:00:14的位置，在"特效控制"窗口中将"左侧"设置为32。

步骤14　将"时间线"面板中的表标示线移动到00:00:01:00的位置，在"特效控制"窗口中将"左侧"设置为40。

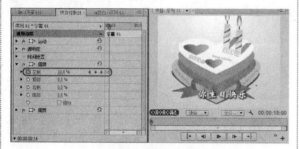

"左侧"添加关键帧

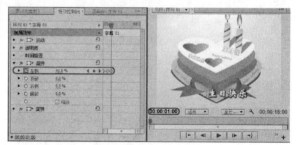

"左侧"添加关键帧

步骤15　使用上述相同的方法，将"字幕01"添加到其他关键帧。

步骤16　使用上述相同的方法，添加其他对象。

添加其它关键帧

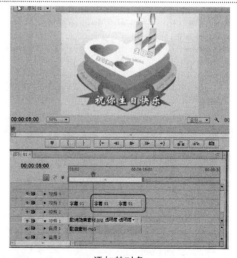

添加其对象

步骤17　将"字幕02"拖至"时间线"面板的"视频1"窗口中。在"特效控制"窗口中，将"持续时间"设置为"00:00:04:22"。

步骤18　使用上述相同的方法，在"时间线"面板的"视频1"中添加与"视频2"相同的其他对象。

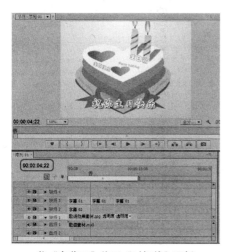

将"字幕02"拖至"时间线"面板

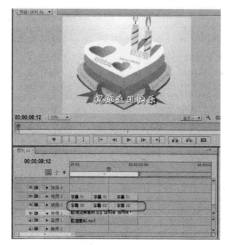

添加相同对象

步骤19　在菜单栏中选择"文件|导出|媒体"命令。

步骤20　在弹出的对话框中，单击"输出名称"右侧的名称，然后在弹出的"导出设置"对话框中指定保存路径，将其命名，设置完成后，单击"保存"按钮，即可在"导出设置"对话框中单击"导出"按钮。

选择"媒体"命令

导出媒体

7.7 | 专家答疑

在平时的学习过程中，常常会遇到许多问题，在这里将例举常见问题并进行详细简答，并在后面追加多个练习题，以便于巩固之前所学的知识。

7.7.1　操作答疑

（1）在字幕编辑器中绘制图形的方法有哪些？

答：用户可用文本创建工具以及在字幕编辑器工具栏中创建各种图形，包括绘制直线、矩形、多边形等，创建完成的图形为默认属性，可对其进行更改。

（2）添加关键帧的作用是什么？

答：添加关键帧后，计算器可以计算出两处之间旋转的变化过程。当然，在实际操作过程中，为对象添加的关键帧越多，所产生的运动变化就越复杂。

7.7.2 操作习题

1. 选择题

（1）下列的（　　）项工具可以在线段上增加控制点。

A. 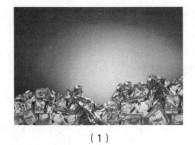　　　　B. 　　　　C.

（2）"字幕编辑器"能识别每一个作为对象所创建的（　　　）。

A.图片　　　　　B.特效　　　　　C. 文字和图形

（3）（　　　）是Premiere Pro CS6中最为有效的图形创建工具，可以用它建立任何形状的图形。

A.钢笔工具　　　B.矩形工具　　　C.椭圆形工具

2. 填空题

（1）字幕是一个_____的文件。

（2）在制作沿路径弯曲的字幕时，可在字幕编辑器中选择_____工具绘制路径。

（3）创建字幕可通过_____和_____两种方法进行创建。

3. 操作题

制作由小变大的文字效果并添加透明度。

（1）　　　　　　　　　　　　　　（2）　　　　　　　　　　　　　（3）

（1）导入素材文件，设置缩放比例。

（2）设置缩放比例，并添加关键帧。

（3）调整透明度，并添加关键帧。

第**8**章

音频效果的添加与编辑

本章重点：

    在各种影视节目中，音频效果起着很重要的作用，大部分视频都有音频特效。专业的影视节目，为了达到理想的效果，通常会对音频进行处理并添加音效。本章将讲解音频效果的添加与编辑方法，从而实现丰富的音频效果。

学习目的：

    熟练掌握为音频添加特效及编辑和设置的方法。

参考时间：75分钟

主要知识	学习时间
8.1　调节音频	10分钟
8.2　录音和子轨道	15分钟
8.3　使用"序列"面板合成音频	15分钟
8.4　分离和链接音频	10分钟
8.5　添加音频特效	25分钟

8.1 | 调节音频

序列面板中的每个音频轨道上都有音频淡化控制，用户可通过音频淡化器调节音频素材的电平。在 Premiere Pro CS6中，用户可以通过淡化器调节工具或者调音台调制音频电平。对音频的调节分为"素材"调节和"轨道"调节。对素材进行调节时，音频的改变仅对当前的音频素材有效，删除素材后，调节效果就消失了；而轨道调节仅针对当前音频轨道进行调节，所有在当前音频轨道上的音频素材都会在调节范围内受到影响。使用实时记录的时候，则只能针对音频轨道进行。

8.1.1 使用淡化器调节音频

选择"Show Clip Keyframes"（显示素材关键帧）或"Show Track Keyframes"（显示轨道关键帧）命令，可以分别调节素材或者轨道的音量。使用淡化器调节音频电平的步骤如下。

步骤1 除音频1，默认情况下音频轨道面板卷展栏关闭。单击卷展控制▶按钮，使其变为▼状态，展开轨道。

步骤2 导入音频文件后，在工具面板中选择"钢笔工具" ，用该工具拖动音频素材(或轨道) 上的黄线即可调整音量，光标即可变为带加号的光标。

步骤3 单击黄线就可以为其添加一个关键帧，将鼠标移动到黄线的关键帧上面，这时光标就变为带有关键帧样式的光标。

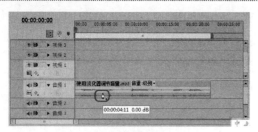

变为带加号的光标

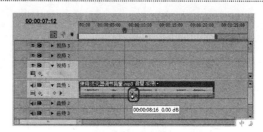

显示关键帧图标

步骤4 用户可以根据需要添加多个关键帧，按住鼠标左键上下拖动关键帧，可以调节音频素材的淡入和淡出。

步骤5 右键单击音频素材，在弹出的快捷菜单中选择"音频增益"命令，在弹出的"音频增益"对话框中选择"标准化所有峰值为"选项，设置完成后单击"确定"按钮。这样可以使音频素材自动匹配到最佳音量。

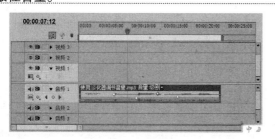

音频的淡出和淡入

"音频增益"对话框

> **提示：**
> 当有鼠标拖动关键帧时，一条递增的直线表示音频的淡入，一条递减的直线表示音频的淡出。

8.1.2 实时调节音量

使用Premiere Pro CS 6的"调音台"窗口调节音量非常方便，用户可以在播放音频时根据需要实时地进行音量调节。

使用"调音台"调节音频电平的步骤如下。

步骤1 在"序列"面板的音频轨道中选择"显示轨道音量"命令。

步骤2 在"调音台"面板上方需要进行调节的轨道单击"读取"按钮，在弹出的下拉列表中进行设置。

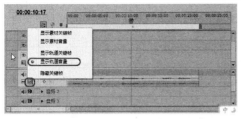

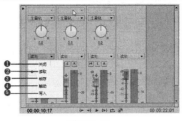

<table>
<tr><td>选择"显示轨道音量"命令</td><td>进行设置</td></tr>
</table>

❶ **"关闭"**：系统会忽略当前音频轨道上的调节，仅按照默认的设置播放。

❷ **"只读"**：系统会读取当前音频轨道上的调节效果，但是不能记录音频的调节过程。

❸ **"锁存"**：系统可自动记录对数据的调节，再次播放音频时，音频可按之前的操作进行自动调节。

❹ **"触动"**：在播放过程中，调节数据后，数据会自动恢复为初始状态。

❺ **"写入"**：当使用自动书写功能实时播放记录调节数据时，每调节一次，下一次调节时调节滑块停留在上一次调节后的位置，在混音中激活需要调节轨道的自动记录状态，一般情况下选择"写入"即可。

步骤3 设置完成后，单击"调音台"面板的"播放"按钮▶，这时"序列"面板中的音频素材开始播放，拖动音量控制滑块进行调节，调节完成后，系统自动记录调节结果。

8.1.3 实战：为视频添加背景音乐

对于一部完整的影片来说，声音具有非常重要的作用，视频添加背景音乐的步骤如下。

步骤1 启动软件后，在欢迎界面中单击"新建项目"按钮，弹出"新建项目"对话框，设置项目的保存路径及名称，单击"确定"按钮。

步骤2 弹出"新建序列"对话框，在"序列预设"选项区域下，选择DV-PAL | 标准48kHz选项，单击"确定"按钮。

<table>
<tr><td>"新建项目"对话框</td><td>"新建序列"对话框</td></tr>
</table>

步骤3 在"项目"面板中双击鼠标左键，弹出"导入"对话框，选择随书附带光盘中的"CDROM\素材\第8章\为视频添加背景音效1.mp3、为视频添加背景音效2.avi"文件，单击"打开"按钮。

步骤4 在"项目"面板中，选择"为视频添加背景音效2.avi"文件，将其拖至"视频1"轨道中。

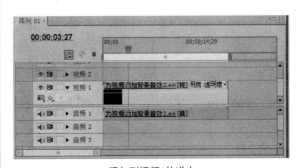

<table>
<tr><td>选择素材文件</td><td>添加到视频1轨道中</td></tr>
</table>

步骤5 在"视频1"轨道中，单击导入的素材，在弹出的快捷菜单中选择"解除视音频链接"命令。然后，在"音频1"轨道中将"为视频添加背景音效1.avi"删除。

步骤6 在"项目"面板中，选择"为视频添加背景音效1.mp3"文件，将其拖至"音频1"轨道中。

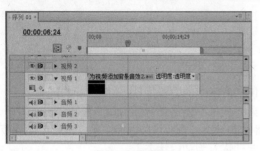

解除视音频链接

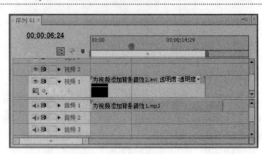

添加音频

步骤7 选择"音频1"轨道中的素材文件，将其结束点与"视频1"轨道中的素材文件对齐。

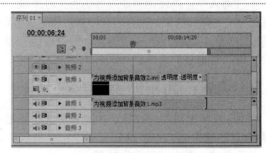

结束对齐

步骤8 打开效果面板，展开"音频过渡"文件夹，选择"交叉渐隐"组下的"恒定增益"特效，分别拖至"为视频添加背景音效1.mp3"的开始处和结尾处，设置完成后，在"节目"监视面板中试听效果。

步骤9 完成后，在菜单栏选择"文件|保存"命令，将其保存。

添加音频特效

选择"保存"命令

8.1.4 实战：音频和视频同步对齐

当将音频和视频链接在一起时，在移动其中任意一个时，另一个将跟着移动，使音频和视频同步对齐的具体操作步骤如下。

步骤1 启动软件后，在欢迎界面中单击"新建项目"按钮，弹出"新建项目"对话框，设置项目的保存路径及名称，单击"确定"按钮。

步骤2 弹出"新建序列"对话框，在"序列预设"选项区域下，选择DV- PAL |标准48kHz选项，单击"确定"按钮。

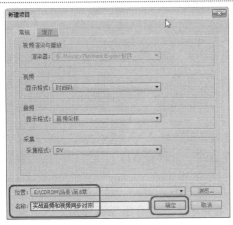

"新建项目"对话框

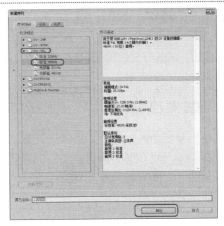

"新建序列"对话框

步骤3 在"项目"面板中双击鼠标左键,弹出"导入"对话框,选择随书附带光盘中的"CDROM\素材\第8章\音频和视频同步对齐1.mp3、音频和视频同步对齐2.avi"文件,单击"打开"按钮。

步骤4 在"项目"面板中,选择"音频和视频同步对齐2.avi"文件,将其拖至"视频1"轨道中。

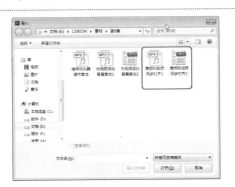

导入素材

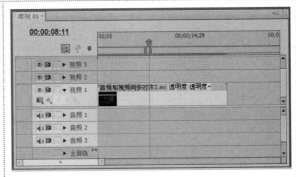

添加到视频1轨道中

步骤5 在"项目"面板中,选择"音频和视频同步对齐1.mp3"文件,将其拖至"音频1"轨道中。并将"音频1"轨道中的素材与"视频1"轨道中的素材对齐。

步骤6 选择"序列"面板中所有的素材文件,单击鼠标右键,在弹出的快捷菜单中选择"链接视频和音频"命令,设置完成后,在"节目"监视面板中单击按钮 ▶ 预览影片效果。

步骤7 完成后,在菜单栏选择"文件|保存"命令,将其保存。

将素材添加到音频1轨道中

链接视音频

8.2 录音和子轨道

利用Premiere Pro CS6调音台提供的新录音和子轨道调节功能,可以直接在计算机上完成配乐和解说功能。

8.2.1 制作录音

要使用录音功能,首先必须保证计算机的音频输入装置被正确连接。可以使用MIC或者其他MIDI设备在Premiere Pro CS6中录音,录制的声音会成为音频轨道上的一个音频素材,还可以将这个音频素材输出保存为一个兼容的音频文件格式。

制作录音的步骤如下。

步骤1 首先激活要"录制音频轨道"的 R 按钮,激活录音装置后,上方会出现音频输入的设备选项,选择输入音频的设备即可。

步骤2 激活窗口下方的 ● 按钮,单击窗口下方的 ▶ 按钮,进行解说或者演奏即可;按 ■ 按钮即可停止录制,当前音频轨道上会出现刚才录制的声音。

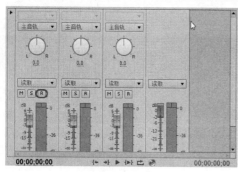

启用录制轨道

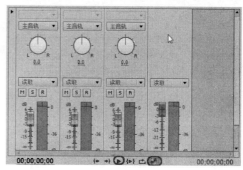

激活"录制"按钮

8.2.2 添加与设置子轨道

Premiere Pro CS6可以为每个音频轨道增添子轨道,并且分别对每个子轨道进行不同的调节或者添加不同特效来完成复杂的声音效果设置。需要注意的是,子轨道是依附于其主轨道存在的,所以,在子轨道中无法添加音频素材,仅作为辅助调节使用。

添加与设置子轨道的步骤如下。

步骤1 单击"调音台"面板左侧的"显示/隐藏效果与发送"按钮 ▶ ,展开特效与子轨道设置栏。

步骤2 在展开的"特效与子轨道"设置栏下面的 区域是用来添加音频子轨道,在子轨道的区域单击小三角会弹出子轨道下拉列表。

步骤3 在下拉列表中选择添加的子轨道方式。可以添加一个"单声道"、"立体声"、"5.1声道"或者"自适应"的子轨道。选择子轨道类型后,即可为当前音频轨道添加子轨道。可以分别切换到不同的子轨道进行调节控制,Premiere Pro CS6提供了最多5个子轨道的控制。

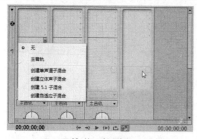

子轨道下拉列表

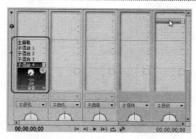

添加子轨道

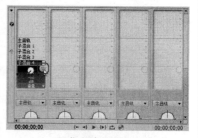

屏蔽当前子轨道

> **提示:**
> 单击子轨道调节栏右上角的图标,使其变为 ,可以屏蔽当前子轨道效果。

8.2.3　实战：调节音频的持续时间和速度

　　音频的持续时间就是指音频的入、出点之间的素材持续时间。因此，对于音频持续时间的调整就是通过入、出点的设置来进行的。

　　调节音频的持续时间和速度的具体操作步骤如下。

步骤1　启动软件后，在欢迎界面中单击"新建项目"按钮，弹出"新建项目"对话框，设置项目的保存路径及名称，单击"确定"按钮。

步骤2　弹出"新建序列"对话框，在"序列预设"选项区域下，选择DV- PAL | 标准48kHz选项，单击"确定"按钮。

"新建项目"对话框

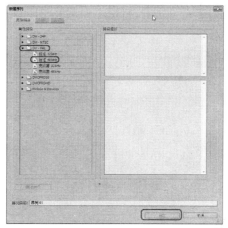

"新建序列"对话框

步骤3　在"项目"面板中双击鼠标，弹出"导入"对话框，选择随书附带光盘中的"CDROM\素材\第8章\调节音频的持续时间和速度.mp3"文件，单击"打开"按钮。

步骤4　在"项目"面板中，选择"调节音频的持续时间和速度.mp3"文件，将其拖至"音频1"轨道中。

导入素材文件

将素材添加到"视频1"轨道中

步骤5　在"音频1"轨道中，单击鼠标，在弹出的快捷菜单中选择"速度/持续时间"命令。

步骤6　随即弹出"素材速度/持续时间"对话框，将"持续时间"设为"00:04:10:00"，这时会发现播放速度变为了"92%"，设置完成后单击"确定"按钮。

步骤7　在"节目"监视面板中，单击按钮 ▶ 试听音效，试听完成后将其保存。

"素材速度/持续时间"对话框

提示：

　　改变音频的播放速度后会影响音频播放的效果，音调会因速度提高而升高，因速度的降低而降低。同时播放速度变化了，播放的时间也会随着改变，但这种改变与单纯改变音频素材的入出点而改变持续时间不是一回事。

8.2.4 实战：调节关键帧上的音量

调节音量通常在"调音台"面板中进行调整，下面介绍如何在轨道中通过关键帧对音量进行调整。
调整关键帧上的音量的具体操作步骤如下。

步骤1 启动软件后，在欢迎界面中单击"新建项目"按钮，弹出"新建项目"对话框，设置项目的保存路径及名称，单击"确定"按钮。

步骤2 弹出"新建序列"对话框，在"序列预设"选项区域下，选择DV- PAL ｜标准48kHz选项，单击"确定"按钮。

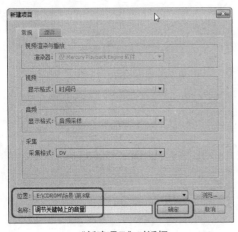

"新建项目"对话框

"新建序列"对话框

步骤3 在"项目"面板中双击鼠标，弹出"导入"对话框，选择随书附带光盘中的"CDROM\素材\第8章\调节关键帧上的音量.mp3"文件，单击"打开"按钮。

步骤4 在"项目"面板中，选择"调节音频的持续时间和速度.mp3"文件，将其拖至"音频1"轨道中。

导入素材文件

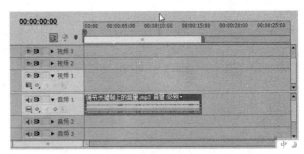

将素材添加到"音频1"轨道中

步骤5 将当前时间设为"00:00:01:19"，在"序列"面板中单击"添加移除关键帧"按钮◇。

步骤6 将当前时间设为"00:00:03:24"，在"序列"面板中单击"添加移除关键帧"按钮◇。

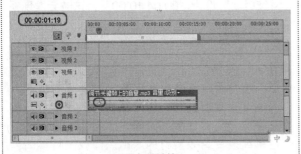

添加关键帧

添加关键帧

步骤7 将当前时间设为"00:00:05:20"，在"序列"面板中单击"添加移除关键帧"按钮◇。

步骤8 将当前时间设为"00:00:08:10"，在"序列"面板中单击"添加移除关键帧"按钮◇。

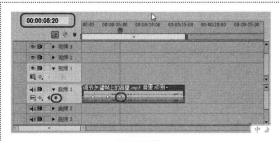

添加关键帧

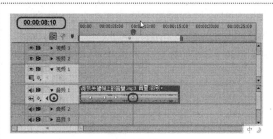

添加关键帧

步骤9 设置完成后，在"工具"面板中选择"钢笔工具"，按住Ctrl键在"序列"面板调整音频的关键帧控制柄。

步骤10 设置完成后，将其保存。

完成后的效果

8.3 ｜使用"序列"面板合成音频

"序列"面板不仅可以编辑视频素材，还可以对音频进行编辑和合成，在"Sequence"（序列）窗口中调整音轨的音量、平衡和平移等，对音轨的处理将直接影响到所有放入音轨中的素材。

8.3.1 增益音频

音频素材的增益指的是音频信号的声调高低。在节目中经常要处理声音的声调，特别是当同一个视频同时出现几个音频素材的时候，就要平衡几个素材的增益。否则一个素材的音频信号或低或高，将会影响浏览。可为一个音频剪辑设置整体的增益。尽管音频增益的调整在音量、摇摆/平衡和音频效果调整之后，但它并不会删除这些设置。增益设置对于平衡几个剪辑的增益级别，或者调节一个剪辑的太高或太低的音频信号是十分有用的。

同时，如果一个音频素材在数字化的时候，由于捕获的设置不当，也常常会造成增益过低，而用Premiere Pro CS6提高素材的增益，有可能增大了素材的噪音，甚至造成失真。要使输出效果达到最好，就应按照标准步骤进行操作，以确保每次数字化音频剪辑时有合适的增益级别。

在一个剪辑中调整音频增益的步骤一般如下。

步骤1 启动软件后，在欢迎界面中单击"新建项目"按钮，弹出"新建项目"对话框，设置项目的保存路径及名称，单击"确定"按钮。

步骤2 弹出"新建序列"对话框，在"序列预设"选项区域下，选择DV–PAL I标准48kHz选项，单击"确定"按钮。

"新建项目"对话框

"新建序列"对话框

步骤3 在"项目"面板中双击鼠标，弹出"导入"对话框，选择随书附带光盘中的"CDROM\素材\第8章\增益音频.mp3"文件，单击"打开"按钮。

步骤4 在"项目"面板中，选择"增益.mp3"，将其拖至"音频1"轨道中。

导入素材文件

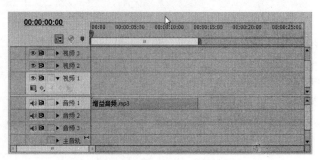

将素材拖至"音频1"轨道中

步骤5 在"序列"面板中，使用"选择工具" 选择一个音频剪辑，或者使用"轨道选择工具" 选择多个音频剪辑。此时剪辑周围出现红色阴影框，表示该剪辑已经被选中。

步骤6 在菜单栏中选择"素材丨音频选项丨音频增益"命令。

步骤7 随即弹出"音频增益"对话框，在弹出的对话框中，根据需要选择以下一种增益设置方式，例如将"调节增益依据"设为"1.1dB"，设置完成后单击"确定"按钮。

步骤8 设置完成后，在"节目序列"面板中试听效果，然后将其保存。

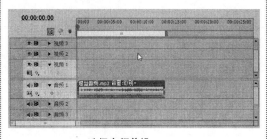

选择音频剪辑

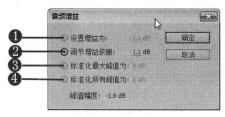

"音频增益"对话

❶ **"设置增益为"**：在该选项中可以输入–96~96之间的任意数值，表示音频增益出声音（分贝）的大小。大于0的值会放大剪辑的增益，小于0的值则会消弱剪辑的增益，使声音变小。

❷ **"调节增益依据"**：在该选项中可以输入–96~96之间的任意数值，系统将依据输入的数值来调节音频的增益。

❸❹ **"标准化最大峰值为、标准化所有峰值为"**：在该选项中可以根据对峰值的设定来计算音频的增益。

8.3.2 实战：声音的淡入和淡出

本例将介绍声音的淡入和淡出效果的操作方法，在调节过程中主要应用到"钢笔工具"。

声音的淡入和淡出的操作步骤如下。

步骤1 启动软件后，在欢迎界面中单击"新建项目"按钮，弹出"新建项目"对话框，设置项目的保存路径及名称，单击"确定"按钮。

步骤2 弹出"新建序列"对话框，在"序列预设"选项区域下，选择DV– PAL丨标准48kHz选项，单击"确定"按钮。

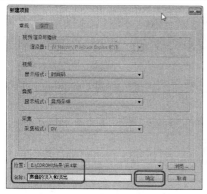
"新建项目"对话框

"新建序列"对话框

步骤3 在"项目"面板中双击鼠标，弹出"导入"对话框，选择随书附带光盘中的"CDROM\素材\第8章\声音的淡入和淡出.avi"文件，单击"打开"按钮。

步骤4 在"项目"面板中，选择"声音的淡入和淡出.avi"，将其拖至"视频1"轨道中。

导入素材文件

将素材拖至"视频1"轨道中

步骤5 确认当前时间为"00:00:00:00"，在"序列"面板的"音频1"轨道中选中素材文件，单击"添加移除关键帧"按钮◈，添加关键帧。

步骤6 将当前时间设为"00:00:02:18"，在"序列"面板的"音频1"轨道中，单击"添加移除关键帧"按钮◈，添加关键帧。在"工具"面板中使用"钢笔工具"调整关键帧的位置。

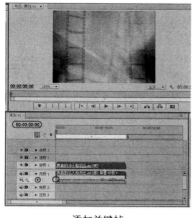
添加关键帧

调整关键帧

步骤7 将当前时间设为"00:00:19:14"，在"序列"面板的"音频1"轨道中，单击"添加移除关键帧"按钮◈，添加关键帧。

步骤8 将当前时间设为"00:00:21:22"，在"序列"面板的"音频1"轨道中，单击"添加移除关键帧"按钮◈，添加关键帧。在"工具"面板中使用"钢笔工具"调整关键帧的位置。

步骤9 在"节目"面板中试听效果，然后将其保存。

添加关键帧

调整关键帧

8.3.3 实战：录制音频

在制作作品时，有时需要添加自己的声音，可以通过录制音频来完成。

录制音频操作的具体步骤如下。

步骤1 启动软件后，在欢迎界面中单击"新建项目"按钮，弹出"新建项目"对话框，设置项目的保存路径及名称，单击"确定"按钮。

步骤2 弹出"新建序列"对话框，在"序列预设"选项区域下，选择DV－PAL｜标准48kHz选项，单击"确定"按钮。

"新建项目"对话框

"新建序列"对话框

步骤3 进入操作界面后，在"调音台"面板中单击"激活录制轨"按钮 R，并单击底部的"录制"按钮，单击"播放-停止切换"按钮。

步骤4 单击"调音台"面板底部的"播放-停止切换"按钮，停止录音，此时在相应的音频轨道中就会出现录制的音频文件，录制完成后，声音会保存到场景所在的文件夹中。

步骤5 录制完成后，保存项目文件。

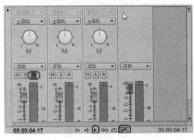
录制音频

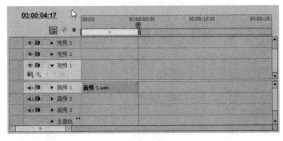
完成录音

8.3.4 实战：使用调音台调节轨道效果

本例将使用"调音台"面板调节音频左右声道的音量，其具体操作步骤如下。

步骤1 启动软件后，在欢迎界面中单击"新建项目"按钮，弹出"新建项目"对话框，设置项目的保存路径及名称，单击"确定"按钮。

步骤2 弹出"新建序列"对话框，在"序列预设"选项区域下，选择DV– PAL | 标准48kHz选项，单击"确定"按钮。

"新建项目"对话框

"新建序列"对话框

步骤3 进入操作界面后，在"项目"面板中双击鼠标左键，弹出"导入"对话框，选择随书附带光盘中的"CDROM\素材\第8章\使用调音台调节轨道效果.mp3"文件，单击"打开"按钮。

步骤4 在"项目"面板中选择导入的素材，并将其拖至"序列"面板中的"音频1"轨道中。

导入素材文件

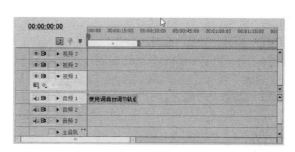

拖至"音频1"轨道中

步骤5 在"调音台"面板中，将"音频1"的"左/右平衡"设置为100。

步骤6 设置完成后，在"节目"面板中试听音效，并将其保存。

调节"左/右平衡"

8.3.5 实战：使用均衡器优化高低音

本例主要通过EQ特效来调整高低音。使用均衡器优化高低音的具体操作步骤如下。

步骤1 启动软件后，在欢迎界面中单击"新建项目"按钮，弹出"新建项目"对话框，设置项目的保存路径及名称，单击"确定"按钮。

步骤2 弹出"新建序列"对话框，在"序列预设"选项区域下，选择DV– PAL | 标准48kHz选项，单击"确定"按钮。

"新建项目"对话框

"新建序列"对话框

步骤3 进入操作界面后，在"项目"面板中双击鼠标，弹出"导入"对话框，选择随书附带光盘中的"CDROM\素材\第8章\使用均衡器优化高低音.mp3"文件，单击"打开"按钮。

步骤4 在"项目"面板中选择导入的素材，并将其拖至"序列"面板中的"音频1"轨道中。

导入素材文件

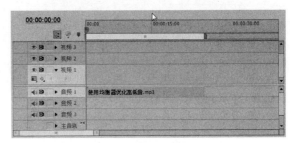

拖至"音频1"轨道中

步骤5 打开"特效"面板，选择"音频特效"文件下的"EQ"，并将其拖至到"音频1"轨道的素材文件上。

步骤6 在"特效控制台"面板中展开"EQ"选项，单击"自定义设置"选项左侧的展开按钮，弹出"自定义设置"面板。在该面板中勾选"Mid1"、"Mid2"、"Mid3"、"High"，并对其进行调整。

步骤7 调整完成后，在"节目"面板试听音效，并将其保存。

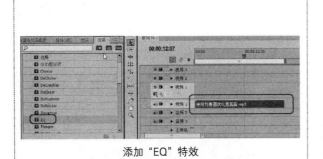

添加"EQ"特效

调整"EQ"参数

|8.4| 分离和链接音频

在编辑工作中，经常需要将"序列"面板中的视音频链接素材的视频和音频分离。用户可以完全打断或者暂时释放链接素材的链接关系，并重新放置其各部分。Premiere Pro CS6中的音频素材和视频素材有硬链接和软链接两种链接关系。当连接的视频和音频来自于同一个影片文件，它们是硬链接，"项目"面板只出现一个素材，硬链接是在素材输入Premiere之前就建立完成的，在序列中显示为相同的颜色。软链接是在时间线窗口中建立的链接。用户可以在"序列"窗口中为音频素材和视频素材建立软链接。软链接类似于硬链接，但链接的素材在"项目"面板中保持着各自的完整性，在序列中显示为不同的颜色。

8.4.1 解除视音频链接

解除视音频链接具体操作步骤如下。

步骤1 启动软件后，在欢迎界面中单击"新建项目"按钮，弹出"新建项目"对话框，设置项目的保存路径及名称，单击"确定"按钮。

步骤2 弹出"新建序列"对话框，在"序列预设"选项区域下，选择DV-PAL | 标准48kHz选项，单击"确定"按钮。

"新建项目"对话框

"新建序列"对话框

步骤3 进入操作界面后，在"项目"面板中双击鼠标，弹出"导入"对话框，选择随书附带光盘中的"CDROM\素材\第8章\解除视音频链接.wmv"文件，单击"打开"按钮。

步骤4 在"项目"面板中选择导入的素材，并将其拖至"序列"面板中的"视频1"轨道中。

导入素材文件

拖至"序列"面板中

步骤5 选择导入的素材，单击鼠标右键，在弹出的快捷菜单中选择"解除视音频链接"命令。

步骤6 此时会发现，被打断的视音频可以单独地进行操作和拖动。

选择"解除视音频链接"命令

进行拖动

步骤7 设置完成后，在菜单栏选择"文件 | 保存"命令，保存场景文件。

8.4.2 链接视音频

　　链接视音频文件的具体操作步骤如下。

步骤1　启动软件后，在欢迎界面中单击"新建项目"按钮，弹出"新建项目"对话框，设置项目的保存路径及名称，单击"确定"按钮。

步骤2　弹出"新建序列"对话框，在"序列预设"选项区域下，选择DV-PAL | 标准48kHz选项，单击"确定"按钮。

"新建项目"对话框

"新建序列"对话框

步骤3　进入操作界面后，在"项目"面板中双击鼠标，弹出"导入"对话框，选择随书附带光盘中的"CDROM\素材\第8章\链接视音频1.wmv、链接视音频2.mp3"文件，单击"打开"按钮。

步骤4　在项目面板中，选择"链接视音频1.wmv"文件，将其拖至"视频1"轨道中。

导入素材文件

将素材拖至"视频1"轨道中

步骤5　在项目面板中选择"链接视音频2.mp3"文件，将其拖至"音频1"轨道中。并将其结束与"视频1"轨道中素材文件的对齐。

步骤6　按住Shift键选择两个素材，单击鼠标右键，在弹出的快捷菜单中选择"链接视频和音频"命令。

将视音频对齐

选择"链接视频和音频"命令

步骤7　这时会发现，当选择"视频1"轨道中的素材时，"音频1"轨道中的素材也会被选中。
步骤8　设置完成后，在菜单栏选择"文件 | 保存"命令，保存场景文件。

选择素材

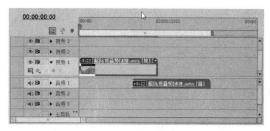

显示青绿色警告

提示：
　　如果把一段链接在一起的视音频文件打断了，移动了位置或者分别设置入点、出点，产生了偏移，再次将其链接，系统会做出警告，表示视音频不同步，左侧出现青绿色警告，并标识错位的帧数。

8.5 │ 添加音频特效

　　Premiere Pro CS6提供了20种以上的音频特效。可以通过特效产生回声、合声以及去除噪音的效果，还可以使用扩展的插件得到更多的控制。

8.5.1　为素材添加特效

　　音频特效的作用与视频特效类似，用来创造与众不同的声音效果，既可以应用于音频素材，也可以应用于音频轨道。音频特效按照声道种类的分类，分别存放在"特效"面板的"音频特效"文件夹中。
　　为素材添加特效的具体操作步骤如下。
步骤1　启动软件后，在欢迎界面中单击"新建项目"按钮，弹出"新建项目"对话框，设置项目的保存路径及名称，单击"确定"按钮。
步骤2　弹出"新建序列"对话框，在"序列预设"选项区域下，选择DV-PAL | 标准48kHz选项，单击"确定"按钮。

"新建项目"对话框

"新建序列"对话框

步骤3　进入操作界面后，在"项目"面板中双击鼠标，弹出"导入"对话框，选择随书附带光盘中的"CDROM\素材\第8章\为素材添加特效.mp3"文件，单击"打开"按钮。
步骤4　在项目面板中选择素导入的素材文件，将其拖至"音频1"轨道中。

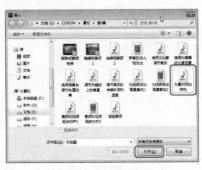

导入素材文件　　　　　　　　　　　　　　添加"视频1"轨道中

步骤5　打开"效果"面板，展开"音频特效"文件夹，在其中选择一种特效，例如选择"高音"特效，并将其拖到"音频1"轨道的素材文件上。

步骤6　在"特效控制台"面板中，可以对添加的特效进行设置，展开"高音"选项组，将"放大"设为"5dB"。

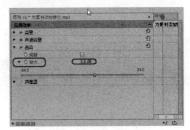

添加"高音"特效　　　　　　　　　　　　　　进行设置

步骤7　设置完成后在"节目"面板中试听音效，然后保存场景文件。

8.5.2　设置轨道特效

　　Premiere Pro CS6除了可以对轨道上的音频素材设置特效外，还可以直接对音频轨道添加特效。

　　设置轨道特效的具体操作步骤如下。

步骤1　首先单击"调音台"右侧设置栏上的"显示/隐藏效果与发送"按钮▶，展开"目标轨道的特效"设置栏，在展开的"目标轨道的特效"设置栏区域中，单击右侧设置栏上的小三角，可以弹出音频特效下拉列表，选择需要使用的音频特效即可。

步骤2　可以在同一个音频轨道上添加多个特效，并分别控制。

步骤3　如果要调节轨道的音频特效，用鼠标右键单击特效，在弹出的快捷菜单中进行设置即可。

步骤4　在快捷菜单中单击"编辑…"按钮，可以弹出特效设置对话框，进行更加详细的设置，例如单击"EQ"将会弹出"EQ"面板，可以在其中进行设置。

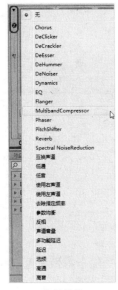

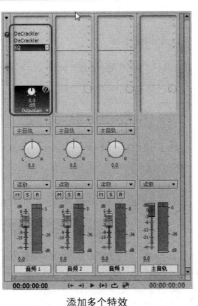

选择特效　　　　　　　　　　添加多个特效

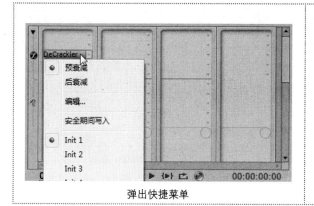

弹出快捷菜单

"EQ"特效面板

8.5.3 实战：左右声道的渐变转化

本实例将运用音频特效中的"平衡"特效在指定的音频素材上实现自定义的左右声道渐变转化的山谷回声效果。

左右声道的渐变转化的具体操作步骤如下。

步骤1 启动软件后，在欢迎界面中单击"新建项目"按钮，弹出"新建项目"对话框，设置项目的保存路径及名称，单击"确定"按钮。

步骤2 弹出"新建序列"对话框，在"序列预设"选项区域下，选择DV-PAL|标准48kHz选项，单击"确定"按钮。

"新建项目"对话框

"新建序列"对话框

步骤3 进入操作界面后，在"项目"面板中双击鼠标，弹出"导入"对话框，选择随书附带光盘中的"CDROM\素材\第8章\左右声道的渐变转化.mp3"文件，单击"打开"按钮。

步骤4 在项目面板中选择导入的素材文件，将其拖到"音频1"轨道中。

导入素材文件

拖至"音频1"轨道中

步骤5 打开"效果"面板，选择"音频特效"文件下的"平衡"特效，并将其拖至"音频1"轨道的素材文件上。

步骤6 在"序列"面板中选择添加的素材文件，在"特效控制台"面板中已经显示了添加的"平衡"特效。单击"平衡"选项左侧的展开按钮，便可以显示出此选项的相关参数。

添加"平衡"特效	"平衡"特效

步骤7 在"序列"面板中，将当前时间设为"00:00:00:00"。在"特效控制台"面板中，单击"平衡"左侧的"切换动画"按钮，为其添加一个关键帧。并将"平衡"值设置为–100.0，即在左声道播放。

步骤8 在"序列"面板中，将当前时间设为"00:00:07:15"，在"特效控制台"面板中，将"平衡"值设置为100.0，并为其添加一个关键帧，即在右声道播放。

步骤9 设置完成后，在"节目"面板中试听效果，然后将其保存。

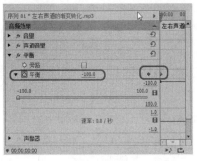
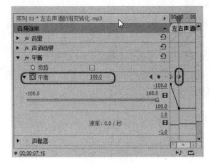

设置左声道	设置右声道

8.5.4　实战：消除音频中噪音

　　本实例将通过"DeNoiser"（降噪）音频滤镜和"Notch"（消频）音频滤镜来消除音频素材中出现的噪声。具体操作步骤如下。

步骤1 启动软件后，在欢迎界面中单击"新建项目"按钮，弹出"新建项目"对话框，设置项目的保存路径及名称，单击"确定"按钮。

步骤2 弹出"新建序列"对话框，在"序列预设"选项区域下，选择DV-PAL | 标准48kHz选项，单击"确定"按钮。

"新建项目"对话框	"新建序列"对话框

步骤3 进入操作界面后，在"项目"面板中双击鼠标，弹出"导入"对话框，选择随书附带光盘中的"CDROM\素材\第8章\去噪声素材.mp3"文件，单击"打开"按钮。

步骤4 在项目面板中选择导入的素材文件，将其拖至"音频1"轨道中。

导入素材

拖至"音频1"轨道中

步骤5 切换到"效果"面板，打开"音频特效"文件夹，选择"DeNoiser"特效，并将其拖至"序列"面板的素材文件上。

步骤6 在"序列"面板中选择该素材，在"特效控制台"面板中，单击"DeNoiser"选项左侧的展开按钮，便可以显示出此选项的相关参数。

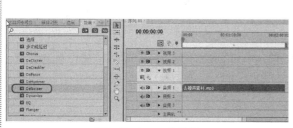

添加"DeNoiser"特效

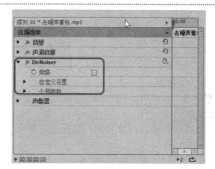

"DeNoiser"特效

步骤7 单击"自定义设置"左边的展开按钮，将Reduction（降噪）参数设置为–20.0dB，将Offset（偏移）参数设置为10.0dB。

步骤8 单击"个别参数"左边的展开按钮，可以看到上一步设置的参数。其中，Freeze（冻结）表示在当前的检测中停止对噪音水平的评估，因此将Freeze选项设置为Off（关闭）。

步骤9 设置完成后，在"节目"面板中试听音效，试听完成后保存场景文件。

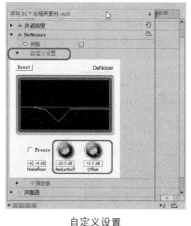

自定义设置

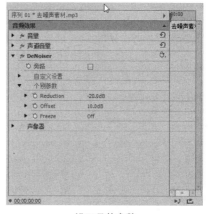

设置具体参数

8.5.5 实战：左右声道各自为主的效果

如果想让左右声道各自播放声音，可以通过"调音台"来完成，具体操作步骤如下。

步骤1 启动软件后，在欢迎界面中单击"新建项目"按钮，弹出"新建项目"对话框，设置项目的保存路径及名称，单击"确定"按钮。

步骤2 弹出"新建序列"对话框，在"序列预设"选项区域下，选择DV-PAL丨标准48kHz选项，单击"确定"按钮。

"新建项目"对话框

"新建序列"对话框

步骤3 进入操作界面后，在"项目"面板中双击鼠标，弹出"导入"对话框，选择随书附带光盘中的"CDROM\素材\第8章\左右声道各自为主的效果01.mp3、左右声道各自为主的效果02.mp3"文件，单击"打开"按钮。

步骤4 在项目面板中，选择导入的"左右声道各自为主的效果01.mp3"素材文件，将其拖至"音频1"轨道中。

导入素材文件

拖至"音频1"轨道中

步骤5 在项目面板中选择导入的"左右声道各自为主的效果02.mp3"素材文件，将其拖至"音频2"轨道中，并与"音频1"轨道中的素材文件对齐。

步骤6 切换到"调音台"面板中，将"音频1"设为100，将"音频2"设为-100。

步骤7 设置完成后在"节目"面板中试听音效，试听后，保存场景文件。

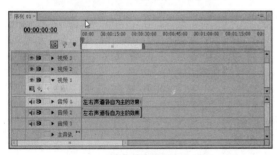

对齐素材文件

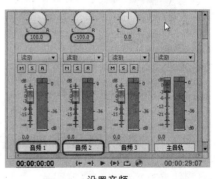

设置音频

8.5.6　实战：制作奇异音调的音频

　　本实例将运用音频特效中的"PitchShifter"（变调）特效在指定的音频素材上实现奇异音调效果。制作奇异音调的音频的具体操作步骤如下。

步骤1　启动软件后，在欢迎界面中单击"新建项目"按钮，弹出"新建项目"对话框，设置项目的保存路径及名称，单击"确定"按钮。

步骤2　弹出"新建序列"对话框，在"序列预设"选项区域下，选择DV-PAL | 标准48kHz选项，单击"确定"按钮。

"新建项目"对话框

"新建序列"对话框

步骤3　进入操作界面后，在"项目"面板中双击鼠标，弹出"导入"对话框，选择随书附带光盘中的"CDROM\素材\第8章\制作奇异音调的音频.mp3"文件，单击"打开"按钮。

步骤4　在项目面板中选择导入的素材文件，将其拖至"音频1"轨道中。

导入素材

拖至"音频1"轨道中

步骤5　切换到"效果"面板中，打开"音频特效"文件夹，选择"PitchShifter"特效，并将其拖至"音频1"轨道的素材上。

步骤6　在"序列"面板中选中素材，在"特效控制台"窗口中，单击"PitchShifter"选项左侧的展开按钮，即可显示出此选项的相关参数。

步骤7　在"序列"面板中，将当前时间设为"00:00:00:00"，在"特效控制台"面板中，单击"PitchShifter"选项右侧的"预设"按钮 🔘，在弹出的下拉菜单中选择"A quint down"命令。

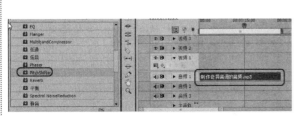

添加"PitchShifter"特效

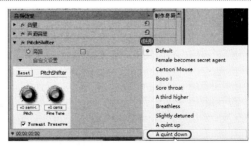

选择"A quint down"命令

步骤8 单击"个别参数"选项左侧的展开按钮，分别单击每项参数左侧的"切换动画"按钮，为其添加关键帧。

步骤9 在"序列"面板中，将当前时间设置为"00:00:06:15"，在"特效控制台"面板中单击"PitchShifter"选项右侧的"预设"按钮，在弹出的下拉列表中选择"A quint up"命令。

步骤10 在"特效控制台"面板中可以查看"个别参数"选项系统已经自动添加了第二个关键帧。

步骤11 设置完成后，在"节目"面板试听音效，保存场景文件。

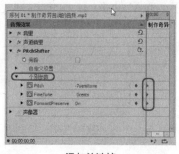
添加关键帧

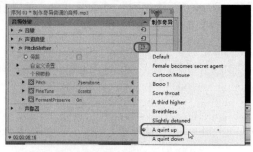
选择"A quint up"命令

8.5.7 实战：普通音乐中的交响音乐

本实例将运用音频特效中的"MuktibandCompressor"（多段压缩）特效在指定的普通音频素材上实现交响乐效果。

制作普通音乐中的交响音乐的具体操作步骤如下。

步骤1 启动软件后，在欢迎界面中单击"新建项目"按钮，弹出"新建项目"对话框，设置项目的保存路径及名称，单击"确定"按钮。

步骤2 弹出"新建序列"对话框，在"序列预设"选项区域下，选择DV-PAL | 标准48kHz选项，单击"确定"按钮。

"新建项目"对话框

"新建序列"对话框

步骤3 进入操作界面后，在"项目"面板中双击鼠标，弹出"导入"对话框，选择随书附带光盘中的"CDROM\素材\第8章\制作普通音乐中的交响音乐.mp3"文件，单击"打开"按钮。

步骤4 在项目面板中选择导入的素材文件，将其拖至"音频1"轨道中。

导入素材

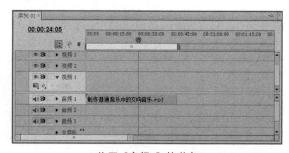
拖至"音频1"轨道中

步骤5 切换到"效果"面板，打开"音频特效"文件夹，选择"MultibandCompressor"特效，并将其拖至"音频1"轨道的素材文件上。

步骤6 在"序列"面板中，将当前时间设为"00:00:00:00"，在"特效控制台"面板中单击"个别参数"选项左侧的展开按钮，保持各参数的系统默认值，分别单击每项参数左侧的"切换动画"按钮 ⓧ，为其添加关键帧。

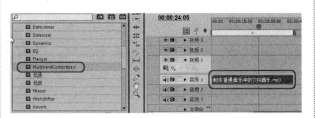

添加"MultibandCompressor"特效

添加关键帧

步骤7 在"序列"面板中，将当前时间设置为"00:00:16:15"，在"个别参数"选项中，将"CrossoverFreq1"、"LowMakeUp"、"MidMakeUp"、"HighMakeUp"的值分别设置为320、4.90、3.75、−0.60，并为各项添加关键帧。

步骤8 在"序列"面板中，将当前时间设置为"00:00:25:05"，在"个别参数"选项中，将"BandSelect"、"CrossoverFreq1"、"CrossoverFreq2"、"LowMakeUp"、"MidMakeUp"、"HighMakeUp"的值分别设置为MidBand、496、3152、16.25、0.86、8.56，并为其添加关键帧。

步骤9 设置完成后，在"节目"面板试听音效，保存场景文件。

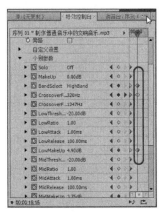

添加关键帧

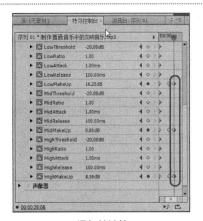

添加关键帧

8.5.8 实战：山谷的回声效果

本实例将运用音频特效中的"延迟"特效在指定的音频素材上实现自定义的山谷回声效果。

制作山谷的回声效果的具体操作步骤如下。

步骤1 启动软件后，在欢迎界面中单击"新建项目"按钮，弹出"新建项目"对话框，设置项目的保存路径及名称，单击"确定"按钮。

步骤2 弹出"新建序列"对话框，在"序列预设"选项区域下，选择DV-PAL | 标准48kHz选项，单击"确定"按钮。

"新建项目"对话框

"新建序列"对话框

步骤3　进入操作界面后，在"项目"面板中双击鼠标，弹出"导入"对话框，选择随书附带光盘中的"CDROM\素材\第8章\制作山谷的回声效果.mp3"文件，单击"打开"按钮。

步骤4　在项目面板中选择导入的素材文件，将其拖至"音频1"轨道中。

导入素材

拖至"音频1"轨道中

步骤5　切换到"效果"面板中，选择"延迟"特效，并将其拖至"序列"面板的素材文件上。

步骤6　在"序列"面板中选择素材文件，在"特效控制台"中将"延迟"的值设置为0.480秒，将"反馈"的值设置为3.0%，将"混合"的值设置为37.0%。

步骤7　设置完成后，在"节目"面板中试听音效，保存场景文件。

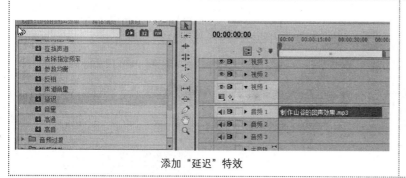

添加"延迟"特效

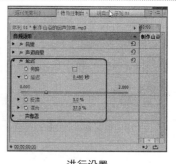

进行设置

8.5.9　实战：消除音频中嗡嗡的电流声

本例主要通过添加并设置"DeNoiser"特效，可以将音频中嗡嗡的声音减轻。

消除音频中嗡嗡的电流声的具体操作步骤如下。

步骤1　启动软件后，在欢迎界面中单击"新建项目"按钮，弹出"新建项目"对话框，设置项目的保存路径及名称，单击"确定"按钮。

步骤2　弹出"新建序列"对话框，在"序列预设"选项区域下，选择DV-PAL | 标准48kHz选项，单击"确定"按钮。

| "新建项目"对话框 | "新建序列"对话框 |

步骤3　进入操作界面后，在"项目"面板中双击鼠标左键，弹出"导入"对话框，选择随书附带光盘中的"CDROM\素材\第8章\消除音频中的嗡嗡的电流声.mp3"文件，单击"打开"按钮。

步骤4　在项目面板中选择导入的素材文件，将其拖到"音频1"轨道中。

| 导入素材文件 | 将其拖至到"音频1"轨道中 |

步骤5　切换"效果"面板中，打开"音频特效"文件夹，选择"DeNoiser"特效，并将其拖至"序列"面板中的素材文件上。

步骤6　在"序列"面板中选择素材文件，在"特效控制台"面板中展开"DeNoiser"选项，将"自定义设置"下的"Reducation"设为-20dB，将"Offset"设置为10dB。

步骤7　设置完成后，在"节目"面板中试听音效，保存场景文件。

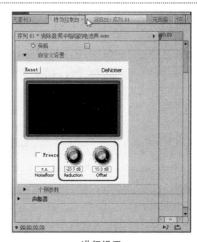

| 添加"DeNoiser"特效 | 进行设置 |

8.5.10 实战：制作超重低音效果

超重低音效果是影视中很常见的一种效果，它加重了声音的低频强度，这样提高了音效的震撼力。
制作超重低音效果的具体步骤如下。

步骤1 启动软件后，在欢迎界面中单击"新建项目"按钮，弹出"新建项目"对话框，设置项目的保存路径及名称，单击"确定"按钮。

步骤2 弹出"新建序列"对话框，在"序列预设"选项区域下，选择DV-PAL | 标准48kHz选项，单击"确定"按钮。

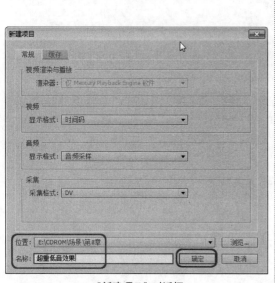

"新建项目"对话框

"新建序列"对话框

步骤3 进入操作界面后，在"项目"面板中双击鼠标，弹出"导入"对话框，选择随书附带光盘中的"CDROM\素材\第8章\超重低音.mp3"文件，单击"打开"按钮。

步骤4 在项目面板中选择导入的素材文件，将其拖至"音频1"轨道中。

导入素材

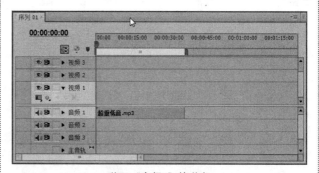

拖至"音频1"轨道中

步骤5 切换到"效果"面板，打开"音频特效"文件夹，选择"低音特效"，并将其拖至"序列"面板的素材文件上。

步骤6 在"序列"面板中将当前时间设为"00:00:00:00"，在"特效控制台"面板中，将"放大"的值设为"0.1dB"，单击左侧的"切换动画"按钮，打开动画关键帧的记录。

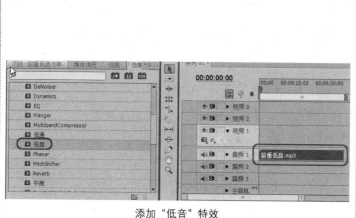

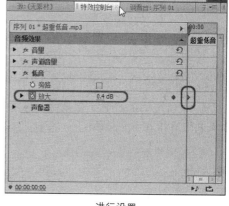

添加"低音"特效

进行设置

步骤7　将当前时间设为"00:00:17:10"，在"特效控制台"面板中将"放大"值设为10 dB。

步骤8　将当前时间设为"00:00:36:10"，在"特效控制台"面板中将"放大"值设为3.7dB。

步骤9　设置完成后，在"节目"面板中试听音效，保存场景文件。

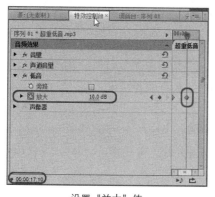

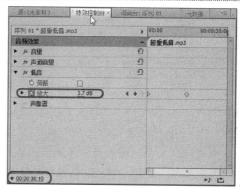

设置"放大"值

设置"放大"值

8.6 | 操作答疑

　　本章主要讲解了音频效果的添加与编辑。这里将举出多个常见的问题进行解答，以方便学习以及巩固前面所学习的知识。

8.6.1 专家答疑

　　（1）在"序列"面板中使用什么工具可以调节音量？

　　答：利用"选择工具"可以调节音量或利用"钢笔工具"添加关键帧调节音量。

　　（2）解除和链接视音频时应注意哪些事项？

　　答：如果把一段链接在一起的视音频文件打断了，移动了位置或者分别设置入点、出点，产生了偏移，再次将其链接，系统会发出警告，表示视音频不同步，左侧出现青绿色警告，并标识错位的帧数。

8.6.2 操作习题

1. 选择题

　　（1）下面的（　　　）选项不包括在Premiere Pro CS6的音频效果中。

　　A. 单声道　　　　　　B. 环绕声　　　　　　C. 立体声　　　　　　D. 5.1声道

　　（2）为音频轨道中的音频素材添加效果后，素材上会出现一条线，其颜色是（　　　）。

A. 黄色的   B. 白色的   C. 绿色的   D. 蓝色的

（3）设置音频增益（   ），在该选项中可以输入–96~96之间的任意数值，系统将依据输入的数值来调节音频的增益。

A.设置增益为   B.调节增益依据   C.标准化最大峰值为   D.标准化所有峰值为

2. 填空题

（1）使用淡化器调节音频时，当有鼠标拖动关键帧时，一条递增的直线表示音频的＿＿＿＿＿＿，一条递减的直线表示音频的＿＿＿＿＿＿。

（2）使用Premiere Pro CS6的＿＿＿＿＿＿面板调节音量非常方便，用户可以在播放音频时实时地进行音量调节。

3. 操作题

运用"Reverb"特效制作混响效果。

（1）新建项目文件，进入操作界面后，在"项目"面板中双击鼠标左键，弹出"导入"对话框，选择随书附带光盘中的"CDROM\素材\第8章\混响.mp3"。

（2）将其拖至"序列"面板的"音频1"轨道中。

（3）切换到"效果"面板，打开"音频特效"文件夹，选择"Reverb"并为其添加效果。

（4）切换"特效控制台"面板，在"个别参数"栏中，将"PreDelay"的值设置为34，将"Absorption"的值设置为2.08%，将"Size"的值设置为40.63%。

第9章

影片的输出与设置

本章重点：

本章主要讲解将编辑完成的节目输出成影视作品的方法。

学习目的：

掌握对视频和音频的输出设置，能够将编辑完成的文件输出成单帧图像、序列文件和EDL文件。

参考时间：30分钟

主要知识	学习时间
9.1　输出设置	15分钟
9.2　输出文件	15分钟

9.1 | 输出设置

在Premiere Pro CS6中制作完成一个影片后，根据需要将影片输出为不同的格式。但在输出文件之前，要先对输出选项进行设置。

9.1.1 选择影片输出类型

Adobe Premiere CS6中提供了多种输出选择，可以将影片输出为不同类型来适应不同的需要，也可以与其他编辑软件进行数据交换。

在菜单栏中选择"文件 | 导出"命令，弹出二级菜单，在菜单中包含了Premiere Pro CS6软件支持的输出类型。

输出类型的各项说明如下：
- **媒体**：打开导出设置对话框，进行各种格式的媒体输出。
- **字幕**：单独输出在Premiere Pro CS6软件中创建的字幕文件。
- **磁带**：通过专业录像设备将编辑完成的影片直接输入到磁带上。
- **编辑决策列表**：输出一个描述剪辑过程的数据文件，可以导入到其他的编辑软件中进行编辑。
- **公开媒体框架**：将整个序列中所有激活的音频轨道输出为OMF格式，可以导入到DigiDesign Pro Tools等软件中继续编辑润色。
- **高级制作格式**：AAF格式可以支持多平台多系统的编辑软件，可以导入到其他的编辑软件中继续编辑。
- **Final Cut Pro交换文件**：将剪辑数据转移到苹果平台的Final Cut Pro剪辑软件上继续进行编辑。

9.1.2 设置输出基本选项

在日常工作中，通常会在Premiere Pro CS6中将编辑的影片合称为一个完整的影片，然后将其输出到录像带，或其他媒介工具上。

当一部影片合成之后，可以在计算机上播放，或通过视频卡将其输出到录像带上。也可以将它们输入到其他支持Video for Windows或QuickTime的媒介工具上。

在合成影片前，需要在输出设置中对影片的质量进行相关的设置。

用户需要为系统指定如何合成一部影片，用何种编辑格式等。选择不同的编辑格式，可供输出的影片格式和压缩设置等也有所不同。

设置输出基本选项的步骤如下。

步骤1 选择需要输出的序列，选择"文件	导出	媒体"命令，在打开的对话框进行设置。	**步骤2** 在弹出"导出设置"对话框中，可以对文件的输出格式、输出名称等进行设置。

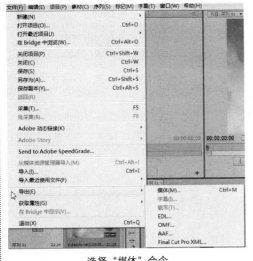

选择"媒体"命令

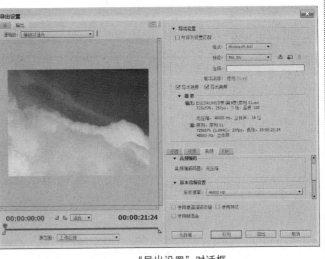

"导出设置"对话框

步骤3 首先设置要输出的文件格式。在"格式"的右侧单击鼠标，在弹出的下拉列表中选择媒体格式。

- 输出DV格式的数字视频，选择Microsoft AVI。
- 输出基于Windows操作平台的数字电影，选择Microsoft AVI。
- 输出基于Mac OS操作平台的数字电影，选择Quick Time。
- 输出胶片带，选择Filmstrop。利用胶片带格式，可以将Adobe Premiere中的影像输出，并在Adobe Photoshop中进行逐帧编辑。胶片带文件是没有压缩的视频文件，会占用大量的磁盘空间。
- 输出GIF动画文件，选择Animated GIF。
- 只输出影片的声音，选择Windows Waveform，输出声音的格式为WAV文件。

> **提示：**
> 输出胶片带或序列文件时不能同时输出音频。

步骤4 选中"导出视频"复选框，合成影片时输出影像文件。取消选中该复选框，则不能输出影像文件。	**步骤5** 选中"导出音频"复选框，合成影片时输出声音文件。取消选中复选框，不能输出声音文件。

9.1.3 输出视频和音频设置

设置视频输出的操作步骤如下。

步骤1 在"导出设置"面板中，切换到"视频"选项卡中。	**步骤2** 在"视频编解码器"栏目中，单击"视频编解码器"右侧的按钮，在弹出的下拉列表中，选择用于影片压缩的编解码器。相对于选用的输出格式不同，对应不同的解码器。
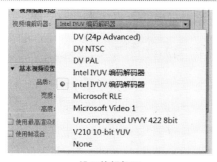设置编辑解码	"基本视频设置"栏

步骤3 在"基本视频设置"中，可以设置"品质"、"帧速率"、"场类型"等。

- "品质"参数用于设置输出的质量。
- 宽度和"高度"参数用于设置输出的视频的大小。
- "帧速率"参数用于指定输出影片的帧速率。
- "场类型"参数中提供了"逐行"、"上场优先"和"下场优先"三个选项。
- 在"纵横比"下拉列表中可以设置输出节目的像素宽高比。
- 选中"以最大深度渲染"复选框，则以24位深度进行渲染，如不选中则以8位渲染。

步骤4 在"高级设置"栏中，可以设置"关键帧"、"扩展静帧图像"等。	**步骤5** 切换到"音频"选项卡，可以为输出的音频设置"采样率"、"声道"、"样本类型"等。
"高级设置"栏	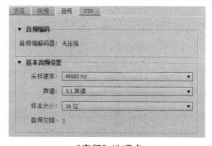"音频"选项卡

|9.2 | 输出文件

在Premiere Pro CS6中，可以选择把文件输出成能在电视上直接播放的电视节目，也可以输出为专门在计算机上播放的AVI格式文件、静止图片序列或是动画文件。

9.2.1 输出影片

步骤1 运行Premiere Pro CS6软件，在欢迎界面中，单击"打开项目"按钮。

步骤2 弹出"打开项目"对话框，在该对话框中选择随书附带光盘中的CDROM\素材\文件输出.prproj文件，单击"打开"按钮。

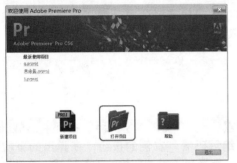

"打开项目"按钮

选择素材文件

步骤3 打开素材文件后，在"节目"监视窗口中单击"播放-停止切换"按钮 ▶ 预览影片。

步骤4 在菜单中选择"文件 | 导出 | 媒体"命令。

播放影片

选择"媒体"命令

步骤5 弹出"导出设置"对话框，设置"格式"为AVI，"预设"为PAL DV，单击"输出名称"右侧的文字，弹出"另存为"对话框，设置影片名称为"输出影片"并保存路径。

步骤6 设置完成后单击"保存"按钮，可以在其他选项中进行更详细的设置，设置完成后单击"导出"按钮，影片开始导出。

设置影片名称和导出路径

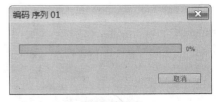

影片导出进度

9.2.2 实战：输出单帧图像

在Adobe Premiere Pro CS6中，可以选择影片中的一帧，将其输出为一张静态图片。输出单帧图像的操作步骤如下。

步骤1 按Ctrl+O组合键，打开素材文件"文件输出.prproj"，在"节目"监视面板中，将时间移动到00:00:03:05位置。

步骤2 在菜单栏中选择"文件丨导出丨媒体"命令，弹出"导出设置"对话框，在"导出设置"区域中，将"格式"设置为"JPEG"，单击"输出名称"右侧的文字，弹出"另存为"对话框，在该对话框中设置影片名称和导出路径。

选择帧

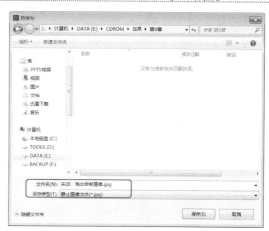

设置影片名称和导出路径

步骤3 设置完成后单击"保存"按钮，返回到"导出设置"对话框中，在"视频"选项卡下，取消勾选"导出为序列"复选框。

步骤4 设置完成后，单击"导出"按钮，单帧图像输出完成后，可以在其他看图软件中进行查看。

取消"导出为序列"

输出后效果

9.2.3 实战：输出序列文件

在Premiere Pro CS6中可以将编辑完成的文件输出为一组带有序列号的序列图片。输出序列文件的操作步骤如下。

步骤1 按Ctrl+O组合键，打开素材文件"过山车.prproj"，在菜单栏中选择"文件丨导出丨媒体"命令，弹出"导出设置"对话框，在"导出设置"区域中，将"格式"设置为"JPEG"（也可以设置为PNG、TIFF等类型）。

步骤2 单击"输出名称"右侧的文字，弹出"另存为"对话框，在该对话框中选择文件的输出路径，并单击"新建文件夹"按钮。

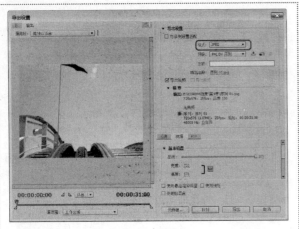

设置"导出设置"

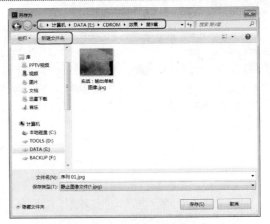

新建文件夹

步骤3 即可新建一个文件夹，将新文件夹重命名为"输出序列文件"。

步骤4 双击打开"输出序列文件"文件夹，使用默认文件名，然后单击"保存"按钮。

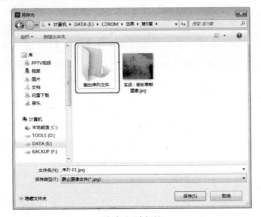

输出序列文件

保存

步骤5 设置完成后单击"保存"按钮，返回到"导出设置"对话框中，在"视频"选项卡下，确认已勾选"导出为序列"复选框。

步骤6 设置完成后，单击"导出"按钮，当序列文件输出完成后，在本地计算机上打开"输出序列文件"文件夹，即可看到输出的序列文件。

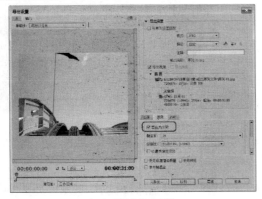

勾选"导出为序列"

导出"输出序列文件"

9.2.4 实战：输出EDL文件

　　EDL（编辑决策列表）文件包含了项目中的各种编辑信息，包括项目使用的素材所在的磁带名称以及编号、素材文件的长度、项目中所用的特效及转场等。EDL编辑方式是剪辑中通用的办法，通过它可以在支持EDL文件的不同剪辑系统中交换剪辑内容，不需要重新剪辑。输出为EDL文件的操作步骤如下。

提示：

　　EDL文件虽然能记录特效信息，但由于不同的剪辑系统对特效的支持并不相同，其他的剪辑系统有可能无法识别在Adobe Premiere Pro CS6中添加的特效信息，使用EDL文件时需要注意，不同的剪辑系统之间的序列初始化设置应该相同。

步骤1 按Ctrl+O组合键，打开素材文件"过山车.prproj"，在菜单栏中选择"文件｜导出｜EDL"命令。

步骤2 即可弹出"EDL输出设置"对话框。

导出"EDL"

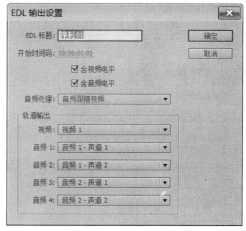

"EDL输出设置"对话框

EDL输出设置对话框中各项参数的说明如下。

● **EDL标题**：设置EDL文件第一行内的标题。

● **起始时间码**：设置序列中第一个编辑的起始时间码。

● **包含视频等级**：在EDL中包含视频等级注释。

● **音频处理**：设置音频的处理方式，包含三个选项，即在视频处理之后、单独处理音频、最后处理音频。

● **导出轨道**：设定导出轨道。

步骤3 在该对话框中输入"EDL标题"为"视频1"，取消"含音频电平"复选框的勾选，并在"轨道输出"区域中，设置"视频"为"视频1"，然后单击"确定"按钮。

步骤4 弹出"保存序列为EDL"对话框，在该对话框中选择文件的输出路径，并输入文件名为"实战输出EDL文件"，单击"保存"按钮，即可将当前序列中的被选择轨道的剪辑数据输出为EDL文件。

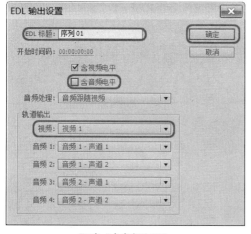

取消"含音频电平"

输入文件名

9.3 操作答疑

下面将举出常见问题并对其进行详细解答。在后面给出多个练习题，以方便读者学习以巩固前面所学的知识。

9.3.1 专家答疑

（1）如何选择输出的类型格式？

答：在"导出设置"对话框中单击"格式"右侧的下拉箭头，在弹出的下拉列表中选择一种格式。

（2）如何将一视频文件只输出声音。

答：在"导出设置"对话框中取消勾选"导出视频"复选框，这样就可以只输出音频了。

9.3.2 操作习题

1. 选择题

（1）导出命令的快捷键为（　　　）。

A.Ctrl+I   B.Ctrl+V   C.Shift+I   D.Ctrl+M

（2）选择不同的编辑模式，输出影片的（　　　）和压缩设置等也有所不同。

A.存储路径   B.格式   C.形式   D.大小

2. 填空题

（1）要输出DV格式的数字视频，选择_____。

（2）只输出影片的声音，选择Windows Waveform，输出声音为_____。

3. 操作题

利用前面所学的基础内容，制作一段自己的影片，并将其输出为不同的格式。

第10章

视频编辑流程案例

本章重点：

　　本章通过"效果图预览"、"底片效果"、"怀旧老照片效果"、"三维立体照片效果"以及"制作DV相册"5个案例，巩固前面章节讲解的素材编辑、特效制作、字幕制作等知识及视频编辑的流程。

学习目的：

　　通过本章的学习，可以使读者巩固视频编辑的完整操作流程。

参考时间：60分钟

主要知识	学习时间
10.1　实战：效果图展览	15分钟
10.2　实战：底片效果	10分钟
10.3　实战：怀旧老照片效果	10分钟
10.4　实战：三维立体照片效果	10分钟
10.5　实战：制作DV相册	15分钟

10.1 | 实战：效果图展览

本例将制作效果图的展览过程，本例的制作主要在"特效控制台"面板中设置关键帧。

步骤1 运行Premiere Pro CS6，在欢迎界面中单击"新建项目"按钮，在"新建项目"对话框中，选择项目的保存路径，对项目名称进行命名，单击"确定"按钮。

步骤2 在弹出的"新建序列"对话框中，在"序列设置"选项卡中的"有效预置"区域下选择"DV-24P | Standard48kHz"选项，对"序列名称"进行命名，单击"确定"按钮。

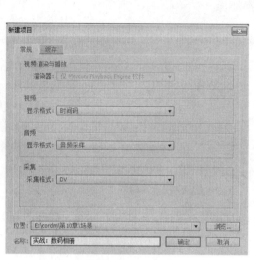

"新建项目"对话框

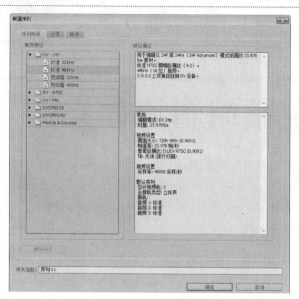

"新建序列"对话框

步骤3 进入操作界面，在"项目"窗口中的"名称"区域下的空白处双击鼠标，在弹出的对话框中选择随书附带光盘中的"CDROM\素材\第10章\时尚家居"文件夹，单击"导入文件夹"按钮。

步骤4 按Ctrl+T键，新建"字幕01"，使用"椭圆工具"，在字幕设计栏中创建椭圆形，在"字幕属性"栏中，将"填充"区域下的"颜色"设置为"白色"；在"变换"区域下，设置"宽度"、"高度"分别为3.9、100，"X位置"、"Y位置"分别设置为173、279.1。

导入素材文件夹

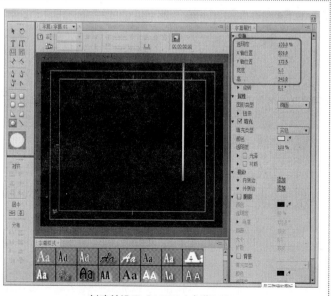

创建并设置"title01（字幕01）

步骤5 单击"基于当前字幕新建字幕" 🔳 按钮,新建"字幕02",在字幕设计栏中选中椭圆,在"字幕属性"栏中,设置"宽度"、"高度"分别为3.9、100,"X位置"、"Y位置"分别为522.9、301.7。

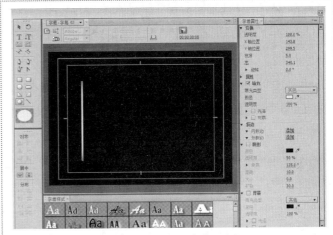

创建并设置"Title(字幕02)"

步骤6 单击 🔳 "基于当前字幕新建字幕"按钮,新建"字幕03",将字幕设计栏中的椭圆删除,选择 🔳 "垂直文字工具",在字幕设计栏中输入"时尚家居",在"字幕"栏中,设置"字体"为"MicrosoftJhengHeiUI","字体大小"设置为75,"字距"设置为15;在"字幕属性"栏中,设置"填充"区域下的"填充类型"为"线性渐变",将"色彩"左侧色标的RGB值设置为(255、234、190),右侧色标的RGB值为(255、236、178),Angle"角度"设置为90,勾选"光泽"复选框,设置"色彩"为"白色","大小"设置为100,"角度"设置为90;在"描边"区域下,添加一处"外侧边",设置"类型"为"凸出","大小"设置为35,"色彩"的RGB值设置为(155、141、111);在"变换"区域下,设置"X位置"、"Y位置"分别为72.4、181.4。

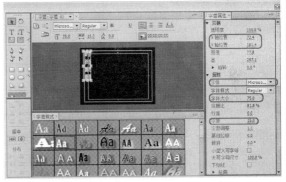

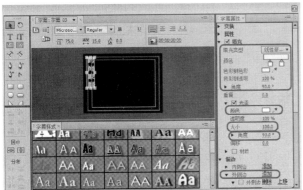

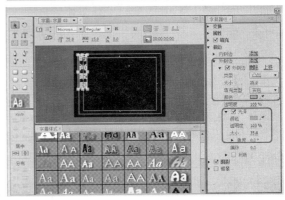

创建并设置"Title03(字幕03)

步骤7 关闭字幕窗口,将"01.jpg"文件拖至"时间线"窗口的"视频1"轨道中。

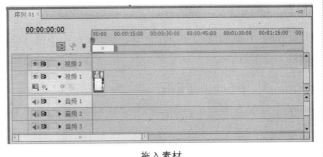

拖入素材

步骤8 确定"01.jpg"文件选中的情况下,激活"特效控制台"面板,设置"缩放比例"为80,设置"透明度"为0%。在导入的01文件的最后设置"透明度"为100%。

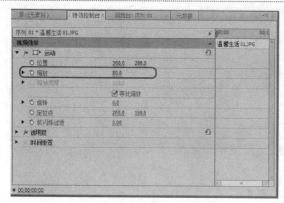 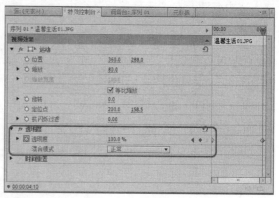

设置缩放比例

步骤9 将"02.jpg"文件拖至"时间线"窗口"视频1"轨道中,与"01.jpg"文件的结束处对齐,拖动"02.jpg"文件的结束处与编辑标识线对齐。

步骤10 确定"02.jpg"选中的情况下,激活"特效控制台"面板,设置"运动"区域下的"缩放比例"为80。

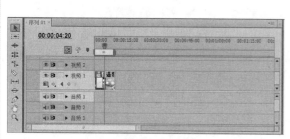

拖入的素材

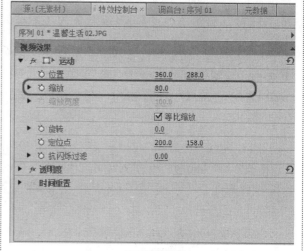

设置缩放比例

步骤11 依次向"时间线"窗口的"视频1"轨道中拖入其他素材文件,设置它们的长度与"02.jpg"文件的长度一样,然后分别设置它们的"缩放比例"。

步骤12 依次向"时间线"窗口"视频1"轨道中文件的中间位置添加"抖动溶解"切换效果。

拖入素材

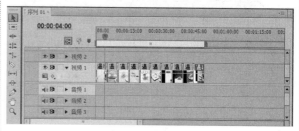

添加切换效果

步骤13 将"字幕03"拖至"时间线"窗口的"视频2"轨道中,拖动"字幕03"的结束处,与视频1轨道中的素材文件结束处对齐。

步骤14 将"字幕01"、"字幕02"分别拖至"时间线"窗口"视频3"、"视频4"轨道中,并分别将它们的结束处与"字幕03"的结束处对齐。

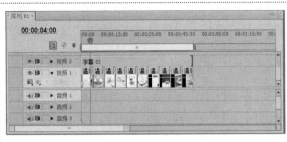

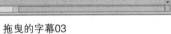

拖曳的字幕03

拖入的字幕1，字幕2

步骤15　选中"字幕01"，激活"特效控制台"面板，将"运动"区域下的"位置"设置为340、–100，单击其左侧的 "动画切换" 按钮，打开动画关键帧的记录，然后调整当前时间，设置"运动"区域下的"位置"为340，375.6。

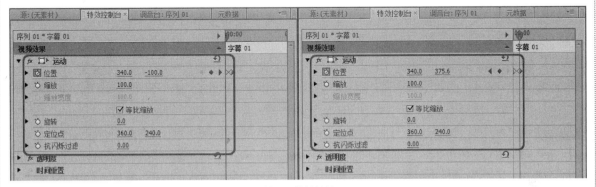

设置两处关键帧

步骤16　选中"字幕02"，激活"特效控制台"面板，将"运动"区域下的"位置"设置为360、450，单击其左侧的"动画切换" 按钮，打开动画关键帧的记录。设置"运动"区域下的"位置"为360、10。

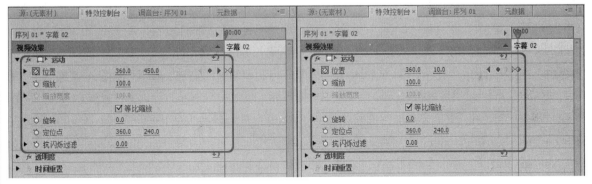

添加两处关键帧

步骤17　将"温馨生活02.jpg"文件拖至"时间线"窗口的"视频5"轨道中，将其结束处与"字幕01"的结束处对齐。

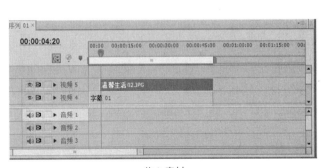

拖入素材

步骤18 确定"02.jpg"文件选中的情况下，在"特效控制台"面板中设置"运动"区域下的"位置"为627.4,519.8，单击其左侧的 ⑤ "动画切换"按钮，打开动画关键帧的记录，将"缩放比例"设置为25。透明度设置为100%。

步骤19 在"特效控制台"面板中，添加"透明度"关键帧。设置"运动"区域下的"位置"为627.3,100，"透明度"设置为0%。

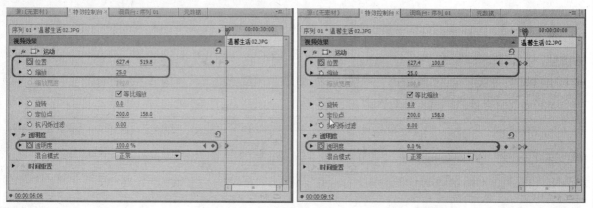

设置多处关键帧

步骤20 将"03.jpg"文件拖至"时间线"窗口中的"视频6"轨道中，与编辑标识线对齐，并拖动其结束处与视频5文件的结束处对齐。

拖入素材

步骤21 确定"03.jpg"文件选中的情况下，激活"特效控制台"面板，设置"运动"区域下的"位置"为627.4,522.5，单击其左侧的 ⑤ "动画切换"按钮，打开动画关键帧的记录，设置Scale"缩放比例"为25。透明度为100%。

步骤22 在特效控制台面板中，添加"透明度"关键帧。设置"运动"区域下的"位置"为627.4,100，"透明度"设置为0%。

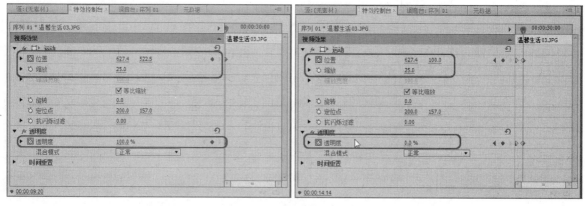

设置关键帧

步骤23 将"04.jpg"文件拖至"时间线"窗口的"视频7"轨道中,与编辑标识线对齐,拖动其结束处与"03.jpg"文件的结束处对齐。

拖入的素材

步骤24 确定"04.jpg"文件选中的情况下,激活"特效控制台"面板,设置"位置"为627.4,521.8,单击其左侧的 "动画切换"按钮,打开动画关键帧的记录,设置"缩放比例"为25。透明度设置为100%。

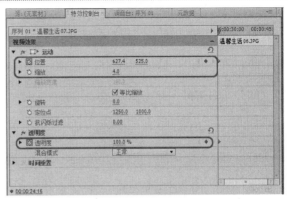
设置关键帧

步骤25 添加一处"透明度"关键帧。设置"运动"区域下的"位置"为627.4,100,设置"透明度"设置为0%。

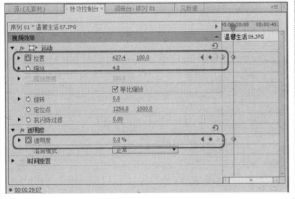
设置关键帧

步骤26 将"05.jpg"文件拖至"时间线"窗口"视频8"轨道中,与编辑标识线对齐,拖动其结束处与"04.jpg"文件的结束处对齐。

拖入的素材

步骤27 确定"05.jpg"文件选中的情况下,激活"特效控制台"面板,设置"运动"区域下的"位置"为627.4,520.7,单击其左侧的 "动画切换"按钮,打开动画关键帧的记录,设置"缩放比例"为25。透明度设置为100%。

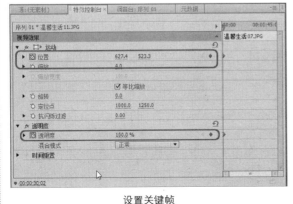
设置关键帧

步骤28 添加一处"透明度"关键帧。修改当设置"运动"区域下的"位置"为627.4,100,设置"透明度"设置为0%。

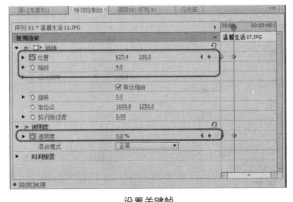
设置关键帧

步骤29 将"06.jpg"文件拖至"时间线"窗口的"视频9"轨道中,与编辑标识线对齐,拖动其结束处与"05.jpg"文件的结束处对齐。	**步骤30** 确定"06.jpg"文件选中的情况下,激活"特效控制台"面板,设置"运动"区域下的"位置"为627.4,525,单击其左侧的 ○ "动画切换"按钮,打开动画关键帧的记录,设置"缩放比例"为4。透明度设置为100%。

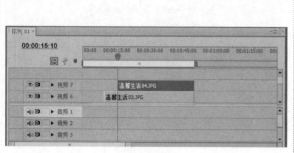

拖入的素材

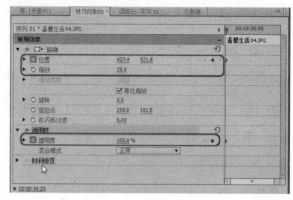

设置关键帧

步骤31 添加一处"透明度"关键帧。设置"运动"区域下的"位置"为627.4,100,设置"透明度"设置为0%。	**步骤32** 将"07.jpg"文件拖至"时间线"窗口的"视频10"轨道中,与编辑标识线对齐,拖动其结束处与"06.jpg"文件的结束处对齐。

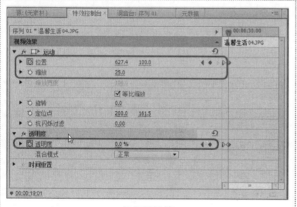

设置关键帧

拖入素材

步骤33 确定"07.jpg"文件选中的情况下,激活"特效控制台"面板,设置"运动"区域下的"位置"为627.4,523.3,单击其左侧的 ○ "动画切换"按钮,打开动画关键帧的记录,设置Scale"缩放比例"为4。透明度设置为100%。	**步骤34** 添加一处"透明度"关键帧。设置"运动"区域下的"位置"为627.4,100,设置"透明度"设置为0%。

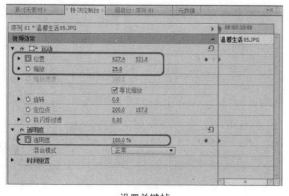

设置关键帧

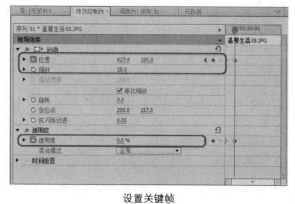

设置关键帧

步骤35 将"08.jpg"文件拖至"时间线"窗口的"视频11"轨道中，与编辑标识线对齐，拖动其结束处与"07.jpg"文件的结束处对齐。

步骤36 确定"08.jpg"文件选中的情况下，激活"特效控制台"面板，设置"运动"区域下的"位置"为627.4,522.7，单击其左侧的 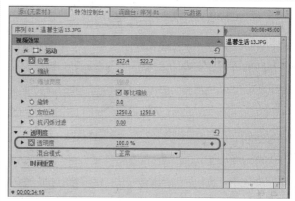 "动画切换"按钮，打开动画关键帧的记录，设置"缩放比例"为4。透明度设置为100%。

拖入的文件

设置关键帧

步骤37 添加一处"透明度"关键帧。设置"运动"区域下的"位置"为627.4,100，设置"透明度"设置为0%。

步骤38 将"09.jpg"文件拖至"时间线"窗口的"视频12"轨道中，与编辑标识线对齐，拖动其结束处与"08.jpg"文件的结束处对齐。

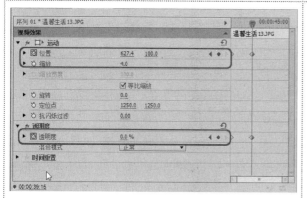

设置关键帧

拖入素材

步骤39 确定"09.jpg"文件选中的情况下，激活"特效控制台"面板，设置"运动"区域下的"位置"为628.2,520.2，单击其左侧的 "动画切换"按钮，打开动画关键帧的记录，设置"缩放比例"为4，透明度设置为100%。

步骤40 添加一处"透明度"关键帧，设置"运动"区域下的"位置"为628.2,100，将"透明度"设置为0%。

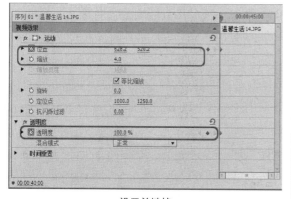

设置关键帧

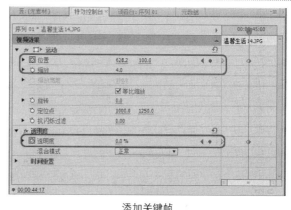

添加关键帧

步骤41 将"10.jpg"文件拖至"时间线"窗口的"视频12"轨道中，与编辑标识线对齐，拖动其结束处与"09.jpg"文件的结束处对齐。

步骤42 确定"10.jpg"文件选中的情况下，激活"特效控制台"面板，设置"运动"区域下的"位置"为628.2,520.2，单击其左侧的 ⚙ "动画切换"按钮，打开动画关键帧的记录，设置"缩放比例"为4，透明度为100%。

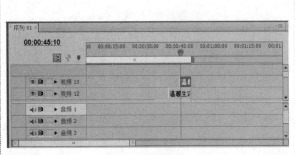

拖入的素材

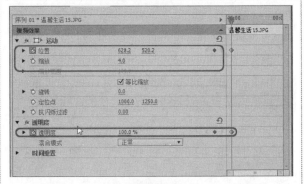

设置关键帧

步骤43 添加一处"透明度"关键帧。设置"运动"区域下的"位置"为628.2,100，设置"透明度"为0%。保存场景，在"节目"窗口中观看效果。

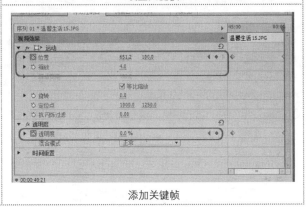

添加关键帧

10.2 | 实战：底片效果

在视频中添加底片效果可以给画面带来神秘的感觉，其主要运用了（反相）特效。

步骤1 运行Premiere Pro CS6，在欢迎界面中单击"新建项目"按钮，在"新建项目"对话框中，选择项目的保存路径，对项目名称进行命名，单击"确定"按钮。

步骤2 进入"新建序列"对话框中，在"序列设置"选项卡中的"有效预置"区域下选择"DV-24PI标准48kHz"选项，对"序列名称"进行命名，单击"确定"按钮。

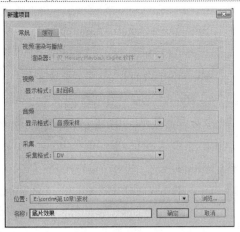

"新建项目"对话框

"新建序列"对话框

步骤3 进入操作界面，在"项目"窗口中的"名称"区域下的空白处双击鼠标，在弹出的对话框中选择随书附带光盘中的"CDROM\素材\第10章\底片效果"文件，单击"打开"按钮。

导入素材

步骤4 设置当前时间为00:00:04:00，将"底片效果.avi"文件拖至"序列"面板的"视频1"轨道中，并将"持续时间"设为00:00:15:00，在"工具"面板中选择"剃刀工具"，在"底片效果.avi"文件的编辑标识线单击鼠标，将文件裁剪为两部分。

拖入并剪切素材

步骤5 再将当前时间修改为00:00:08:00，使用"剃刀工具"工具，在后半部分文件上编辑标识线处单击鼠标，对文件进行裁剪。

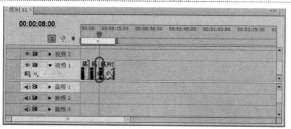

剪切素材

步骤6 将裁剪后的中间部分文件选中，为这段文件添中"随机反相"特效。

添加的"随机反相"特效

步骤7 使用同样的方法，在后面的文件中进行裁剪，对裁剪后的文件进行"随机反相"特效的设置。保存场景，在"节目"面板中看一下效果。

10.3 实战：怀旧老照片效果

本例将介绍怀旧老照片效果的制作，在制作过程中对"灰度系数（Gamma）校正"、"黑白"、"RGB曲线"、"自动噪波HLS"特效进行调整，调整后产生老照片的效果。

步骤1 运行Premiere Pro CS6，在欢迎界面中单击"新建项目"按钮，在"新建项目"对话框中，选择项目的保存路径，对项目名称进行命名，单击"确定"按钮。

步骤2 进入"新建序列"对话框中，在"序列设置"选项卡中的"有效预置"区域下选择"DV-24PI标准48kHz"选项，对"序列名称"进行命名，单击"确定"按钮。

"新建项目"对话框

"新建序列"对话框

步骤3 进入操作界面，在"项目"窗口中"名称"区域下的空白处双击鼠标左键，在弹出的对话框中选择随书附带光盘中的CDROM\素材\第10章\怀旧老照片效果.jpg文件，单击"打开"按钮。

导入素材

步骤4 将"怀旧老照片效果.jpg"文件拖至"序列"面板的"视频1"轨道中，右击鼠标，在弹出的快捷菜单中选择"缩放为当前画面大小"命令。

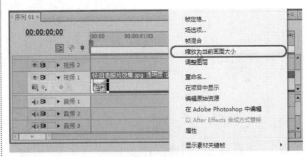

拖入并设置素材文件

步骤5 为"怀旧老照片效果.jpg"文件添加"灰度系数（Gamma）校正"特效，激活"特效控制台"面板，设置"灰度系数（Gamma）校正"区域下的"灰度系数"为7。

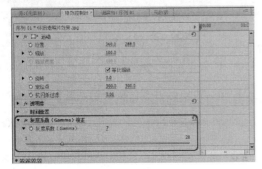

设置特效参数

步骤6 再为"怀旧老照片效果.jpg"文件添加"黑白"、"RGB曲线"特效，激活"特效控制台"面板，调整"RGB曲线"区域下"主音轨"、"红色"、"绿色"的曲线。

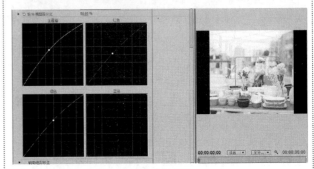

设置特效参数

步骤7 设置"辅助色彩校正"的"色相"、"饱和度"和"亮度"值，设置的参数如图所示。

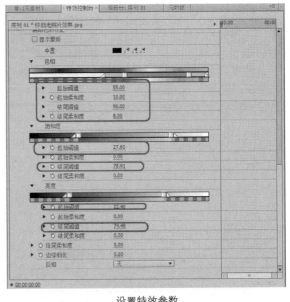

设置特效参数

|10.4| 实战：三维立体照片效果

本例将介绍让照片按一定路径转动，在制作过程中主要应用到了视频切换效果。

步骤1 运行Premiere Pro CS6，在欢迎界面中单击"新建项目"按钮，在"新建项目"对话框中，选择项目的保存路径，对项目名称进行命名，单击"确定"按钮。

步骤2 进入"新建序列"对话框中，在"序列设置"选项卡中的"有效预置"区域下选择"DV-24P I Standard48kHz"选项，对"序列名称"进行命名，单击"确定"按钮。

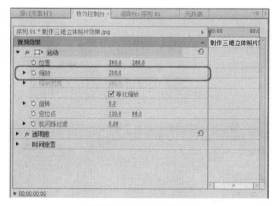

新建项目对话框

新建序列对话框

步骤3 在"项目"面板的空白处双击鼠标，弹出"导入"对话框，选择随书附带光盘中的"CDROM\素材\第10章\制作三维立体照片效果.jpg"文件，选择导入的素材图片，将其拖至"序列"窗口中的"视频1"轨道中，然后选择置入的素材文件，在"特效控制台"窗口中，将"运动"选项下的"缩放"值设置为200。

步骤4 切换至"效果"窗口，在"视频特效"文件夹下，选择"透视"特效组下的"斜角边"特效，双击该特效，使其做为素材添加。

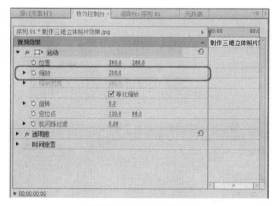

选择照片设置比例为200

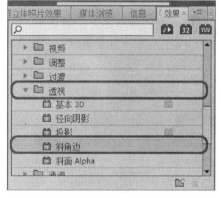

透视面板

步骤5 在"特效控制台"窗口中，确认当前时间为00:00:00:00，设置"斜角边"区域的"边缘厚度"为0.50，单击其左侧的 🎬 按钮，打开动画关键帧的记录；将"照明角度"设置为-13.0，"照明颜色"设置为白色，"照明强度"设置为0.40。

步骤6 将当前时间设为00:00:04:12，在"特效控制台"面板中设置"边缘厚度"为0.10，设置完成后，在"节目"面板中 ▶ 预览影片效果。

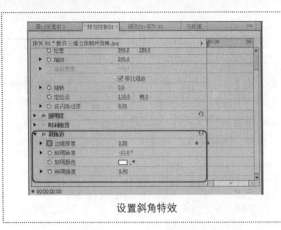

设置斜角特效

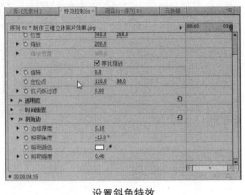

设置斜角特效

10.5 | 实战：制作DV相册

下面将应用字幕图形制作DV相册，并对素材文件的基本参数进行设置，制作DV相册的具体操作步骤如下。

步骤1 启动Premiere Pro CS6软件，在欢迎界面中单击"新建项目"按钮。	**步骤2** 在弹出的"新建项目"对话框中设置保存路径及名称，单击"确定"按钮。
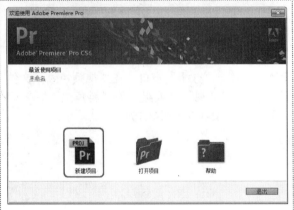 新建项目	 设置保存路径及名称
步骤3 在弹出的"新建序列"对话框中，选择"序列预设丨DV-24P丨标准48kHz"选项，单击"确定"按钮。	**步骤4** 在菜单栏中选择"文件丨导入"命令，在弹出的"导出"对话框中选择CDROM\素材\第10章\制作DV相册素材文件夹，单击"导入文件夹"按钮。
 "设置序列"对话框	 导入文件夹

步骤5 创建字幕01，在弹出的字幕编辑器中，使用"垂直文字工具"输入文字"DV相册"，在"字幕属性"窗口的"属性"选项中，设置"字体"为"FZHuPo-M04S"，"字体大小"为70.0，"字距"为15.0；在"填充"中将"颜色"设置为白色；在"变换"选项中设置"X轴位置"、"Y轴位置"为539.3、189.4。

步骤6 在文字左侧，使用"矩形工具"绘制一个矩形，在"字幕属性"窗口中，将"填充"选项中的"颜色"设置为白色；在"描边"选项组中，添加一个外侧边，设置"类型"为凸出，"大小"为3.0，"颜色"为白色；在"变换"选项中设置"宽度"为1.5，"高"为359.8，"X轴位置"、"Y轴位置"为474.3、178.1。设置完成后，关闭字幕编辑器窗口。

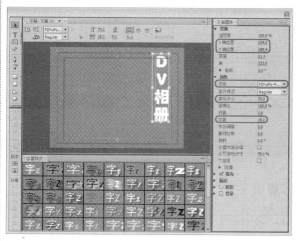

设置文字

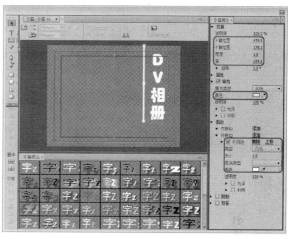

设置矩形

步骤7 创建字幕02，使用"垂直文字工具"输入文字"美味佳肴"，在"字幕属性"窗口中，设置"字体"为"FZXingKai-S04S"，"字体大小"为70.0，"字距"为10.0，"颜色"的RGB值为（172、0、0），"X轴位置"为100，"y轴位置"为100。设置完成后，关闭字幕编辑器窗口。

步骤8 创建字幕03，使用"垂直文字工具"输入文字"回味无穷"，在"字幕属性"窗口中，设置"字体"为"FZXingKai-S04S"，"字体大小"为70.0，"字距"为10.0，"颜色"的RGB值为（69、34、17），"X轴位置"为100，"y轴位置"为100。设置完成后，关闭字幕编辑器窗口。

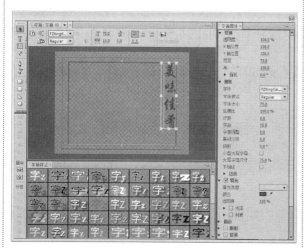

设置字幕02

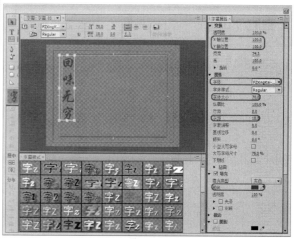

设置字幕03

步骤9 创建字幕04，使用"垂直文字工具 IT " 输入文字"色味俱佳"，在"字幕属性"窗口中，设置"字体"为"FZXingKai-S04S"，"字体大小"为70.0，"字距"为10.0，"颜色"的RGB值为（69、34、17），"X轴位置"为100，"y轴位置"为100。设置完成后，关闭字幕编辑器窗口。

步骤10 在"项目"窗口中，将"01.jpg"文件拖至"视频1"轨道中，在"特效控制台"窗口中，将"运动"选项中的"缩放"值设置为88.0。

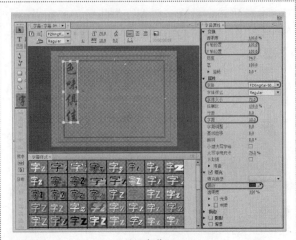

设置字幕03

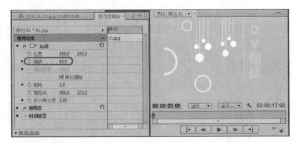

设置缩放值

步骤11 将"01.jpg"的"持续时间"设置为00:00:04:06。

步骤12 在"效果"窗口中，选择"视频切换"文件夹，在"滑动"特效组下，选择"滑动带"特效，将其拖至"01.jpg"的开头。

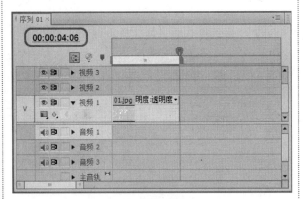

设置持续时间

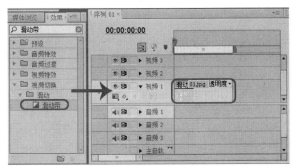

将效果拖至"时间线"面板

步骤13 使用上述相同方法，将02.jpg、03.jpg、04.jpg分别拖至"时间线"面板中的00:00:04:06位置的后面，将持续时间都设置为00:00:04:06。

步骤14 使用上述相同方法，在"效果"窗口的，"效果"面板中，将02.jpg、03.jpg、04.jpg分别添加风车、油漆飞溅、交叉叠化（标准）特效。

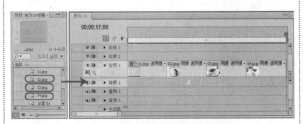

将素材图片拖至"时间线"面板

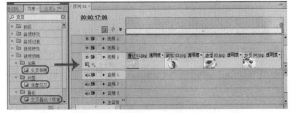

将特效添加至"时间线"面板

步骤15　在"项目"窗口中选择"字幕01"，将其拖至"视频2"轨道中的开始处，将持续时间设置为00:00:04:06。

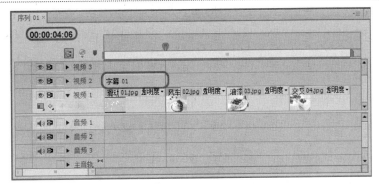

设置字幕01持续时间

步骤16　确认当前时间为00:00:00:00，设置"透明度"为0，添加关键帧；设置当前时间为00:00:03:15，设置"透明度"为100。

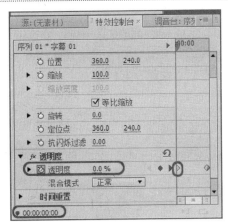 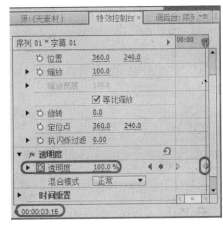

设置字幕01的关键帧

步骤17　设置当前时间为00:00:04:06，在"项目"窗口中选择"字幕02"，拖至"视频2"轨道中，与编辑标识线对齐，并设置其持续时间为00:00:04:06，设置"透明度"为0，"缩放"为85，并添加关键帧。

步骤18　设置当前时间为00:00:08:02，设置"透明度"为100，"缩放"为100，并添加关键帧。

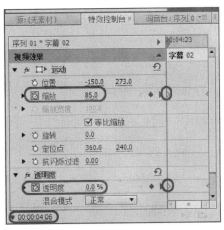 

设置字幕02第1处关键帧　　　　　　　　设置字幕02第2处关键帧

步骤19 设置当前时间为00:00:08:12,在"项目"窗口中选择"字幕03",拖至"视频2"轨道中,与编辑标识线对齐,并设置其持续时间为00:00:04:06,设置"位置"为815,–110,并添加关键帧。

步骤20 设置当前时间为00:00:12:08,设置"位置"为853.0、273.0,并添加关键帧。

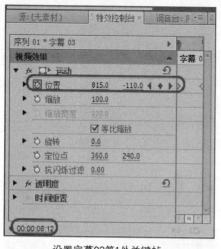

设置字幕03第1处关键帧

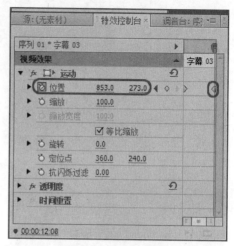

设置字幕03第2处关键帧

步骤21 设置当前时间为00:00:12:18,将"字幕04"拖至"视频1"轨道中,并与标示线对齐,将其"持续时间"设为00:00:04:06,在"特效控制台"面板中,设置"位置"为1150.0、225.0,设置"缩放"为40,并添加关键帧。

步骤22 设置当前时间为00:00:16:13,设置"位置"为370.0、273.0,并添加关键帧。

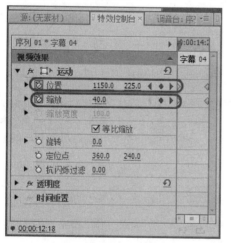

设置字幕04第1处关键帧

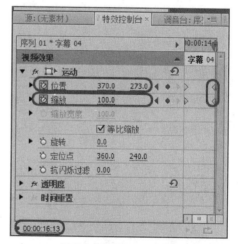

设置字幕04第2处关键帧

步骤23 设置完成后,在节目监视器窗口中即可预览效果。

第11章

综合案例

本章重点：

    本章通过对4个综合实例来讲解Premiere Pro CS6在实际工作中的应用方法。本章涉及到导入素材、字幕制作、特效处理、添加背景音乐以及输出等内容，是对前面章节所学知识的一个综合应用。

学习目的：

    本章作为全书的最后一章，主要是通过实例综合来提高读者自由创作的能力，掌握一些视频的制作方法，以及在制作思路上提供一个可鉴性的参考。

参考时间：140分钟

主要知识	学习时间
11.1　海边风景片	30分钟
11.2　节目预告片头	40分钟
11.3　制作数码相机片头	40分钟
11.4　制作儿童电子相册	30分钟

|11.1 | 海边风景片

本章主要讲解视频切换特效的综合使用，这对读者充实实践技能，开拓思路很有帮助。

11.1.1 新建项目并导入素材

在制作视频之前，首先需要新建项目并将素材导入到操作界面中，具体操作如下。

步骤1 运行Premiere Pro CS6，在欢迎界面中单击"新建项目"按钮。

步骤2 在"新建项目"对话框中，选择项目的保存路径，对项目名称进行命名，单击"确定"按钮。

单击"新建项目"按钮

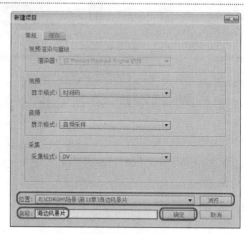

对项目名称进行命名

步骤3 进入"新建序列"对话框中，在"序列预置"选项卡中的"有效预置"区域下选择"DV-24P | 标准48kHz"选项，对"序列名称"进行命名，单击"确定"按钮。

步骤4 新建项目文件，在"项目"面板中空白处双击鼠标，弹出"导入"对话框，选择随书附带光盘中的"CDROM | 素材 | "海边风景片" | 1.jpg、2.jpg、3.jpg、4.jpg、5.jpg、6.jpg"素材图片和"背景音乐.mp3"素材音乐，单击"打开"按钮，将其导入到"项目"面板中。

对"序列名称"进行命名

添加素材

11.1.2 创建颜色遮罩和字幕

本节将创建颜色遮罩和字幕，具体的操作如下。

步骤1 选择"文件 | 新建 | 颜色遮罩"命令。在弹出的"新建彩色蒙板"对话框中，单击"确定"按钮。在弹出的"颜色拾取"面板中，将颜色设置为淡蓝色"94D0FB"。在弹出的"选择名称"对话框中，名称默认为"颜色遮罩"，然后单击"确定"按钮。

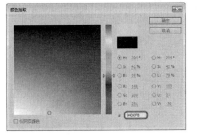

| "颜色遮罩"命令 | 将颜色设置为淡蓝色"94D0FB" | 单击"确定"按钮 |

步骤2　按Ctrl+T键，新建字幕。在弹出的"新建字幕"对话框中，"名称"默认为"字幕01"，然后单击"确定"按钮。

步骤3　使用"输入工具"按钮 T，在字幕编辑器中输入文字"去海边，走走"。在"字幕样式"面板中，选择"CaslonPro Slant Blue 70"，在"字幕属性"面板中，设置"属性"下的"字体"为"STXingkai"，"字体大小"为60.0，"纵横比"为80.0%；设置"变换"下的"X位置"、"Y位置"分别为320.0、150.0。

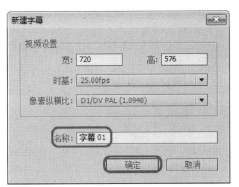

单击"确定"按钮

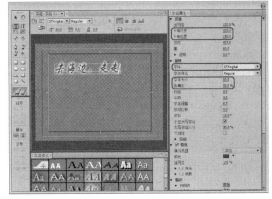

编辑"字幕01"字幕

步骤4　按Ctrl+T键，新建字幕。在弹出的"新建字幕"对话框中，"名称"默认为"字幕02"，然后单击"确定"按钮。

步骤5　使用"输入工具"按钮 T，在字幕编辑器中输入"HAVE A REST"。在"字幕样式"面板中，选择"Tekton Obliquet Blue 45"。在"工具"面板中，单击"居中"下的"垂直居中" 和"水平居中" 按钮。

步骤6　按Ctrl+T键，新建字幕。在弹出的"新建字幕"对话框中，将"名称"设置为"横线"，然后单击"确定"按钮。

步骤7　使用"直线工具"按钮 ，在字幕编辑器中，按Shift键画一条横线。在"字幕属性"面板中，设置"变换"下的"X位置"、"Y位置"分别为394.1、181.1，"宽度"设置为634.9，"高"设置为6.5。

编辑"字幕02"字幕

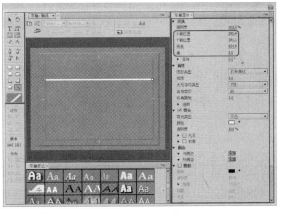

编辑"横线"字幕

步骤8 按Ctrl+T键，新建字幕。在弹出的"新建字幕"对话框中，将"名称"设置为"竖线"，然后单击"确定"按钮。

步骤9 使用"直线工具"按钮 ，在字幕编辑器中，按Shift键画一条竖线。在"字幕属性"面板中，设置"变换"下的"X轴位置"、"Y轴位置"分别为170.8、299.6，"宽度"设置为5，"高"设置为490.1。

步骤10 最后，关闭字幕编辑器。

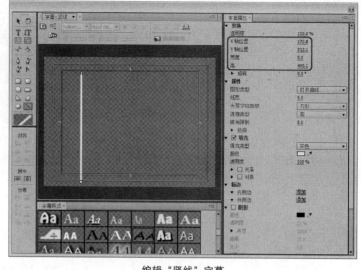

编辑"竖线"字幕

11.1.3 创建并编辑序列

通过创建并编辑序列，可以在"序列"面板的轨道中添加素材、视频切换、视频特效和设置关键点等来实现整个短片的运动。

步骤1 选择"序列 | 添加轨道"命令，在"添加视音轨"对话框中，设置"添加3条视频轨"，单击"确定"按钮。

"添加轨道"命令

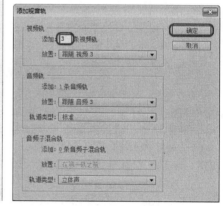

单击"确定"按钮

步骤2 在"序列"面板中，将当前时间设置为00:00:01:10，将创建的"颜色遮罩"拖入序列面板的视频1轨道中，将其开始处与编辑标示线对齐，然后单击鼠标，在弹出的快捷菜单中选择"速度/持续时间"命令，在弹出的"素材速度/持续时间"对话框中，将"持续时间"设置为00:00:26:00。

拖入"颜色遮罩"

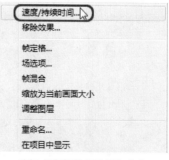

选择"速度/持续时间"命令

设置"持续时间"

步骤3 在"效果"面板中，打开"视频切换"文件夹，选择"擦除"下的"油漆飞溅"特效，按住鼠标，将其拖至"序列"面板中"颜色遮罩"的顶部。设置其参数，在"特效控制台"面板中，将"持续时间"设置为00:00:01:10，"边宽"设置为1，"边色"设置为白色。

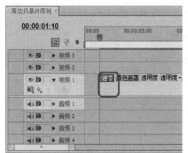 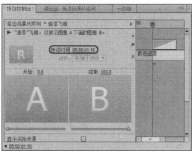 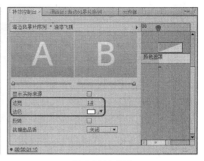

添加"油漆飞溅"特效　　　设置"持续时间"　　　设置特效参数

步骤4 在"序列"面板中，将当前时间设置为00:00:00:00，将创建的"横线"字幕拖入序列面板的视频2轨道中的顶部，然后单击鼠标，在弹出的快捷菜单中选择"速度/持续时间"命令，在弹出的"素材速度/持续时间"对话框中，将"持续时间"设置为00:00:05:23。

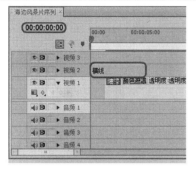 

拖入"横线"字幕　　　设置"持续时间"

步骤5 在"特效控制台"面板中，设置时间为00:00:00:00。在"运动"下，单击"位置"左侧的"切换动画"按钮，"位置"设置为-300，288。

步骤6 将时间修改为00:00:01:00，然后将"位置"设置为360，288。在"位置"中将自动添加关键帧。

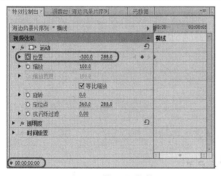 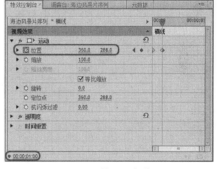

设置"位置"参数　　　设置"位置"参数

步骤7 将创建的"竖线"字幕拖入序列面板的视频3轨道中的顶部，然后单击鼠标，在弹出的快捷菜单中选择"速度/持续时间"命令，在弹出的"素材速度/持续时间"对话框中，将"持续时间"设置为00:00:05:23。

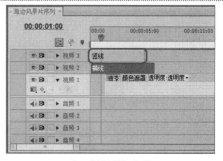

拖入"竖线"字幕

步骤8 在"特效控制台"面板中，将时间设置为00:00:00:00。在"运动"下，单击"位置"左侧的"切换动画"按钮 ⏱，将"位置"设置为360，900。

步骤9 将时间修改为00:00:01:00，然后将"位置"设置为360，288。在"位置"中将自动添加关键帧。

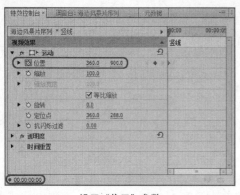

设置"位置"参数

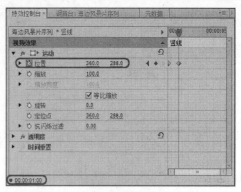

设置"位置"参数

步骤10 在"序列"面板中，将当前时间设置为00:00:01:10，将创建的"字幕01"字幕拖入序列面板的视频4轨道中，将其开始处与编辑标识线对齐。然后单击鼠标，在弹出的快捷菜单中选择"速度/持续时间"命令，在弹出的"素材速度/持续时间"对话框中，将"持续时间"设置为00:00:04:13。

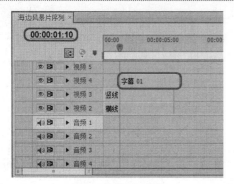

拖入"字幕01"字幕

设置"持续时间"

步骤11 在"特效控制台"面板中，将时间设置为00:00:01:10。在"运动"下，单击"位置"左侧的"切换动画"按钮 ⏱，将"位置"设置为1000，288。

步骤12 将时间修改为00:00:03:10，然后将"位置"设置为450，288。

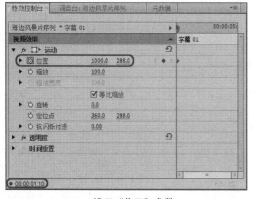

设置"位置"参数

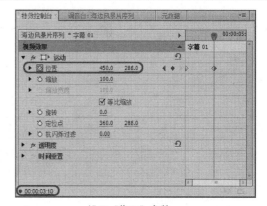

设置"位置"参数

步骤13 在"序列"面板中，将当前时间设置为00:00:01:10，将"1.jpg"素材图片拖入序列面板的视频5轨道中，将其开始处与编辑标示线对齐。选中"1.jpg"素材图片，在"特效控制台"面板中，在"运动"下，将"位置"设置为380，370；"缩放"设置为50。

拖入"1.jpg"素材图片

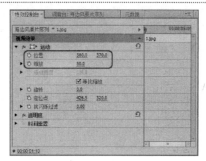

设置"运动"参数

步骤14 在"效果"面板中，打开"视频切换"文件夹，选择"擦除"下的"棋盘划变"特效，按住鼠标将其拖至"序列"面板中的"1.jpg"素材图片的尾部。设置其参数，在"特效控制台"面板中，将切换方向设置为"从东到西"，"边宽"设置为1，"边色"设置为白色。

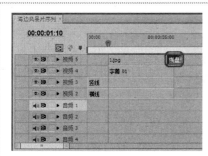

添加"棋盘划变"特效

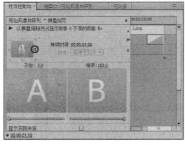

设置切换参数

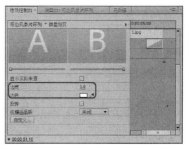

设置特效参数

步骤15 在"序列"面板中，将当前时间设置为00:00:06:10，将"2.jpg"素材图片拖入序列面板的视频6轨道中，将其开始处与编辑标示线对齐。然后单击鼠标，在弹出的快捷菜单中选择"速度/持续时间"命令，在弹出的"素材速度/持续时间"对话框中，将"持续时间"设置为00:00:03:15。

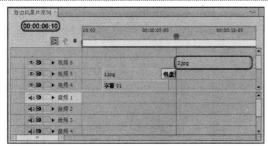

拖入"2.jpg"素材图片

设置"持续时间"

步骤16 在"特效控制台"面板中，时间设置为00:00:07:00。在"运动"下，单击"位置"左侧的"切换动画"按钮 ⌚，"位置"设置为360，288；单击"缩放"左侧的"切换动画"按钮 ⌚，"缩放"设置为60。在"透明度"下，单击"透明度"右侧的"添加/移除关键帧"按钮 ◇。

步骤17 在"特效控制台"面板中，时间设置为00:00:09:00。在"运动"下，单击"缩放"左侧的"切换动画"按钮 ⌚，"缩放"设置为100；在"透明度"下，将"透明度"设置为0%。

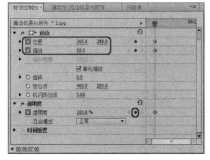

设置参数

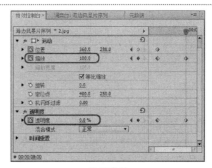

设置参数

步骤18 在"效果"面板中，打开"视频切换"文件夹，选择"滑动"下的"多旋转"特效，按住鼠标将其拖至"序列"面板中的"2.jpg"素材图片的顶部。设置其参数，在"特效控制台"面板中，将"持续时间"设置为00:00:00:20，"边宽"设置为1，"边色"设置为白色。

添加"多旋转"特效

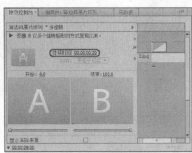

设置"持续时间"

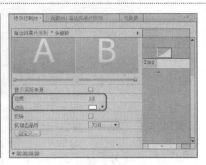

设置切换特效

步骤19 在"序列"面板中，将当前时间设置为00:00:08:07，将"3.jpg、4.jpg、5.jpg、6.jpg"素材图片拖入序列面板的视频5轨道中，将其开始与编辑标识线对齐。

步骤20 选中"3.jpg"素材图片，然后单击鼠标右键，在弹出的快捷菜单中选择"速度/持续时间"命令，在弹出的"素材速度/持续时间"对话框中，将"持续时间"设置为00:00:03:18，并勾选"波纹编辑，移动后面的素材"复选框。

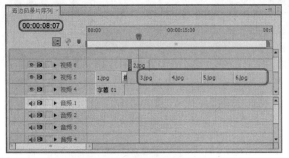

添加素材图片

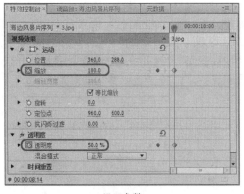

设置"持续时间"

步骤21 在"特效控制台"面板中，时间设置为00:00:08:14。在"运动"下，单击"缩放"左侧的"切换动画"按钮，将"缩放"设置为100；在"透明度"下，将"透明度"设置为50%。

步骤22 在"特效控制台"面板中，时间设置为00:00:09:00。在"运动"下，将"缩放"设置为40；在"透明度"下，将"透明度"设置为100%。

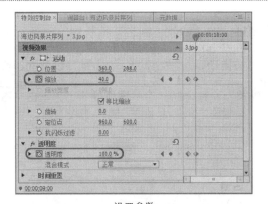

设置参数

设置参数

步骤23 在"效果"面板中，打开"视频切换"文件夹，选择"光圈"下的"圆划像"特效，按住鼠标将其拖至序列面板中的视频5轨道的"3.jpg、4.jpg"素材图片之间。然后设置其参数，在"特效控制台"面板中，将"对齐"方式设置为"结束于切点"，将预览图像A中的光圈移动到左侧；将"边宽"设置为1，"边色"设置为白色。

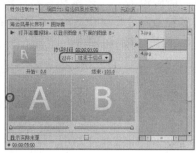
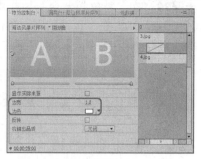

| 添加"圆划像"特效 | 设置切换参数 | 设置特效参数 |

步骤24 选中"4.jpg"素材图片，在"效果"面板中，打开"视频特效"文件夹，双击"扭曲"下的"放大"特效。

步骤25 在"特效控制台"面板中，将时间设置为00:00:11:00。在"运动"下，将"缩放"设置为180；在"放大"下，单击"居中"左侧的"切换动画"按钮，将"居中"设置为20.0，169.0，"放大"设置为180。

步骤26 在"特效控制台"面板中，将时间设置为00:00:16:13。在"放大"下，将"居中"设置为550.0，169.0。

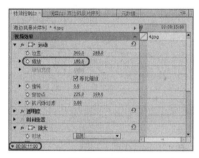
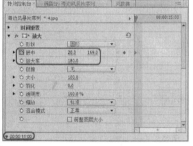
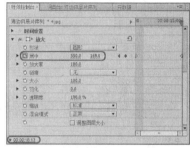

| 设置"缩放" | 设置"放大" | 设置"居中" |

步骤27 在"效果"面板中，打开"视频切换"文件夹，选择"滑动"下的"滑动框"特效，按住鼠标将其拖至序列面板中的视频5轨道的"4.jpg、5.jpg"素材图片之间。设置其参数，在"特效控制台"面板中，将"对齐"设置为"开始于切点"，勾选"反转"选项。

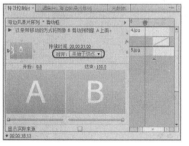
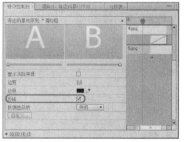

| 添加"滑动"特效 | 设置"对齐" | 设置"反转" |

步骤28 选中"5.jpg"素材图片，然后单击鼠标右键，在弹出的快捷菜单中选择"速度/持续时间"命令，在弹出的"素材速度/持续时间"对话框中，将"持续时间"设置为00:00:03:14，并勾选"波纹编辑，移动后面的素材"复选框。

设置"持续时间"

步骤29 在"特效控制台"面板中，时间设置为00:00:17:00。在"运动"下，单击"缩放"左侧的"切换动画"按钮，将"缩放"设置为100。

步骤30 在"特效控制台"面板中，时间设置为00:00:18:10。在"运动"下，将"缩放"设置为50。

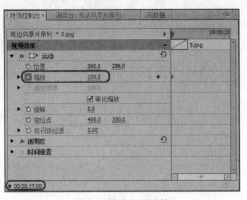
添加"缩放"关键帧

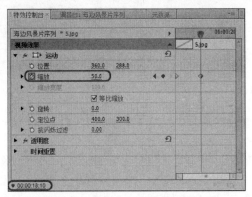
设置"缩放"关键帧

步骤31 在"序列"面板中，将当前时间设置为00:00:18:17，将创建的"横线"字幕拖入序列面板的视频2轨道中，将其开始处与编辑标识线对齐。然后单击鼠标右键，在弹出的快捷菜单中选择"速度/持续时间"命令，在弹出的"素材速度/持续时间"对话框中，将"持续时间"设置为00:00:01:21。

拖入"横线"字幕

设置"持续时间"

步骤32 在"特效控制台"面板中，将时间设置为00:00:18:17。在"运动"下，单击"位置"左侧的"切换动画"按钮，将"位置"设置为-300，600。

步骤33 将时间修改为00:00:19:17，然后将"位置"设置为360，600。"位置"中将自动添加关键帧。

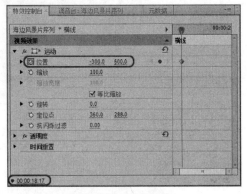
设置"位置"关键帧

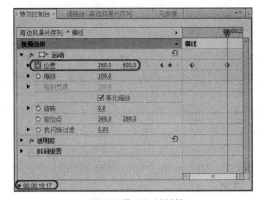
设置"位置"关键帧

步骤34 在"效果"面板中，打开"视频特效"文件夹，双击"风格化"下的"笔触"特效。在"特效控制台"面板中，将"笔触"下的"画笔大小"设置为3.0，"与原始图像混合"设置为50.0%。

添加"笔触"特效

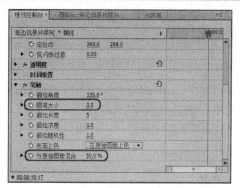

设置"笔触"参数

步骤35 在"序列"面板中，将当前时间设置为00:00:18:17，将创建的"竖线"字幕拖入序列面板的视频3轨道中，将其开始处与编辑标示线对齐。然后单击鼠标右键，在弹出的快捷菜单中选择"速度/持续时间"命令，在弹出的"素材速度/持续时间"对话框中，将"持续时间"设置为00:00:01:21。

拖入"竖线"字幕

设置"持续时间"

步骤36 在"特效控制台"面板中，将时间设置为00:00:18:17。在"运动"下，单击"位置"左侧的"切换动画"按钮，将"位置"设置为800，−300。

步骤37 将时间修改为00:00:19:17，然后将"位置"设置为800，288。在"位置"中将自动添加关键帧。

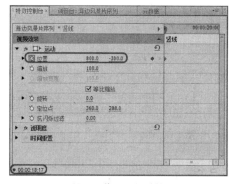

设置"位置"关键帧

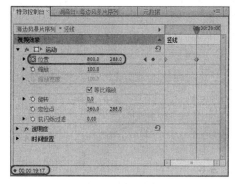

设置"位置"关键帧

步骤38 在"效果"面板中，打开"视频特效"文件夹，双击"风格化"下的"笔触"特效。在"特效控制台"面板中，将"笔触"下的"画笔大小"设置为3.0，"与原始图像混合"设置为50.0%。

步骤39 选中"6.jpg"素材图片，在"特效控制台"面板中，将时间设置为00:00:20:14。在"运动"下，单击"缩放"左侧的"切换动画"按钮，"缩放"设置为90；单击"旋转"左侧的"切换动画"按钮，将"旋转"设置为50°。

步骤40 在"特效控制台"面板中，时间设置为00:00:21:13。在"运动"下，将"缩放"设置为30；将"旋转"设置为0°。

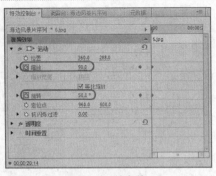

设置关键帧参数

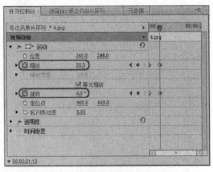

设置关键帧参数

步骤41 在"效果"面板中，打开"视频切换"文件夹，选择"叠化"下的"胶片溶解"特效，按住鼠标将其拖至序列面板视频5轨道中的"6.jpg"素材图片的尾部。设置其参数，在"特效控制台"面板中，将"持续时间"设置为00:00:03:00。

添加"胶片溶解"特效

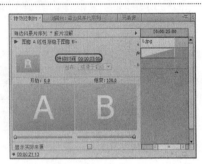

设置"持续时间"

步骤42 在"序列"面板中，将当前时间设置为00:00:23:14，将创建的"字幕02"字幕拖入序列面板的视频4轨道中，将其开始处与编辑标识线对齐后单击鼠标右键，在弹出的快捷菜单中选择"速度/持续时间"命令，在弹出的"素材速度/持续时间"对话框中，将"持续时间"设置为00:00:03:21。

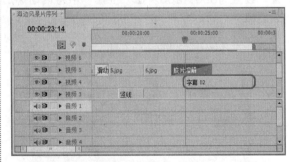

拖入"字幕02"字幕

设置"持续时间"

步骤43 在"效果"面板中，打开"视频特效"文件夹，双击"风格化"下的"闪光灯"特效。在"特效控制台"面板中，将"闪光灯"下的"随机明暗闪动概率"设置为20%。

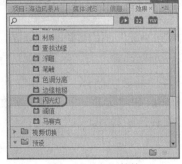

添加"闪光灯"特效

设置"随机明暗闪动概率"参数

步骤44 在"效果"面板中，打开"视频切换"文件夹，选择"卷页"下的"卷走"特效，按住鼠标将其拖至序列面板视频4轨道中的"字幕02"字幕的尾部。设置其参数，在"特效控制台"面板中，将切换方向设置为"从东到西"，勾选"反转"复选框。

添加"卷走"特效

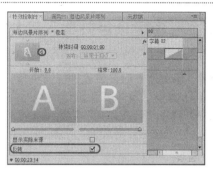

设置特效参数

11.1.4 添加音乐

本节将介绍为制作好的作品添加音效。

在"序列"面板中，将当前时间设置为00:00:00:00，将"背景音乐.mp3"素材音乐拖至"序列"面板音频1轨道中。选中"背景音乐.mp3"素材音乐，切换至"效果"面板，双击"音频特效"文件下的"反相"特效。

添加"背景音乐.mp3"素材音乐

添加"反相"特效

11.1.5 导出视频并保存项目

制作完成后将视频进行输出并保存项目，具体的操作如下。

步骤1 单击"序列"面板，然后选择"文件 | 导出 | 媒体"命令，在打开的"导出设置"对话框中，在"导出设置"区域下，设置"格式"为"Microsoft AVI"，在"输出名称"右侧设置输出的路径及名称。设置"视频编解码器"为"DV PAL"，单击"导出"按钮。

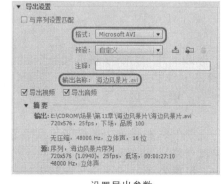

设置导出参数

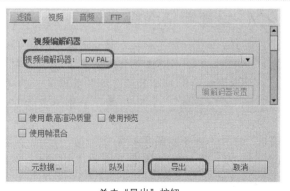

单击"导出"按钮

步骤2 选择"文件 | 保存"命令，将项目文件保存。

| 11.2 | 节目预告片头

本小节通过节目预告片头实例的制作，来综合应用前面章节所学的知识。

11.2.1 新建项目并导入素材

本节将介绍新建项目序列，并将素材导入到操作界面中，具体的操作步骤如下。

步骤1 启动软件后，在欢迎界面中单击"新建项目"按钮，弹出"新建项目"对话框，设置项目的保存路径及名称，单击"确定"按钮。

步骤2 弹出"新建序列"对话框，在"序列预设"选项区域下，选择DV-24P I 标准48kHz选项，将序列名称设为"节目预告01"，单击"确定"按钮。

新建项目

新建序列

步骤3 进入操作节目后，在"项目"面板空白处双击鼠标，弹出"导入"对话框，选择随书附带光盘中的"CDROM\素材\第11章\节目预告"文件夹，单击"导入文件夹"按钮。

步骤4 在"项目"面板查看导入的素材文件。

导入文件夹

查看导入的素材文件

11.2.2 设置字幕面板

本节将在字幕面板中制作字幕、形状，其体的操作步骤如下。

步骤1 按Ctrl+T键，新建"字幕01"，进入字幕面板，使用"椭圆工具"，在字幕编辑器中创建椭圆，在"字幕属性"栏中的"变换"区域下，将"宽度"、"高度"分别为4.5、506.6，"旋转"设置为24.5，"X位置"、"Y位置"分别设置为537.2、241.2；在"填充"区域下，设置"颜色"为"红色"。

步骤2 单击"基于当前字幕新建"按钮，新建"字幕02"，将字幕编辑器中的椭圆形状删除，使用工具，在字幕编辑器中输入"JIE MU YU GAO"，将其选中，在"字幕属性"栏中，设置"属性"区域下的"字体"为"HYLingXinJ"，将"字体大小"设置为20，"字距"设置为18；设置"填充"区域下的"颜色"为"白色"；在"变换"区域下，设置"X位置"、"Y位置"分别为347.6、105.1。

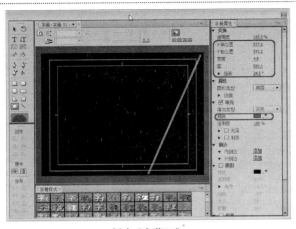

新建"字幕01"

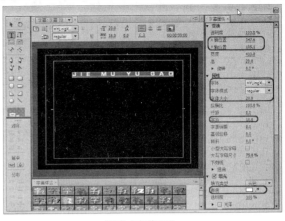

新建"字幕02"

步骤3 新建"字幕03"，将字幕编辑器中的内容删除，使用"垂直文字工具" ，在字幕编辑器中输入"节目预告"，将其选中，单击"字幕样式"栏中的"Lithos Gold Strokes 52"，在"字幕属性"栏中，将"属性"区域下的"字体"设置为"HeitiCSEG"，"字体大小"设置为30，"字距"设置为10；取消"阴影"复选框的勾选；在"变换"区域下，设置"X位置"、"Y位置"分别为605.2、298.3。

步骤4 按Ctrl+T组合键，新建"字幕04"，使用"矩形工具"，在字幕编辑器中创建一个矩形，在"字幕属性"栏的"变换"区域下，设置"宽度"、"高度"分别为20，设置"X位置"、"Y位置"'分别为122.5、241，设置"填充类型"为"实色"，"颜色"为"白色"。

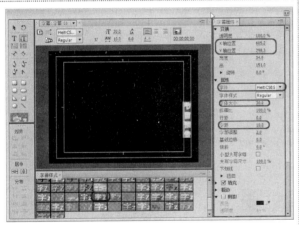

新建"字幕03"

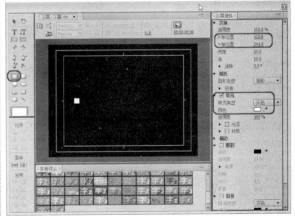

新建"字幕04"

步骤5 单击"基于当前字幕新建"按钮，新建"字幕05"，将字幕编辑器中的内容删除，使用"椭圆工具"，在字幕编辑器中创建椭圆，在"字幕属性"栏中，设置"宽度"、"高度"分别为250，2，"X位置"、"Y位置"分别为328.2、241；在"填充"区域下，设置"颜色"为"白色"。

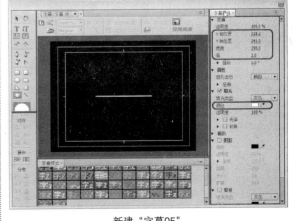

新建"字幕05"

步骤6 单击"基于当前字幕新建" 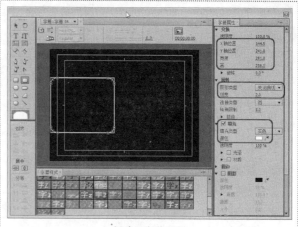 按钮，新建"字幕06"，将字幕编辑器中的内容删除，使用"圆角矩形工具"，在字幕编辑器中创建圆角矩形，在"字幕属性"栏中，设置"宽度"、"高度"分别为281、236.1，"X位置"、"Y位置"分别为144.5、241；在"属性"区域下，设置"圆角大小"为10%，设置"绘图类型"为"关闭曲线"，"线宽"设置为2，在"填充"区域下，设置"颜色"为"白色"。

新建"字幕06"

步骤7 单击"基于当前字幕新建"按钮，新建"字幕07"，选中字幕编辑器中的圆角矩形，将其填充颜色设置为"黄色"，调整圆角矩形的位置。

步骤8 单击"基于当前字幕新建"按钮，新建"字幕08"，选择字幕编辑器中的圆角矩形，在"字幕属性"栏中，设置"属性"区域下的"绘图类型"为"填充曲线"；设置"填充"区域下的"颜色"为"白色"，"透明度"设置为50%；添加一处"外侧边"，设置"大小"为2，并设置"颜色"为"黄色"。

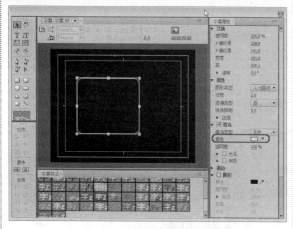

新建"字幕07"

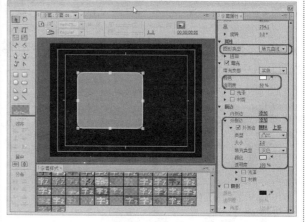

新建"字幕08"

步骤9 单击"基于当前字幕新建"按钮，新建"字幕09"，选中字幕编辑器中的圆角矩形，勾选"填充"区域下的"材质"复选框，单击"材质"右侧的 ■，弹出"选择材质图像"对话框，选择随书附带光盘中的"CDROM\素材\第11章\节目预告\图像09"文件，单击"打开"按钮。

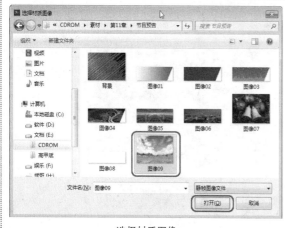

选择材质图像

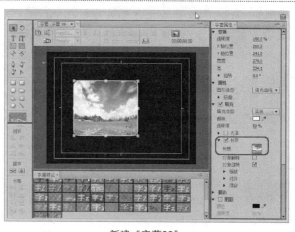

新建"字幕09"

步骤10 单击"基于当前字幕新建" 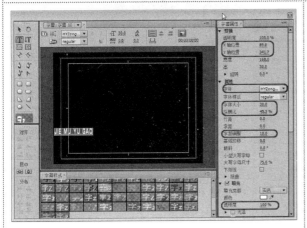 按钮，新建"字幕10"，将字幕编辑器中的内容删除，使用"输入工具"，在字幕编辑器中输入"JIE MU YU GAO"，在"字幕属性"栏中，设置"属性"区域下的"字体"为"HYZongYiJ"，设置"字体大小"为30，"纵横比"为45.3%，"字距调整"为10；在"变换"区域下，设置"X位置"为89，"Y位置"为341.7，取消"填充"区域下"材质"复选框的勾选，设置"透明度"为100%。

步骤11 单击"基于当前字幕新建"按钮 ，新建"字幕11"，删除字幕编辑器中的文字，使用"圆角矩形工具"，在字幕编辑器中创建一个圆角矩形，在"字幕属性"栏中，设置"属性"区域下的"圆角大小"为5%，添加一处"外侧边"，设置"大小"为2，"颜色"为"蓝色"；在"变换"区域下，设置"宽度"、"高度"分别为373、222.8，"X位置"、"Y位置"分别为439.2、315.1。

新建"字幕10"

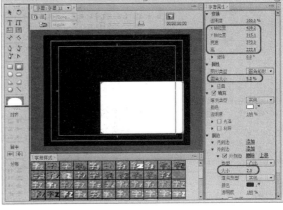

新建"字幕11"

步骤12 单击"基于当前字幕新建"按钮 ，新建"字幕12"，选中字幕编辑器中的圆角矩形，在"字幕属性"栏中，设置"宽度"、"高度"分别为367、197，"X位置"、"Y位置"分别为235.2、132.6。

步骤13 按Ctrl+T键，新建"字幕13"，进入字幕面板，使用"椭圆工具"，在字幕编辑器中创建椭圆，在"字幕属性"栏中"变换"区域下，将"宽度"、"高度"分别为4.5、506.6，"旋转"设置为24.5，"X位置"、"Y位置"分别设置为537.2、241.2；在"填充"区域下，设置"颜色"为"红色"。

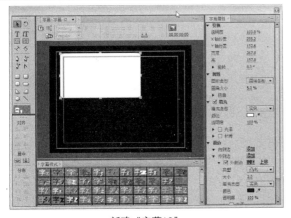

新建"字幕12"

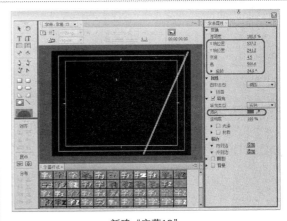

新建"字幕13"

步骤14 新建"字幕14"，将字幕编辑器中的内容删除，使用"输入工具"，在字幕编辑器中输入内容，在"字幕属性"栏中，设置"属性"区域下的"字体"为"FZMeiHei-M07S"，设置"字体大小"为30，"行距"为8，"字距调整"为10；设置填充颜色为"黄色"；勾选"阴影"复选框，"颜色"设置为"白色"，"透明度"为90%，"角度"为−205，"距离"为0，"大小"为0，"扩散"为35；在"变换"区域下，设置"X位置"为493，"Y位置"为322.7。使用同样的方法设置其他字幕，并设置"X位置"、为212.3，"Y位置"为127.8。

步骤15 单击"基于当前字幕新建"按钮 ，新建"字幕15"，将字幕编辑器中的内容删除，使用"输入工具"，在字幕编辑器中输入"节目预告"，在"字幕属性"栏中，设置"属性"区域下的"字体"为"STXinwei"，"字体大小"为40，"字距"为8，"字距调整"为0；在"填充"区域下，设置"色彩"为"白色"；取消"阴影"复选框的勾选；在"变换"区域下，设置"X位置"为469.8，"Y位置"为174.6。

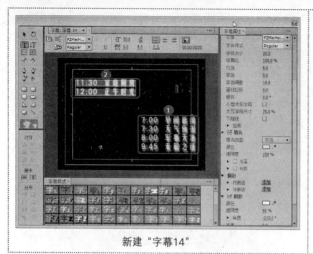

新建"字幕14"	新建"字幕15"

11.2.3 设置"节目预告01"序列

创建和设置"节目预告02"序列的具体操作步骤如下。

步骤1 关闭字幕编辑器，选择菜单栏"序列 | 添加轨道"命令，在弹出的"添加视音轨"对话框中添加10条视频轨，单击"确定"按钮。

步骤2 设置完成后关闭字幕面板。设置当前时间为00:00:06:15，将"背景.png"文件拖至"序列"面板"视频1"轨道中，将其结束处与编辑标识线对齐，右键单击该文件，在弹出的快捷菜单中选择"缩放为当前画面大小"命令。

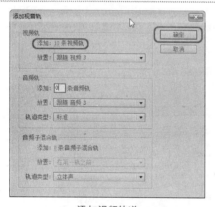

添加视频轨道

拖至"视频1"轨道中

步骤3 切换到"效果"面板选择"视频特效 | 调整 | 照明效果"，并将其拖至"视频1"轨道的素材文件上。

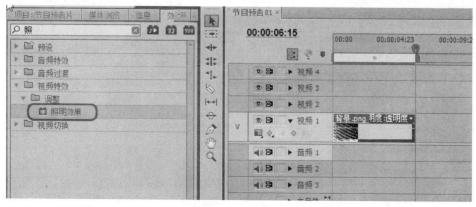

添加"照明效果"

步骤4 设置当前时间为00:00:00:00，在"特效控制台"面板，设置"照明效果"区域下"光照1"下的"灯光类型"为"全光源"，"照明颜色"为"#00FFFF"，"中心"为−109.2,418，并单击其左侧的"切换动画"按钮，打开动画关键帧的记录；设置"主要半径"为22，"强度"为46，"环境照明强度"为10，"表面光泽"为62.1，"表面质感"为51.5，"曝光度"为10.7，"凹凸层"为"视频1"，"凹凸通道"为"Alpha"，"凹凸高度"为31.6。

步骤5 设置当前时间为00:00:02:05，设置"照明效果"区域下的"中心"为1224,418。

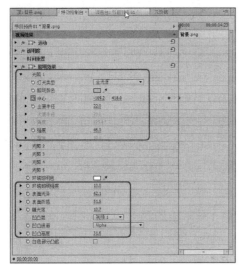

特效设置特效

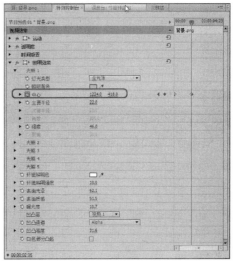

设置特效

步骤6 设置当前时间为00:00:02:05，将"图像01.png"文件拖至"序列"面板的"视频2"轨道中，将其开始处与编辑标识线对齐，并将其结束处与"背景.png"文件的结束处对齐。

步骤7 确定"图像01.png"文件选中的情况下，在"特效控制台"面板，设置"运动"区域下的"位置"为−489,240，单击其左侧的"切换动画"按钮，打开动画关键帧的记录；将"缩放"设置为60。修改当前时间为00:00:03:22，设置"位置"为174,240。

添加"图像01.png"

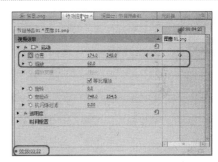

在"特效控制台"进行设置

步骤8 设置当前时间为00:00:02:05，将"字幕01"拖至"序列"面板的"视频3"轨道中，与编辑标识线对齐，将其结束处与"图像01.png"文件的结束处对齐。

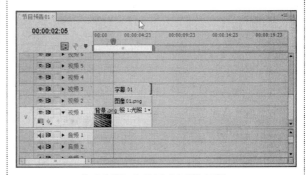

将"字幕01"拖至"序列"面板

步骤9 确定"字幕01"选中的情况下，在"特效控制台"面板中，设置"运动"区域下的"位置"为−301.6,240，单击其左侧的"切换动画"按钮，打开动画关键帧的记录。设置当前时间为00:00:03:22，设置"位置"为360,240。

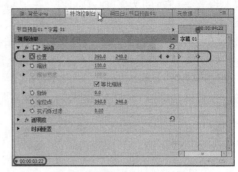

在"特效控制台"进行设置

步骤10 设置当前时间为00:00:03:22，将"图像02.png"文件拖至"序列"面板"视频4"轨道中，将其开始处与编辑标识线对齐，将其结束处与"字幕01"的结束处对齐。

步骤11 确定"图像02.png"文件选中的情况下，在"特效控制台"面板，设置"运动"区域下的"位置"为−441,256，单击其左侧的"切换动画"按钮，打开动画关键帧的记录，设置"缩放"为53.5。修改时间为00:00:04:16，设置"位置"为212,256。

拖至"视频4"轨道中

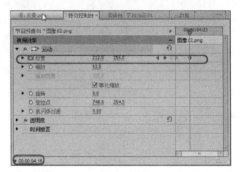

进行设置

步骤12 设置当前时间为00:00:03:22，将"图像03.png"文件拖至"序列"面板的"视频5"轨道中，与编辑标识线对齐，并将其结束处与"图像02.png"文件的结束处对齐。

步骤13 确定"图像03.png"文件选中，在"特效控制台"面板中，设置"运动"区域下的"位置"为−438,256，单击其左侧的"切换动画"按钮，打开动画关键帧的记录，设置"缩放"为53，并设置"透明度"区域下的"混合模式"为"明亮度"，设置当前时间为00:00:04:16，将"位置"设置为213,256。

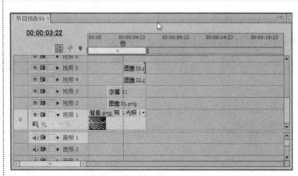

拖至"视频5"轨道

进行设置

步骤14 设置当前时间为00:00:05:02，将"图像04.png"文件拖至"序列"面板的"视频6"轨道中，将其开始处与编辑标识线对齐。

步骤15 再将当前时间设置为00:00:05:15，拖动"图像04.psd"文件的结束处与编辑标识线对齐。

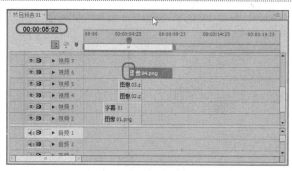

与编辑标识线对齐

与编辑标识线对齐

步骤16　确定"图像04.png"文件选中的情况下，在"特效控制台"面板中，修改当前时间为00:00:05:02，设置"位置"为214,256，"缩放"为53，"透明度"为0%，"混合模式"为"明亮度"。修改当前时间为00:00:05:12，设置"透明度"为100%。

步骤17　将当前时间设置为00:00:05:14，将"图像05.png"文件拖至"序列"面板的"视频7"轨道中，将其开始处与编辑标识线对齐。

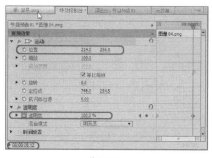

进行设置

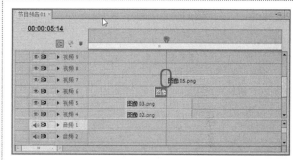

拖至"序列"面板

步骤18　将时间设置为00:00:06:03，拖动"图像05.psd"文件的结束处与编辑标识线对齐。

步骤19　确定"图像05.pn"文件处于选择状态。修改当前时间为00:00:05:14，在"特效控制台"面板中。设置"运动"区域下的"位置"为214,256，"缩放"为53，"透明度"为0%，"混合模式"为"正片叠底"。修改当前时间为00:00:06:00，设置"透明度"为100。

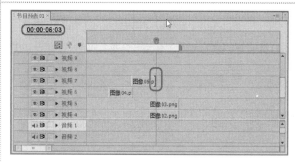

与编辑标识线对齐

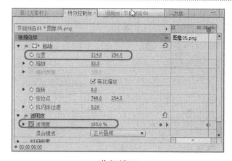

进行设置

步骤20　设置当前时间为00:00:06:02，将"图像06.png"文件拖至"序列"面板的"视频8"轨道中，与编辑标识线对齐。将其结束处与"图像03.png"文件的结束处对齐。

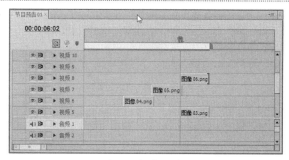

拖至"序列"面板

步骤21 确定"图像06.png"处于选择状态,在"特效控制台"面板中,设置"运动"区域下的"位置"为214,256,"缩放"为53,"透明度"为0%,"混合模式"为"明亮度"。修改当前时间为00:00:06:12,设置"透明度"为100%。

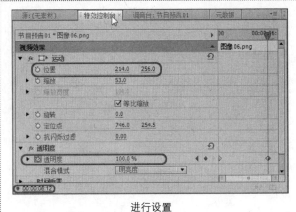

进行设置

步骤22 将当前时间设置为00:00:04:16,将"字幕02"拖至"序列"面板的"视频9"轨道中,将其开始处与编辑标识线对齐,将其结束处与"图像06.png"文件的结束处对齐。

步骤23 确定"字幕02"选中的情况下,在"特效控制台"面板中,设置"透明度"为0%。再设置当前时间为00:00:05:02,设置"透明度"为100%。

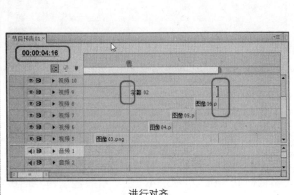

进行对齐

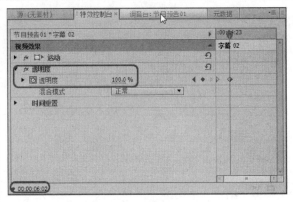

设置"透明度"

11.2.4 对序列进行嵌套

对序列进行嵌套的具体操作步骤如下。

步骤1 在"项目"面板空白处单击鼠标右键,在弹出的快捷菜单中选择"新建分项｜序列"命令。新建"节目预告02"。

步骤2 在菜单栏选择"序列｜添加轨道"命令,在弹出的"添加视音轨"面板中,添加10条视频轨,单击"确定"按钮。

"新建序列"对话框

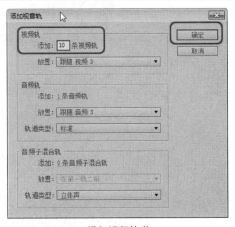

添加视频轨道

步骤3 将"节目预告01"序列拖至"序列"面板中的"视频1"轨道中。

步骤4 选择该素材，单击鼠标右键，在弹出的快捷菜单中选择"解除视音频链接"命令，并将音频删除。

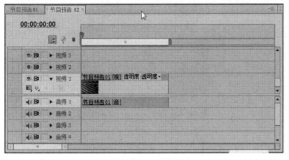

拖至"视频1"轨道中

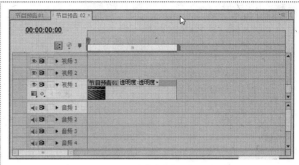

删除音频

步骤5 切换至"效果"面板，选择"镜头光晕"特效，并将其拖至"视频1"轨道中。

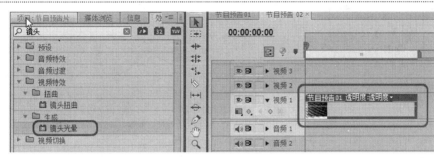

添加"镜头光晕"特效

步骤6 在"序列"面板中，将当前时间设置为00:00:04:18，在"特效控制台"面板中设置"镜头光晕"区域下的"光晕中心"为750.9,−72，单击其左侧的"切换动画"按钮，打开动画关键帧的记录；设置当前时间为00:00:06:02，设置"光晕中心"为448.4,527.2。

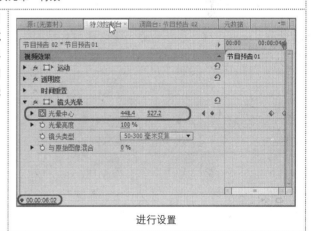

进行设置

11.2.5 添加背景音乐

添加背景音乐的具体操作步骤如下。

步骤1 在"项目"面板中选择"背景音乐，并将其拖至"音频1"轨道中。

将其拖至"音频1"轨道中

步骤2 将当前时间设置为00:00:12:15，在"工具面板"中选择"剃刀工具"，在编辑标示线处单击鼠标，将其分割，并将第二段音频删除。

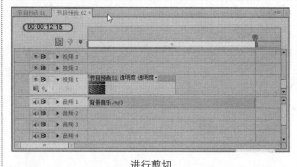

进行剪切

11.2.6 编辑视频

将所用的图形和字幕拖至"序列"面板中，通过进行编辑可以达到想要的结果。

编辑视频的具体操作步骤如下。

步骤1 设置当前时间为00:00:04:18，将"字幕03"拖到"序列"面板的"视频2"轨道中，将其开始处与编辑标识线对齐，将其结束处与"节目预告01"序列的结束处对齐。

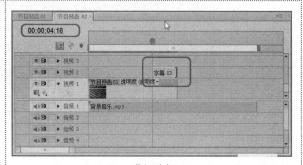

进行对齐

步骤2 切换到"效果"面板，选择"交叉叠化（标准）"特效，并将其拖至"字幕03"的开始处。

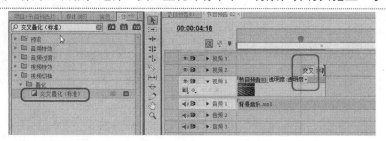

添加"交叉叠化（标准）"特效

步骤3 设置当前时间为00:00:02:04，将"字幕04"拖至"序列"面板的"视频3"轨道中，与编辑标识线对齐，并将其结束处与"字幕03"的结束处对齐。

步骤4 确定"字幕04"处于选择状态，设置当前时间为00:00:02:20，在"特效控制台"面板中设置"运动"区域下的"位置"为280,70，单击"透明度"右侧的"添加/移除关键帧"按钮。修改当前时间为00:00:02:22，设置"透明度"为80%。

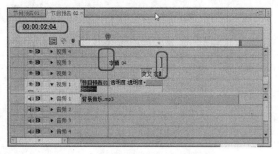

将其对齐

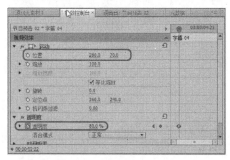

进行设置

步骤5 设置当前时间为00:00:04:04，单击"位置"左侧的"切换动画"按钮，打开动画关键帧的记录。设置当前时间为00:00:04:23，设置"位置"为421.1,70。

步骤6 设置当前时间为00:00:05:08，添加一个"透明度"关键帧。设置当前时间为00:00:05:10，设置"透明度"为60%。

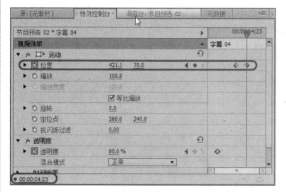

进行设置

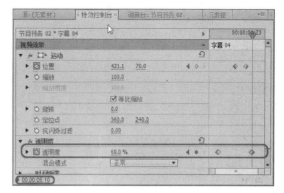

设置透明度

步骤7 每隔两帧添加一个"透明度"关键帧，读者可以自己定义。

步骤8 将时间设置为00:00:02:08，将"字幕04"拖至"序列"面板的"视频4"轨道中，将其开始处与编辑标识线对齐，将其结束处与视频轨道3中的字幕04的结束处对齐。

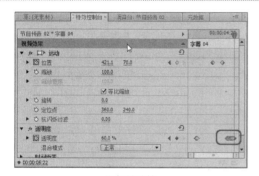

添加关键帧

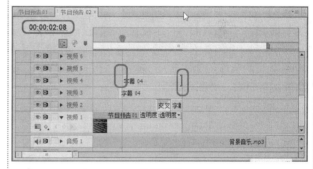

进行对齐

步骤9 确定"字幕04"处于选择状态，设置当前时间为00:00:02:20，在"特效控制台"面板中，设置"运动"区域下的"位置"为316,70，"透明度"设置为80%。修改当前时间为00:00:02:22，设置"透明度"为60%。

步骤10 设置当前时间为00:00:04:04，打开"位置"动画关键帧的记录。设置当前时间为00:00:04:23，设置"位置"为560.8,70。

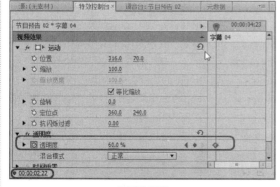

设置透明度

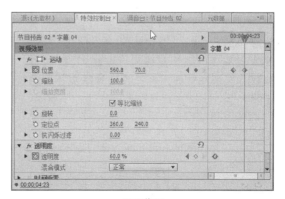

设置位置

步骤11 设置当前时间为00:00:05:08，添加一个"透明度"关键帧，使用同样的方法每隔两帧，设置透明度。

步骤12 确定时间为00:00:06:15，将"图像07.png"文件拖至"序列"面板中的"视频1"轨道中，与"节目预告01"序列的结束处对齐，并将其结束处与"音乐背景.mp3"的结束处对齐。右键单击该文件，在弹出的快捷菜单中选择"缩放为当前画面大小"命令。

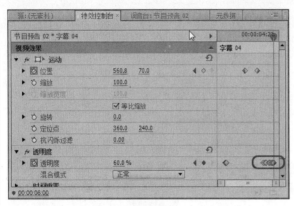

添加关键帧

进行对齐

步骤13 确定"图像07.png"选中的情况下，为其添加"裁剪"特效，在"特效控制台"面板中，设置当前时间为00:00:07:00，在"特效控制台"面板，设置"裁剪"区域下的"顶部"、"底部"分别为50%、50%，分别单击它们左侧的"切换动画"按钮，打开动画关键帧的记录，修改当前时间为00:00:07:05，分别设置"顶部"、"底部"为0%。

步骤14 为"图像07.png"文件添加"照明效果"特效，在"特效控制台"面板中，在"照明效果"区域的"光照1"下，设置"灯光类型"为"全光源"，"照明颜色"为"白色"，"中心"为1003.6,390.2，"主要半径"为21.9，"强度"为56.3，"环境照明色"的RGB为（205、0、0），"环境照明强度"为9.7，"表面光泽"为47.6，"表面质感"为92.2，"凹凸层"为"视频1"，"凹凸通道"为G，"凹凸高度"为63.6。

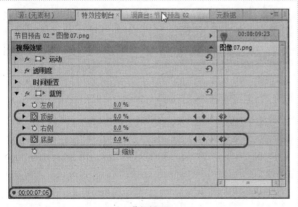

进行设置

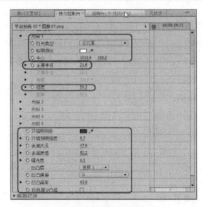

设置特效

步骤15 将当前时间设置为00:00:11:15，将"字幕05"拖至"序列"面板的"视频2"轨道中，与"字幕03"的结束处对齐，并将其结束处与编辑标识线对齐。

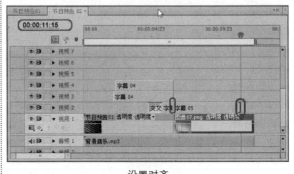

设置对齐

步骤16 确定"字幕05"处于选择状态，为其添加"裁剪"、"方向模糊"特效，激活"特效控制台"面板，设置当前时间为00:00:06:15，设置"裁剪"区域下的"左侧"、"右侧"分别为50%、50%，分别单击其左侧的"切换动画"按钮，打开动画关键帧的记录。

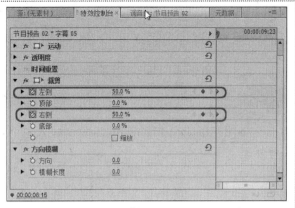

进行设置

步骤17 将当前时间设置为00:00:06:18，取消"运动"区域下的"等比缩放"复选框，单击"缩放宽度"左侧"切换动画"按钮，打开动画关键帧的记录，并设置"左侧"、"右侧"为0%。

步骤18 设置当前时间为00:00:06:21，设置"缩放宽度"为160；设置"方向模糊"区域下的"方向"为90，单击"模糊长度"左侧的"切换动画"按钮，打开动画关键帧的记录。

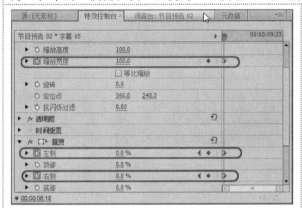

进行设置

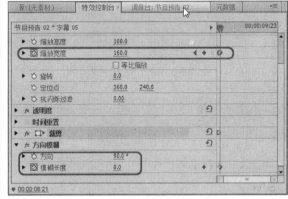

进行设置

步骤19 将当前时间设置为00:00:07:00，设置"透明度"为100%，设置"定向模糊"区域下的"模糊长度"为100。

步骤20 将当前时间设置为00:00:07:03，设置"透明度"为0%。

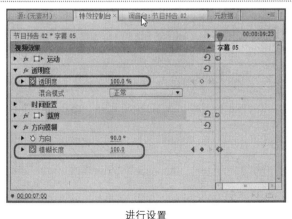

进行设置

设置"透明度"

步骤21 将当前时间设置为00:00:07:05，将"字幕06"拖至"序列"面板的"视频3"轨道中，与编辑标识线对齐，并将其结束处与"图像07.png"文件的结束处对齐。

步骤22 将当前时间设置为00:00:07:11，在"特效控制台"面板中设置"运动"区域下的"位置"为873.5,240，单击其左侧的"切换动画"按钮，打开动画关键帧的记录，设置"定位点"为150,240。

将其对齐

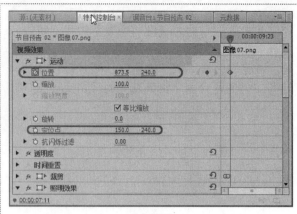

进行设置

步骤23 设置当前时间为00:00:07:17，设置"位置"为152.8,240。

步骤24 将"图像08.png"文件拖至"序列"面板的"视频4"轨道中，分别将它的开始处、结束处与"字幕06"对齐。

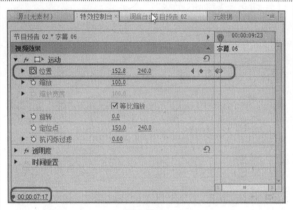

设置位置

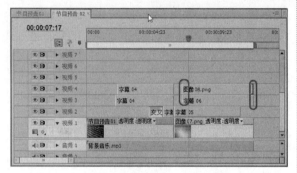

将其对齐

步骤25 确定"图像08.png"文件处于选择状态，设置当前时间为00:00:07:05，在设置"运动"区域下的"位置"为-547.4,240，单击其左侧的"切换动画"按钮，打开动画关键帧的记录，将"透明度"区域下的"混合模式"设置为"强光"。

步骤26 将当前设置时间为00:00:07:11，在"特效控制台"面板中将"位置"设置为257.1,240。

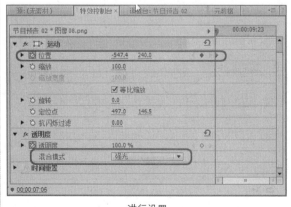

进行设置

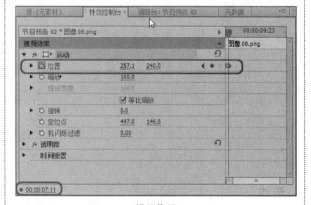

设置位置

步骤27 将时间设置为00:00:07:20，将"字幕07"拖至"序列"面板的"视频5"轨道中，将其开始处与编辑标识线对齐，将其结束处与"图像08.png"文件的结束处对齐。

步骤28 确定"字幕07"处于选择状态，在"特效控制台"面板中，设置"运动"区域下的"位置"为164,240，单击其左侧的"切换动画"按钮，打开动画关键帧的记录，设置"定位点"为300,240，"透明度"为0。

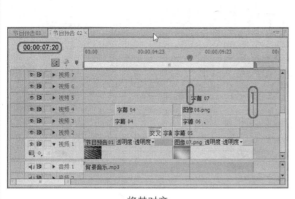

将其对齐

进行设置

步骤29　将当前时间修改为00:00:07:22，在"特效控制台"面板中设置"透明度"为100%。

步骤30　将当前时间设置为00:00:08:06，在"特效控制台"面板中设置"位置"为340,240。

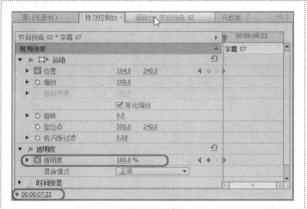

设置透明度

设置位置

步骤31　修改当前时间为00:00:10:07，在"特效控制台"面板中添加一个"透明度"关键帧。

步骤32　修改当前时间为00:00:10:09，设置"透明度"为0%。使用同样的方法设置"字幕06"的透明度动画。

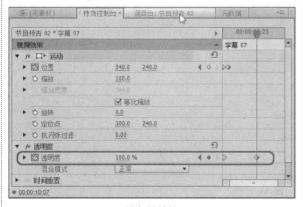

添加关键帧

设置透明度

步骤33　设置当前时间为00:00:08:06，将"字幕08"拖至"序列"面板的"视频6"轨道中，与编辑标识线对齐，并将其结束处与"字幕07"的结束处对齐。

步骤34　确定"字幕08"处于选择状态，在"特效控制台"面板中，设置"运动"区域下的"位置"为400,240，单击其左侧的"切换动画"按钮，打开动画关键帧的记录，并设置"透明度"为0%。

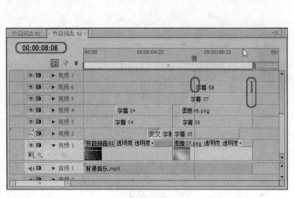

将其对齐

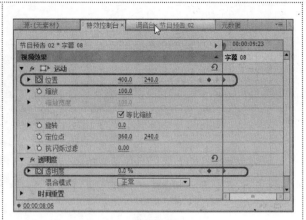

进行设置

步骤35 将当前时间设置为00:00:08:08，在"特效控制台"面板中设置"透明度"为100%。

步骤36 设置当前时间为00:00:08:22，在"特效控制台"面板中设置"位置"为512,240。

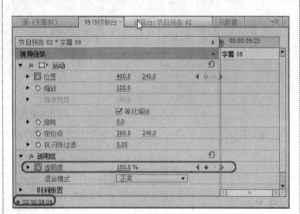

设置"透明度"

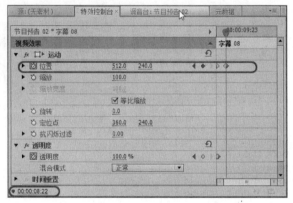

设置位置

步骤37 将当前时间设为00:00:09:16，在"特效控制台"面板中添加一个"透明度"关键帧。

步骤38 将当前时间设为00:00:09:17，在"特效控制台"面板中设置"透明度"为0%。

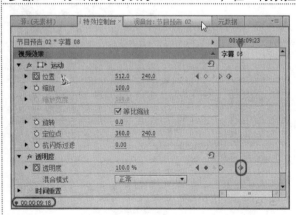

添加关键帧

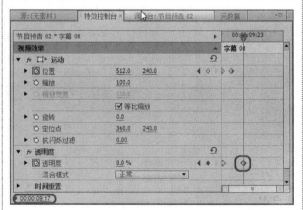

设置"透明度"

步骤39 将时间设置为00:00:06:17，将"字幕04"拖至"序列"面板的"视频7"轨道中，将其开始处与编辑标识线对齐，拖动其结束处至00:00:08:22位置处。

步骤40 设置当前时间为00:00:07:10，设置"位置"为360,219，单击其左侧的"切换动画"按钮，打开动画关键帧的记录。

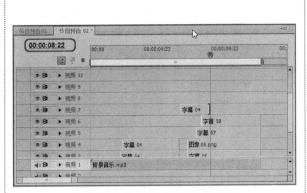

将"字幕04"拖至"视频7"轨道中

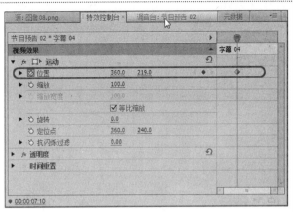

设置位置

步骤41 修改当前时间为00:00:07:20，在"特效控制台"面板中设置"位置"为360,80。

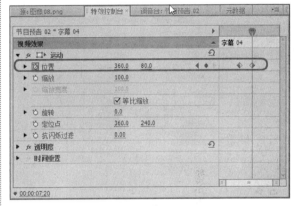

设置位置

步骤42 设置当前时间为00:00:07:21，添加一个"透明度"关键帧。设置当前时间为00:00:07:22，设置"透明度"为40%。

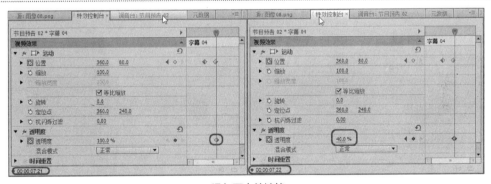

添加两个关键帧

步骤43 将时间设置为00:00:06:19，将"字幕04"拖至"序列"面板的"视频8"轨道中，与编辑标识线对齐，拖动"字幕04"的结束处至00:00:09:08。

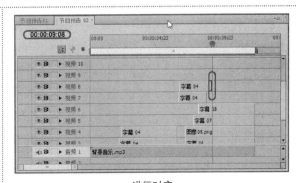

进行对齐

步骤44 将时间设置为00:00:07:10，在"特效控制台"面板，设置"位置"为394,219，单击其左侧的"切换动画"按钮，打开动画关键帧的记录，设置"透明度"为80%，删除关键帧。

步骤45 设置当前时间为00:00:07:20，在"特效控制台"中设置"位置"为394,80。

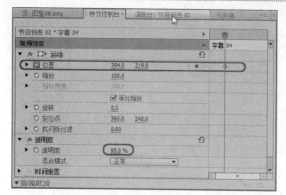

进行设置　　　　　　　　　　设置位置

步骤46 设置当前时间为00:00:07:21，添加"透明度"关键帧。设置当前时间为00:00:07:22，设置"透明度"为60%。

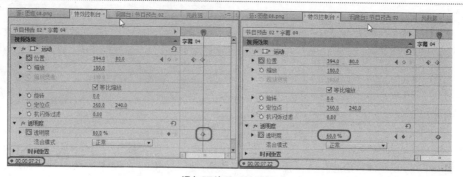

添加两处透明关键帧

步骤47 设置当前时间为00:00:08:06，添加一个"位置"关键帧。设置当前时间为00:00:08:21，设置"位置"为724.5,80。

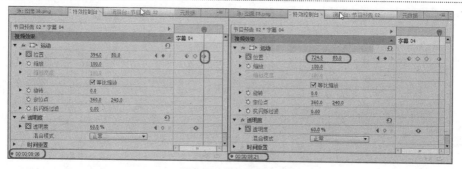

添加两处位置关键帧

步骤48 将时间设置为00:00:06:21，将"字幕04"拖至"序列"面板的"视频9"轨道中，与编辑标识线对齐，拖动其结束处与"视频8"轨道中的"字幕04"结束处对齐。

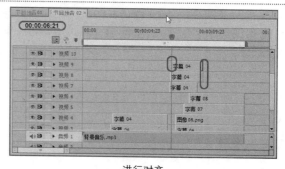

进行对齐

步骤49 确定"字幕04"选中的情况下，设置当时间为00:00:07:10，在"特效控制台"面板中设置"位置"为427,219，单击其左侧的"切换动画"按钮，打开动画关键帧的记录。将"透明度"设置为60，并删除关键帧。

步骤50 将当前时间修改为00:00:07:20，在"特效控制台"面板中设置"位置"为427,80。

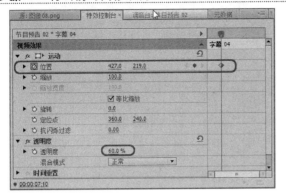
进行设置

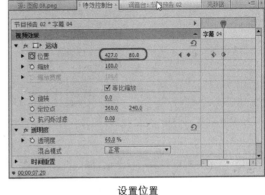
设置位置

步骤51 将时间修改为00:00:07:21，添加一个"透明度"关键帧，设置当前时间为00:00:07:22，设置"透明度"为100%。

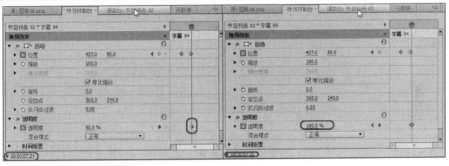
添加两处关键帧

步骤52 设置当前时间为00:00:08:06，添加一个"位置"关键帧。设置当前时间为00:00:08:21，设置"位置"为880.8,80。

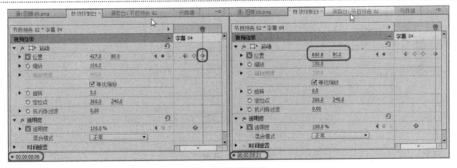
添加透明关键帧

步骤53 设置当前时间为00:00:06:23，将"字幕04"拖至"时间线"面板的"视频10"轨道中，与编辑标识线对齐，并将其结束处与下面的"字幕04"的结束处对齐。

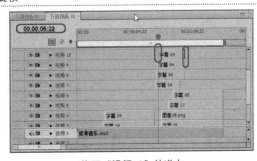
拖至"视频10"轨道中

步骤54 确定"字幕04"处于选择状态，设置当前时间为00:00:07:10，在"特效控制台"面板，设置"位置"为460,219，单击其左侧的"切换动画"按钮，打开动画关键帧的记录。设置"透明度"为40%，并删除关键帧。设置当前时间为00:00:07:20，设置"位置"为460,80。

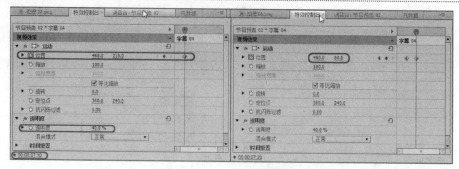

进行设置

步骤55 设置当前时间为00:00:07:21，添加一个"透明度"关键帧。设置当前时间为00:00:07:22，设置"透明度"为50%。

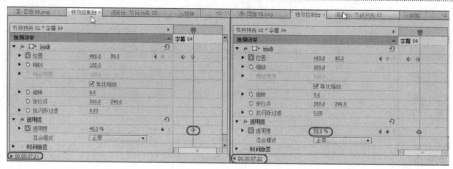

添加两个"透明度"关键帧

步骤56 设置当前时间为00:00:08:06，添加一个"位置"关键帧。设置当前时间为00:00:08:21，设置"位置"为808.4,80。

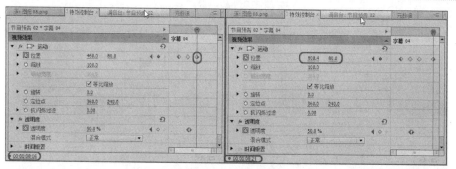

添加两个"位置"关键帧

步骤57 设置当前时间为00:00:07:01，将"字幕04"拖至"序列"面板"视频11"面板中，与编辑标识线对齐，将其结束处与"视频10"中的"字幕04"的结束处对齐。

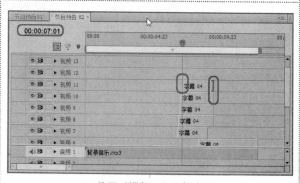

拖至"视频11"面板中

步骤58 确定"字幕04"选中的情况下，在"特效控制台"面板中设置"位置"为490,219，单击其左侧的"切换动画"按钮，打开动画关键帧的记录。设置"透明度"为20%，删除关键帧。设置当前时间为00:00:07:20，设置"位置"为490,80。

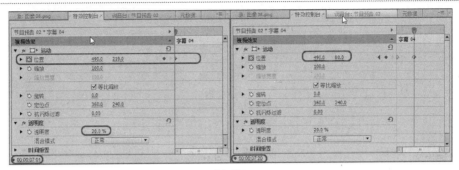

进行设置

步骤59 设置当前时间为00:00:07:21，添加一个"透明度"关键帧。设置当前时间为00:00:07:22，设置"透明度"为100%。

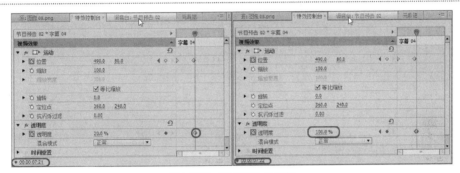

添加两处"透明度"关键帧

步骤60 设置当前时间为00:00:08:06，添加一个"位置"关键帧。修改当前时间为00:00:08:21，设置"位置"为600,80。

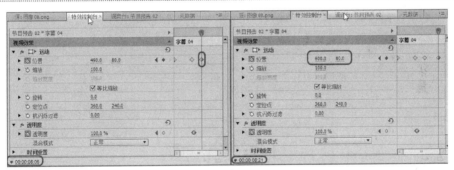

添加两处"位置"关键帧

步骤61 设置当前时间为00:00:08:22，将"字幕09"拖至"序列"面板中的"视频7"轨道中，与编辑标识线对齐，并将其结束处与"字幕08"的结束处对齐。

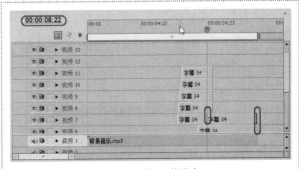

拖至"视频7"轨道中

步骤62　确定"字幕09"被选择的状态，在"特效控制台"面板中，设置"位置"为512,240，设置"透明度"为0%。设置当前时间为00:00:09:00，设置"透明度"为100%。

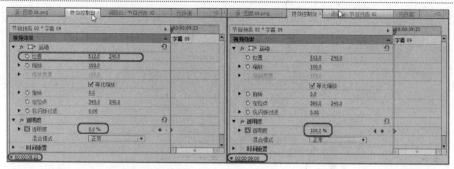

进行设置

步骤63　设置当前时间为00:00:09:16，单击"位置"左侧的"切换动画"按钮，打开动画关键帧的记录。设置当前时间为00:00:09:23，设置"位置"为581.7,331.1。

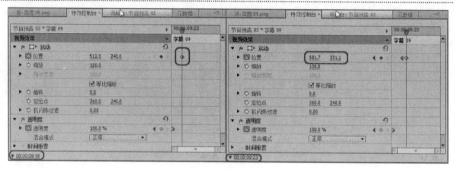

设置"位置"

步骤64　设置当前时间为00:00:10:07，添加一个"透明度"关键帧，将时间设置为00:00:10:09，设置"透明度"为0%。

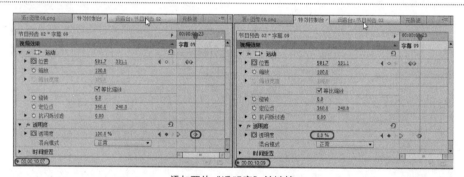

添加两处"透明度"关键帧

步骤65　设置当前时间为00:00:11:01，将"字幕10"拖至"序列"面板"视频8"轨道中，与编辑标识线对齐，拖动其结束处与"字幕09"的结束处对齐。

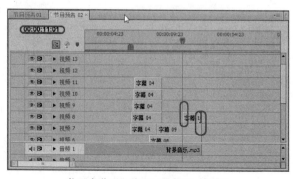

将"字幕10"拖至"视频8"轨道中

步骤66 确定"字幕10"选中的情况下，在"特效控制台"面板，设置"运动"区域下的"位置"为526.2,153，取消"等比缩放"复选框的勾选，单击"缩放宽度"左侧的"切换动画"按钮，打开动画关键帧的记录，将"透明度"设置为0%。

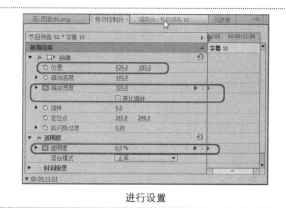

进行设置

步骤67 修改当前时间为00:00:11:03，设置"透明度"设置为100%；设置当前时间为00:00:11:14，设置"缩放宽度"为142。

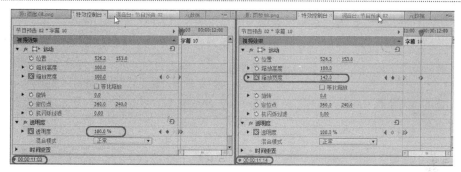

进行设置

步骤68 将时间设置为00:00:10:09，将"字幕11"拖至"序列"面板的"视频9"轨道中，与编辑标识线对齐，拖动其结束处与"字幕10"的结束处对齐。

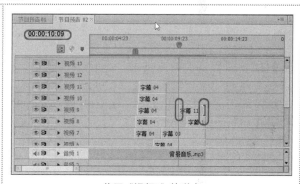

拖至"视频9"轨道中

步骤69 确定"字幕11"选中的情况下，为其添加"4点无用信号遮罩"、"裁剪"特效，在"特效控制台"面板中，设置"透明度"为80%，取消动画关键帧的记录；在"4点无用信号遮罩"区域下，设置"上左"为478.8,6.5，"上右"为720,0，"下右"为720,480，"下左"为262.6,437.7；设置"裁剪"区域下的"左侧"、"右侧"分别为36%、63%，单击"右侧"左侧的"切换动画"按钮，打开动画关键帧的记录。设置当前时间为00:00:10:20，设置"右侧"为0%。

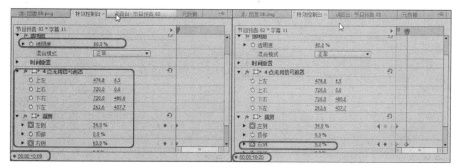

进行设置

步骤70 设置当前时间为00:00:10:09,将"字幕12"拖至"序列"面板的"视频10"轨道中,与编辑标识线对齐,拖动其结束处与"字幕11"对齐。

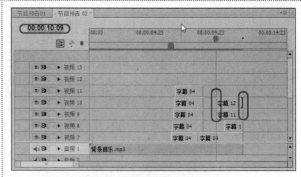

拖至"视频10"轨道中

步骤71 确定"字幕12"选中的情况下,为其添加"4点无用信号遮罩"、"裁剪"特效,激活"特效控制台"面板,设置当前时间为00:00:11:01,设置"透明度"为80%,取消动画关键帧的记录;设置"4点无用信号遮罩"在"4点无用信号遮罩"区域下,设置"上左"为0,0,"上右"为474,6.5,"下右"为262,437,"下左"为0,480,设置"裁剪"区域下的"左侧""右侧"分别为65%、35%,单击"左侧"左侧的"切换动画"按钮,打开动画关键帧的记录。设置当前时间为00:00:11:12,设置"左侧"为0%。

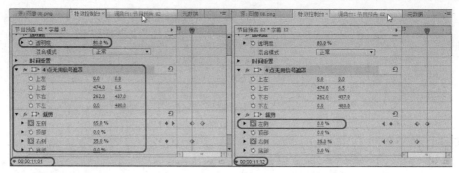

进行设置

步骤72 设置当前时间为00:00:10:01,将"字幕13"拖至"序列"面板的"视频11"轨道中,与编辑标识线对齐,拖动"字幕13"的结束处与"字幕12"的结束处对齐。

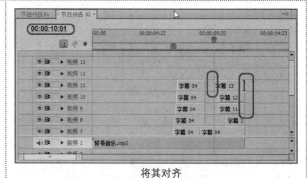

将其对齐

步骤73 确定"字幕13"选中的情况下,在"特效控制台"面板中,设置"位置"为405,-219,单击其左侧的"切换动画"按钮,打开动画关键帧的记录。设置当前时间为00:00:10:09,设置"位置"为130,240。

设置"位置"

步骤74 设置当前时间为00:00:11:01，将"字幕14"拖至"序列"面板的"视频12"轨道中，与编辑标识线对齐，拖动其结束处与"字幕13"的结束处对齐。

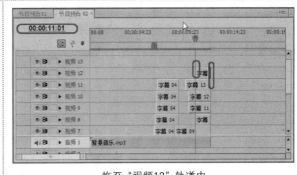

拖至"视频12"轨道中

步骤75 确定"字幕14"选中的情况下，修改当前时间为00:00:11:10，设置"透明度"为0%。修改当前时间为00:00:11:12，设置"透明度"为100。

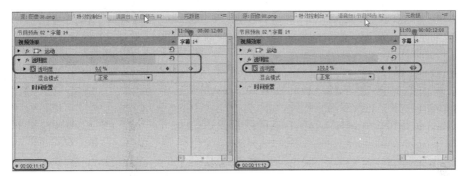

设置"透明度"

步骤76 将"字幕15"拖至"时间线"面板的"视频13"轨道中，设置其开始处、结束处与"字幕14"的结束处对齐。

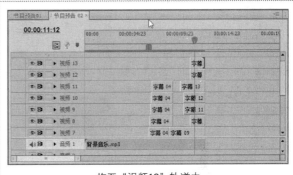

拖至"视频13"轨道中

步骤77 设置当前时间为00:00:11:01，在"特效控制台"面板中，设置"透明度"为0%。修改当前时间为00:00:11:05，设置"透明度"为100%。

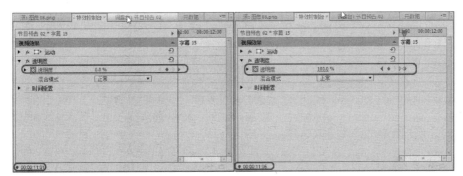

设置"透明度"

步骤78　设置当前时间为00:00:11:09，取消"运动"区域下的"等比缩放"复选框的勾选，单击"缩放宽度"左侧的"切换动画"按钮，打开动画关键帧的记录。设置当前时间为00:00:11:14，设置"缩放宽度"为119。

步骤79　设置完成后，在"节目"面板中预览效果，然后将视频导出。

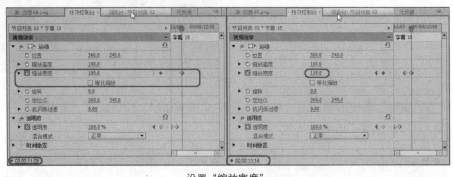

设置"缩放宽度"

11.3 | 制作数码相机片头

本节通过创作数码相机片头片头案例，巩固所学的知识。

11.3.1　导入素材

在制作广告动画之前，首先应该将需要的素材文件导入到项目窗口中，下面介绍导入素材的具体操作步骤。

步骤1　启动Premiere Pro CS6软件，在弹出的界面中为其制定一个正确的存储路径，将其"名称"设置为"数码相机宣传片头"。

步骤2　设置完成后单击"确定"按钮，在弹出的"新建序列"对话框中，将"有效预设"设置为"DV-PAL I 标准48khz"选项。

步骤3　设置完成后单击"确定"按钮，按Ctrl+I组合键，在弹出的对话框中选择随书附带光盘中的"CDROM\素材\第11章\数码相机宣传片头"文件夹，单击"导入文件夹"按钮。

"新建项目"对话框　　　　　　"新建序列"对话框　　　　　　"导入"对话框

步骤4　在项目文档中观察导入的素材文件。

11.3.2　创建字幕

一个动画中的文字是必要的宣传手段，下面介绍怎样制作字幕中的文字及动画中的形状。

步骤1 按Ctrl+T组合键，在弹出的对话框中保持其默认设置，单击"确定"按钮，进入"字幕编辑器"，在工具箱中选择"输入工具" [T]，在字幕编辑器中输入信息。

步骤2 使用选择工具在字幕编辑器中选择输入的文本信息，在"字幕属性"面板中，将"属性"组中的"字体"设置为Stencil Std，将"字体大小"设置为50，将"填充"类型设置为"放射渐变"，设置第一个色块的颜色为白色，第二个色块颜色的RGB值为（130、126、126）。

输入文字信息

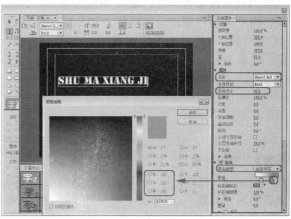

设置字幕属性

步骤3 在"描边"组中为其添加一个"外侧边"，将"类型"设置为"深度"，将"大小"设置为27，将"填充类型"设置为"线性渐变"，将第1个颜色块设置为白色，第2个色块颜色的RGB值为（130、126、126）。

步骤4 设置完成后，将"变换"组中的"X轴位置"设置为274.1，将"Y轴位置"设置为258。

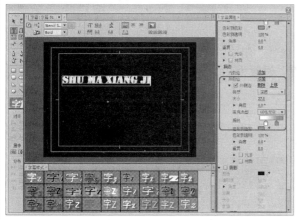

添加外侧变

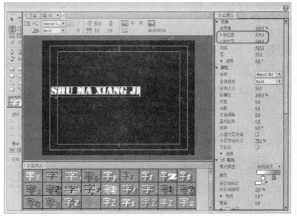

设置变换属性

步骤5 使用同样的方法，在字幕编辑器中输入文字信息，并将"字体"设置为"Courier New"，将"字体大小"设置为27，将"纵横比"设置为143%，将"填充类型"设置为实色，填充颜色设置为白色。删除外侧边，将"X轴位置"设置为430，将"Y轴位置"设置为329.5。

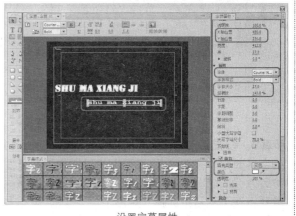

设置字幕属性

步骤6 设置完成后在字幕编辑器中单击"基于当前字幕新建"按钮 🔳，在弹出的对话框中保持默认设置，新建一个字幕，在字幕编辑器中选择第一次创建的文本信息，在"字幕属性"中，将"填充类型"设置为"线性渐变"，将第二个色块的颜色设置为黑色，适当调整色块之间的位置，在"描边"组中，将"外色边"的类型设置为"凸出"，将"大小"设置为5，将"填充类型"设置为实色，将其填充颜色设置为黑色。

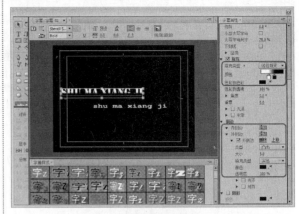

设置填充与描边

步骤7 设置完成后，在该编辑器中单击"基于当前字幕新建"按钮 🔳。在弹出的对话框中，将其重命名为"底纹1"，单击"确定"按钮，将字幕编辑器中的文本信息删除，在工具箱中选择"钢笔工具" 🖊，在字幕编辑器中绘制一个形状。

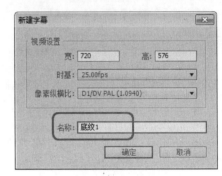

"新建字幕"对话框

步骤8 选择绘制的形状，在"属性"面板中，将"属性"组中的"图形类型"设置为"填充曲线"，将填充颜色设置为白色。在"变换"组中，将"宽度"设置为790，将"高"设置为101.5，将"X轴位置"设置为394，将"Y轴位置"设置为258.3。

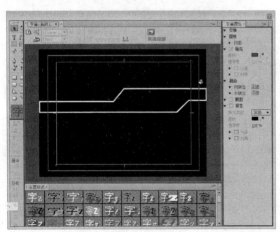

绘制形状

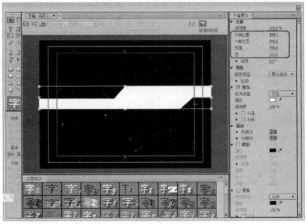

设置形状属性

步骤9 设置完成后在字幕编辑器中单击"基于当前字幕新建"按钮 🔳，在弹出的对话框中将其重命名为"底纹2"，单击"确定"按钮进入字幕编辑器，在工具箱中选择"矩形工具" 🔲，在字幕编辑器中绘制一个矩形。

步骤10 选择绘制的矩形，在"变换"组中，将"宽度"设置为800，将"高"设置为13，将"X轴位置"设置为395，将"Y轴位置"设置为350，并将"底纹1"中绘制的形状删除。

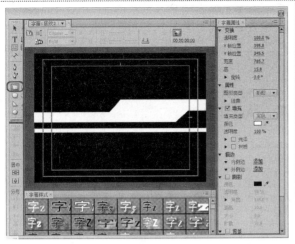

绘制矩形

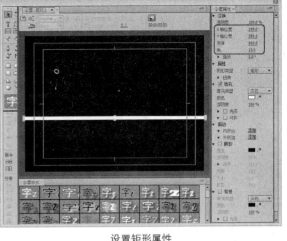

设置矩形属性

步骤11　设置完成后，在字幕编辑器中单击"基于当前字幕新建"按钮 ，在弹出的对话框中将其重命名为"横线"，单击"确定"按钮进入字幕编辑器。将字幕中的内容删除。使用"矩形工具" 绘制一个"宽度"为800，"高"为6的矩形。并将"X轴位置"设置为395，"X轴位置"设置为476。

步骤12　使用同样的方法绘制一个"宽度"为6，"高"为600的矩形。

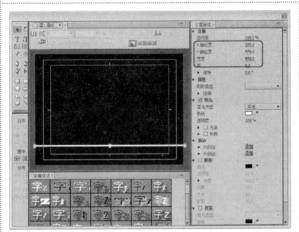

绘制横线

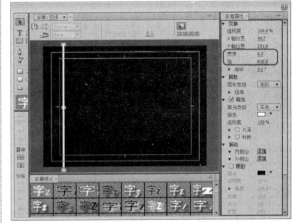

绘制竖线

步骤13　使用同样的方法创建一个新的字幕，并将其重命名为"边框1"，在"字幕编辑器"中单击"显示背景视频"按钮 ，在工具箱中选择"钢笔工具" ，绘制一个边框。

步骤14　使用同样的方法新建字幕，并将其重命名为"边框2"，在字幕编辑器中绘制一个边框。简单地设置边框的属性。

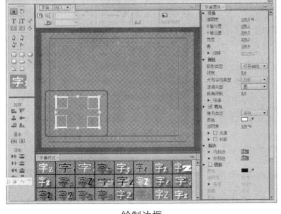

绘制边框

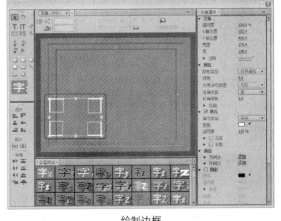

绘制边框

步骤15 使用同样的方法绘制边框3、边框4，并将边框4的颜色设置为红色。

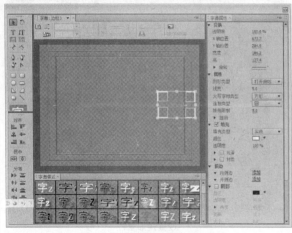

绘制边框3

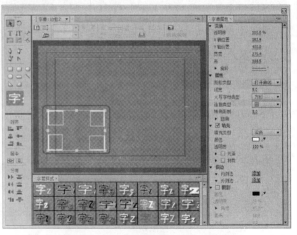

绘制边框4

步骤16 设置完成后，在字幕编辑器中单击"基于当前字幕新建"按钮 ，在弹出的对话框中将其重命名为"数码相机"，单击"确定"按钮，进入字幕编辑器，在字幕编辑器中输入"数码相机"文字信息，选择输入的文字信息。在"字幕样式"中选择"Tekton Pro Gold 70"选项。

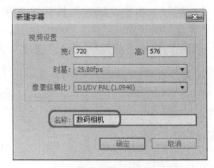

"新建字幕"对话框

步骤17 选择添加完字幕样式后的文字，在"属性"面板中，将"字体"设置为"Arial Unicode MS"，将"字体大小"设置为100，将"纵横比"设置为100%，在"变换"组中，将"X轴位置"设置为406，将"Y轴位置"设置为283。

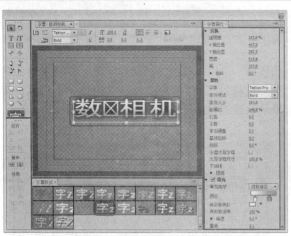

设置字幕样式

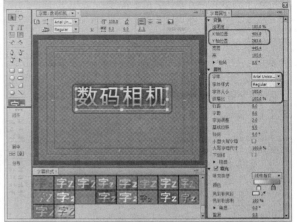

设置字幕属性

步骤18 设置完成后，在字幕编辑器中单击"基于当前字幕新建"按钮 ，在弹出的对话框中将其重命名为"底板"。单击"确定"按钮，进入字幕编辑器，在工具箱中选择"矩形工具" ▢，在字幕编辑器中创建一个矩形，将填充颜色设置为白色。

步骤19 选择创建的矩形，在"填充"选项组中，将"透明度"设置为50%，将"变换"选项组中的"宽度"设置为473，将"高"设置为414，将"X轴位置"设置为321，将"Y轴位置"设置为280.5。

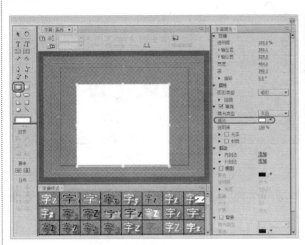
创建矩形

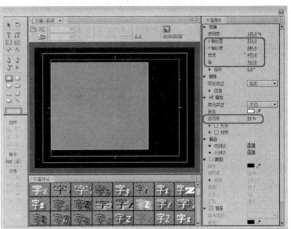
设置矩形属性

11.3.3 创建并设置序列

必要的装备工作我们已经完成了，接下来就是创建序列并设置参数，制作一些简单的动画。

步骤1 在菜单栏中选择"文件 | 新建 | 序列"命令，在弹出的"新建序列"对话框中保持其默认设置。单击"确定"按钮创建一个序列2。

步骤2 在"序列"面板中，将当前时间设置为00:00:00:02，在"项目"窗口中选择"边框2"字幕，将其添加到视频轨道1中。将"边框2"的开始位置与时间线对齐。

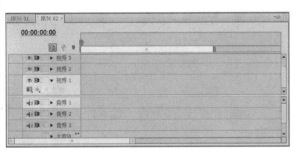
创建空白序列

添加字幕

步骤3 选择添加的字幕，单击鼠标右键，在弹出的快捷菜单中选择"速度/持续时间"命令。

步骤4 打开"素材速度/持续时间"对话框，在该对话框中将"持续时间"设置为00:00:00:02。

步骤5 设置完成后单击"确定"按钮，在"序列"面板中观察效果。

选择"速度/持续时间"命令

"素材速度/持续时间"对话框

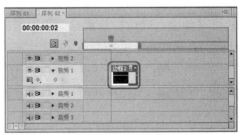
设置完成后的效果

步骤6 将当前时间设置为00:00:00:06，选择添加的第一个字幕文件，按Ctrl+C组合键，复制该字幕，然后按Ctrl+V组合键粘贴复制的字幕文件。

步骤7 使用同样的方法在时间为00:00:00:10的位置复制字幕文件。

复制字幕

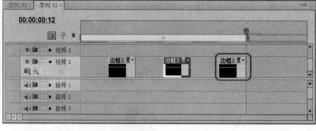

复制完成后的效果

步骤8 设置完成后按空格键观察设置后的效果。

步骤9 使用同样的方法创建一个新的序列，确认当前时间为00:00:00:00，在"项目"窗口中选择"001.png"素材文件，将其添加至"序列"面板中。

步骤10 选择添加的素材文件，将其"速度/持续时间"设置为00:00:02:21。

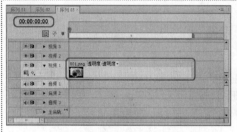

添加素材文件

"速度/持续时间"对话框

设置完成后的效果

步骤11 选择添加的"001.png"素材文件，切换至"特效控制台"面板，展开"运动"选项，将"缩放"设置为47。

步骤12 切换至"效果"面板，选择"视频特效|过渡|百叶窗"特效命令。

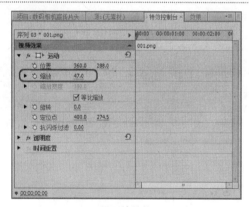

设置缩放值

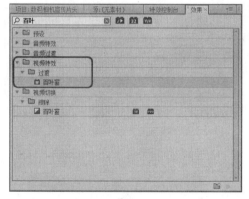

选择特效

步骤13 选择该特效，将其添加至"001.png"素材文件上，确认当前素材处于被选择的状态下，将当前时间设置为00:00:00:00，在"特效控制台"面板中，单击"过渡完成"左侧的"切换动画"按钮。将"过渡完成"设置为55%。

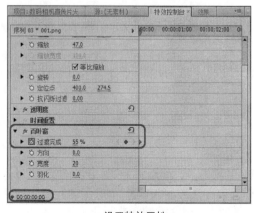

设置特效属性

步骤14 将当前时间设置为00:00:00:06,将"过渡完成"设置为0%。

步骤15 将当前时间设置为00:00:00:12,展开"透明度"选项,单击"透明度"右侧的"添加/移除关键帧"按钮 ◇。

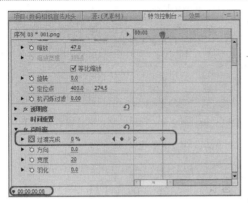

添加关键点

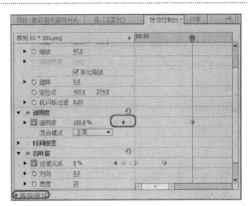

添加关键点

步骤16 将当前时间设置为00:00:00:15,将"透明度"设置为0%。

步骤17 确认当前时间为00:00:00:15,在"项目"窗口中选择"002.png"素材文件,将其添加至视频轨道2中,将开始位置与时间线对齐。

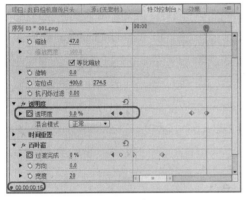

设置透明度

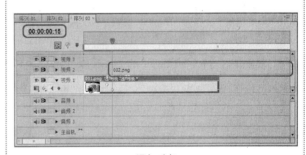

添加对象

步骤18 选择添加的素材文件,将其结尾处与视频轨道1中的"001.png"素材文件的结尾处对齐。

步骤19 切换至"效果"窗口,选择"视频特效|风格化|彩色浮雕"特效。

设置对象长度

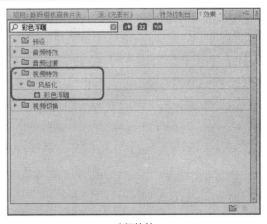

选择特效

步骤20 选择该特效，将其添加至视频轨道2中的"002.png"素材文件上。确认当前时间为00:00:00:15，切换至"特效控制台"面板。单击"凸现"左侧的"切换动画"按钮，并将"凸现"设置为50。

步骤21 设置完成后，将当前时间设置为00:00:00:20，将"凸现"设置为0。

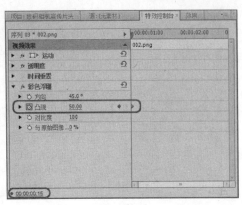
添加关键点

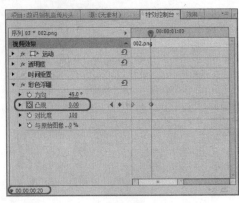
设置凸现

步骤22 将当前时间设置为00:00:01:01，展开"透明度"选项，单击"透明度"右侧的"添加/移除关键帧"按钮。

步骤23 将当前时间设置为00:00:01:04，将透明度设置为0%。

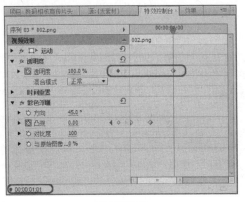
添加关键点

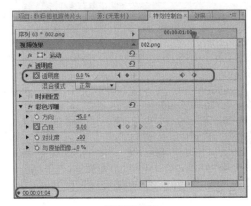
设置透明度

步骤24 使用同样的方法制作添加其他素材，并为其设置视频特效及透明度。

步骤25 新建"序列04"，在"项目"窗口中选择"边框3"字幕，将其添加至视频轨道1中。

设置完成后的效果

添加字幕

步骤26　选择添加的字幕。将"速度/持续时间"设置为00:00:00:02。

设置持续时间　　　　　　　　　　　　　设置完成后的效果

步骤27　将当前时间设置为00:00:00:02，在"项目"窗口中选择"边框4"字幕，将其添加至视频轨道1中，并将其开始位置与时间线对齐。

步骤28　选择添加的"边框4"字幕，将其"速度/持续时间"设置为00:00:00:02，并使用同样的方法在时间为00:00:00:04的位置处复制边框3。

添加字幕

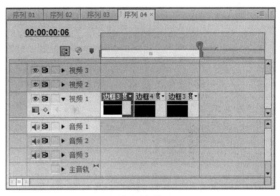

复制字幕

11.3.4　制作动画并嵌套序列

嵌套序列是将已经制作完成的序列添加到当前序列中，让它们相结合，来充实制作的动画效果。

步骤1　切换至"序列01"面板，确认当前时间为00:00:00:00，在"项目"窗口中选择"视频"素材文件，将其添加至视频轨道1中。

步骤2　在序列面板中选择添加的视频素材，单击鼠标右键，在弹出的快捷菜单中选择"解除视音频链接"命令。

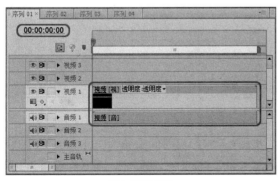

添加视频素材

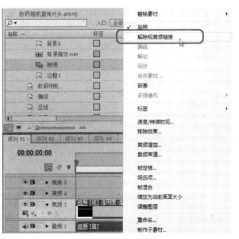

选择"解除视音频链接"命令

步骤3 执行完该命令后，即可将该视频的视音频分离，然后在音频轨道1中选择分离后的音频，按Delete键删除。

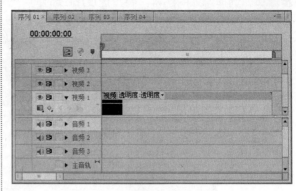

删除音频

步骤4 在视频轨道1中选择视频素材，将其"速度/持续时间"设置为00:00:03:10。

步骤5 确认当前素材处于被选择的状态下，切换至"特效控制台"面板，展开"运动"选项，将"缩放"设置为200。

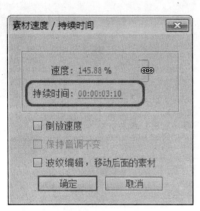

设置素材持续时间

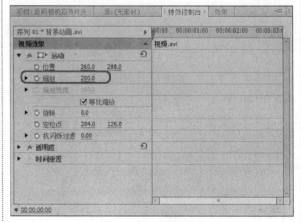

设置素材缩放值

步骤6 确认当前时间为00:00:01:10，在视频轨道3中添加"字幕01"。

步骤7 选择添加的字幕，将其结尾处与"视频"结尾处对齐。

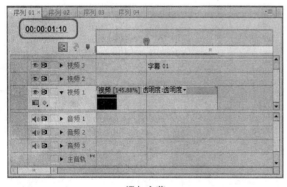

添加字幕

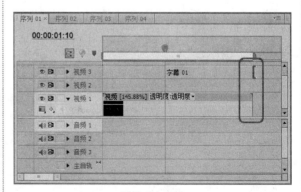

设置对齐方式

步骤8 切换至"特效控制台"面板，单击"位置"和"缩放"左侧的"切换动画"按钮，将"位置"设置为400、258，将"缩放"设置为0。

步骤9 将当前时间设置为00:00:02:00，将"位置"设置为360、288，将"缩放"设置为100。

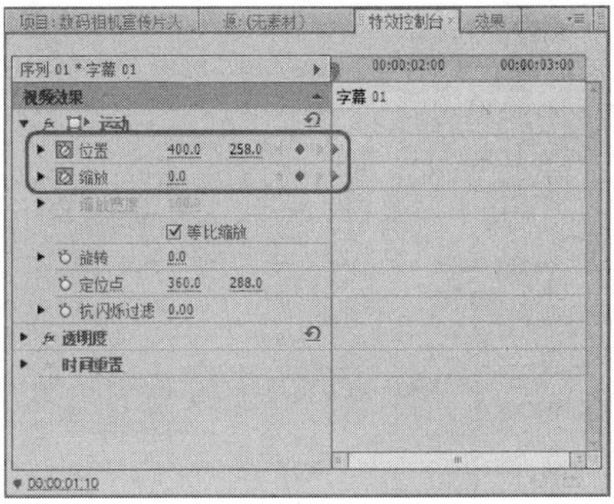

添加关键点并设置参数

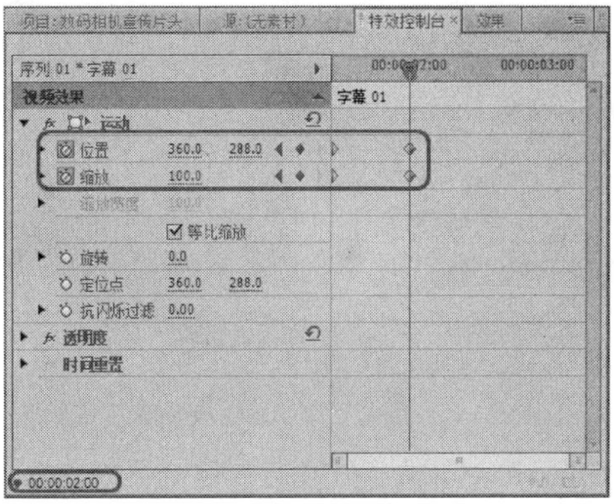

设置参数

步骤10　将当前时间设置为00:00:03:05，展开“透明度”选项，单击“透明度”右侧的“添加/移除关键帧”按钮◇。

步骤11　将当前时间设置为00:00:03:10，将“透明度”设置为0%。

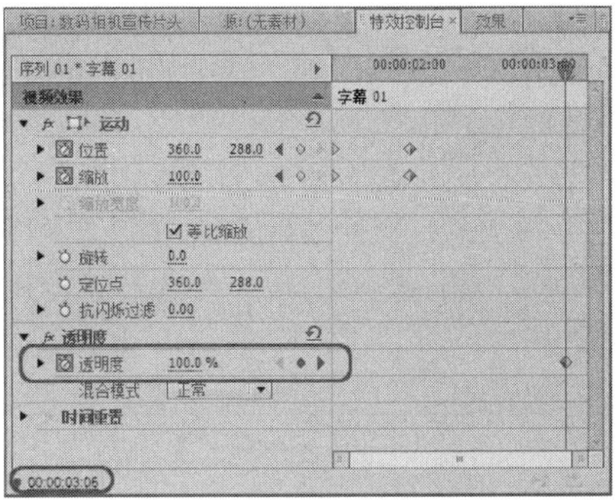

添加关键帧

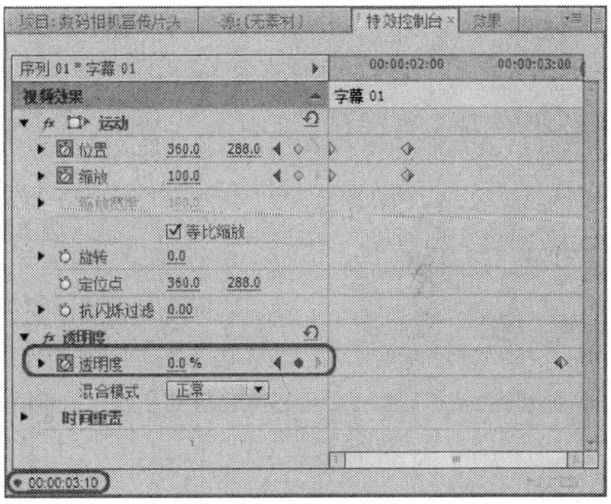

设置透明度

步骤12　将当前时间设置为00:00:02:00，在视频轨道2中添加“底纹1”字幕。

步骤13　选择添加的字幕，将其结尾处与视频轨道1中的素材结尾处对齐。

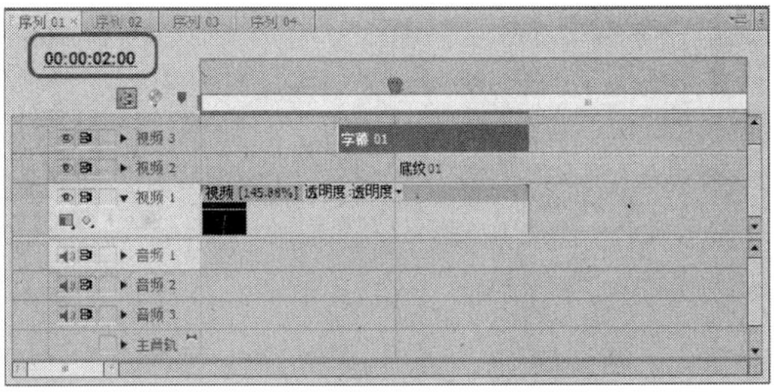

添加字幕

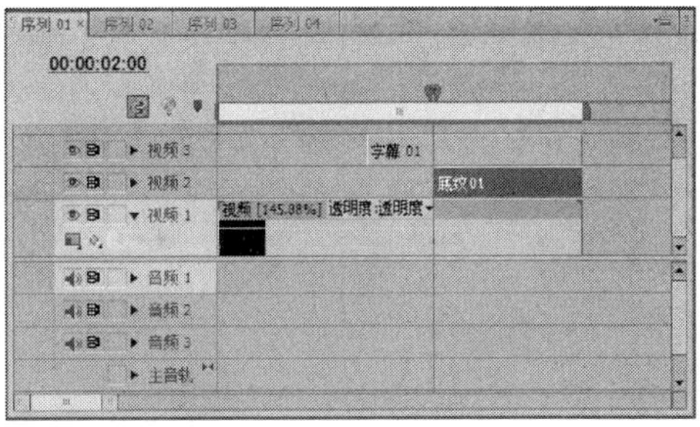

设置对齐

步骤14　切换至“特效控制台”面板，展开“运动”选项，单击“位置”左侧的“切换动画”按钮，将“位置”设置为1080、288。展开“透明度”选项，单击“透明度”右侧的“添加/移除关键帧”按钮◇，并将“透明度”设置为0。

步骤15　将当前时间设置为00:00:02:12，将“位置”设置为360、288，将“透明度”设置为100%。

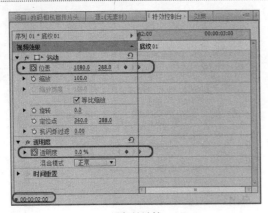

添加关键帧

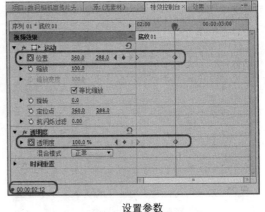

设置参数

步骤16 将当前时间设置为00:00:03:05，单击"透明度"右侧的"添加/移除u关键帧"按钮 ◇ 。

步骤17 将当前时间设置为00:00:03:10，将"透明度"设置为0%。

添加关键帧

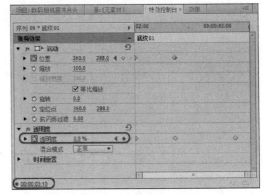

设置透明度

步骤18 使用同样的方法在视频轨道4中添加"底纹02"，并为其设置动画。

步骤19 将当前时间设置为00:00:02:11，在视频轨道5中添加"字幕02"，并将其结尾处与视频轨道4中的结尾处对齐。

步骤20 确认"字幕02"处于被选择的状态下，展开"透明度"选项，将"透明度"设置为0%。

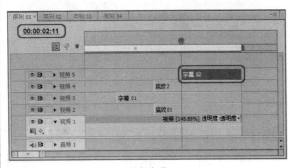

添加字幕

设置透明度

步骤21 将当前时间设置为00:00:02:18，将"透明度"设置为100%。

步骤22 将当前时间设置为00:00:03:05，单击"透明度"右侧的"添加/移除关键帧"按钮 ◇ 。

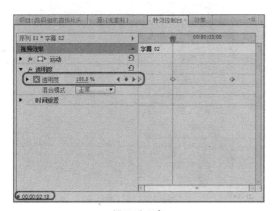

设置透明度

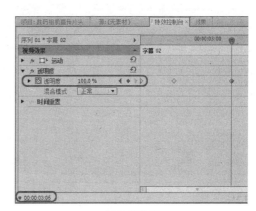

添加关键帧

步骤23 将当前时间设置为00:00:03:10，将"透明度"设置为0%。

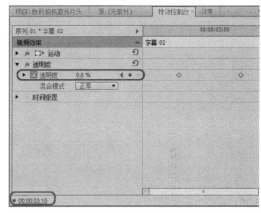

设置透明度

步骤24 将当前时间设置为00:00:03:10，在视频轨道1中添加"背景1.jpg"素材文件，并将其开始位置与时间线对齐。并将其持续时间设置为00:00:06:10。

步骤25 确认添加的素材文件处于被选择的状态下，切换至"特效控制台"面板，展开"运动"选项，将"缩放"设置为87，展开"透明度"选项，将"透明度"设置为0%。

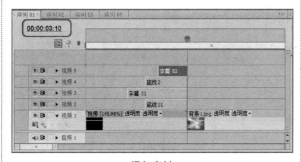

添加素材

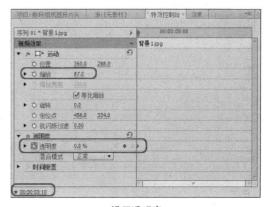

设置透明度

步骤26 将当前时间设置为00:00:03:15，将"透明度"设置为100%。

步骤27 在序列面板中添加6条视频轨道。

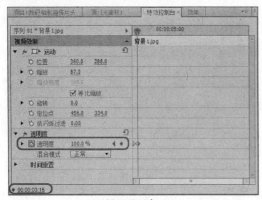

设置透明度

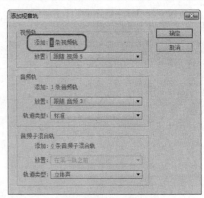

"添加视音轨"对话框

步骤28 将当前时间设置为00:00:03:10，在视频轨道7中添加"竖线"字幕。并将其持续时间设置为00:00:06:10。

步骤29 确认"竖线"字幕处于被选择的状态下，切换至"特效控制台"面板，展开"运动"选项，单击"位置"左侧的"切换动画"按钮，并将"位置"设置为898、288。

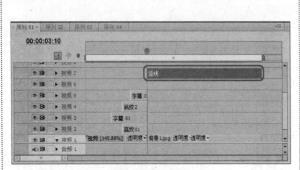

添加字幕并设置其持续时间

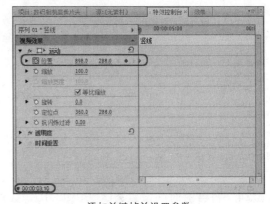

添加关键帧并设置参数

步骤30 将当前时间设置为00:00:03:24，将"位置"设置为991.0、288。

步骤31 设置完成后，在视频轨道中添加"横线"字幕，并将其持续时间设置为00:00:06:10。

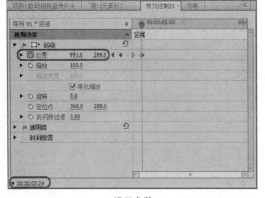

设置参数

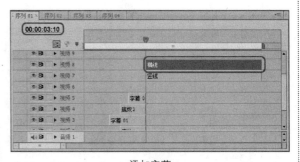

添加字幕

步骤32 确认视频轨道8中的"横线"字幕处于被选择的状态下，切换至"特效控制台"面板，展开"运动"选项，单击"位置"左侧的"切换动画"按钮，并将"位置"设置为360、-190。

步骤33 将当前时间设置为00:00:03:24，将"位置"设置为360、288。

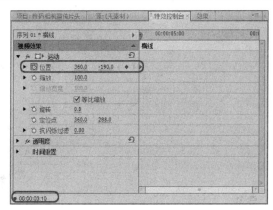

添加关键帧并设置为参数

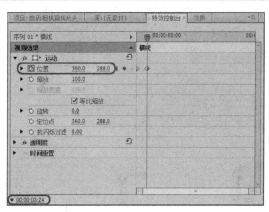

设置参数

步骤34 将当前时间设置为00:00:04:00,在视频轨道2中添加"001.png"素材文件。并将其持续时间设置为00:00:02:15。

步骤35 选择添加的素材文件,切换至"特效控制台"面板,展开"运动"选项,将"缩放"设置为25,单击"位置"左侧的"切换动画"按钮，将"位置"设置为800.0、403。

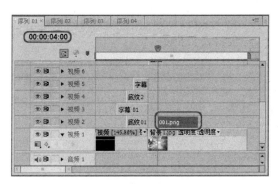

添加素材

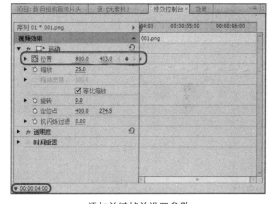

添加关键帧并设置参数

步骤36 将当前时间设置为00:00:04:10,将"位置"设置为162.0、403。

步骤37 将当前时间设置为00:00:05:02,单击"位置"右侧的"添加/移除关键帧"按钮。

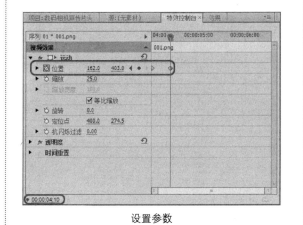

设置参数

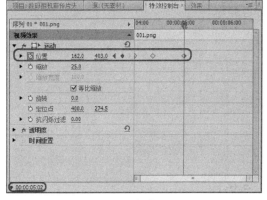

设置参数

步骤38 将当前时间设置为00:00:05:07,将"位置"设置为−84.0、403。

步骤39 将当前时间设置为00:00:04:22,在视频轨道3中添加003.png素材文件,并将其持续时间设置为00:00:02:15。

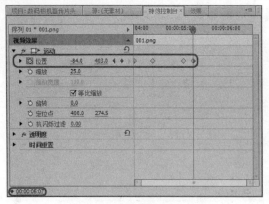

设置参数

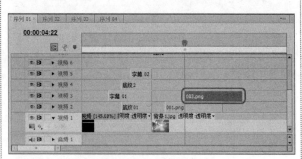

添加素材并设置持续时间

步骤40 选择添加的"003.png"素材文件,切换至"特效控制台"面板,展开"运动"选项,将"缩放"设置为25。单击"位置"左侧的"切换动画"按钮，将"位置"设置为800.0、403。

步骤41 将当前时间设置为00:00:05:07,将"位置"设置为162.0、403。

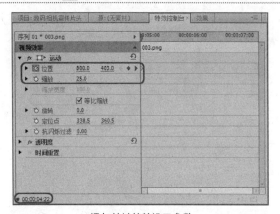

添加关键帧并设置参数

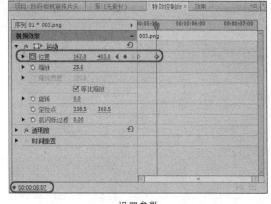

设置参数

步骤42 将当前时间设置为00:00:05:24,单击"位置"右侧的"添加/移除关键帧" 按钮。

步骤43 将当前时间设置为00:00:06:04,将"位置"设置为-75.0、403。

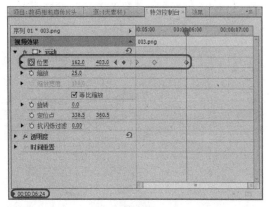

设置参数

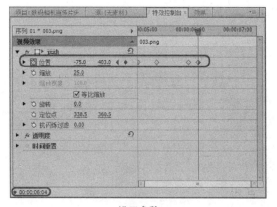

设置参数

步骤44 使用同样的方法,在视频轨道中添加素材文件并设置其缩放值,然后为其添加动画效果。将当前时间设置为00:00:09:17,将除轨道1和轨道2中的素材之外的全部素材结尾处与编辑标示线对齐。

步骤45 将当前时间设置为00:00:04:09,在视频轨道5中添加"边框1"字幕,并将其持续时间设置为00:00:05:07。

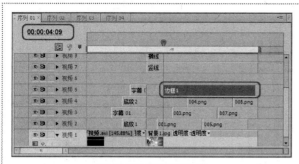

添加字幕并设置持续时间

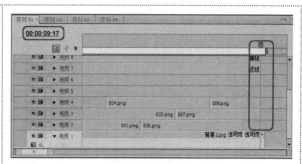

对齐素材

步骤46 切换至"特效控制台",展开"运动"选项,将"位置"设置为355、288。

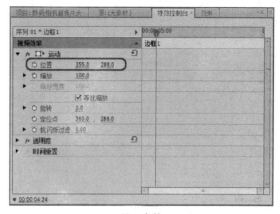

设置参数

步骤47 将当前时间设置为00:00:04:09,在视频轨道6中添加"序列02"。

步骤48 将当前时间设置为00:00:05:06,在视频轨道6中添加"序列02"。

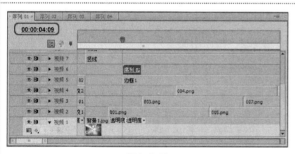

添加序列

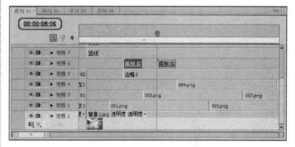

添加序列

步骤49 使用同样的方法,在其他时间段添加序列。

步骤50 将当前时间设置为00:00:09:20,在视频轨道1中添加"背景2.png"素材文件。并将其持续时间设置为00:00:09:20。

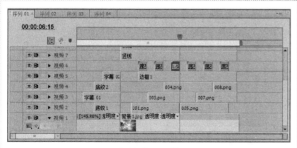

添加完成后的效果

添加素材

步骤51 选择添加的素材文件,切换至"特效控制台"面板中,展开"运动"选项,将"缩放"设置为87。

步骤52 切换至"效果"窗口,选择"视频切换 | 滑动 | 滑动带"特效。

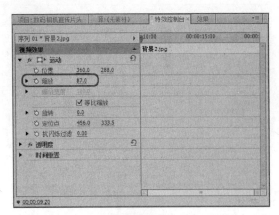

设置缩放值

选择"滑动带"特效

步骤53 将其添加至"背景1.png"和"背景2.png"素材之间。

步骤54 选择添加的特效，切换至"特效控制台"面板，勾选"反转"复选框。

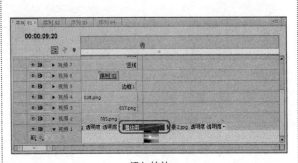

添加特效

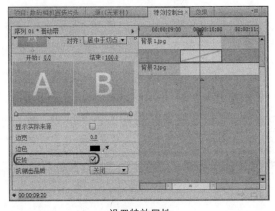

设置特效属性

步骤55 将当前时间设置为00:00:10:08，在视频轨道2中添加"竖线"字幕，将其开始位置与编辑标示线对齐，将其持续时间设置为00:00:05:02。

步骤56 选择添加的字幕，切换至"特效控制台"面板，单击"位置"左侧的"切换动画"按钮，并将"位置"设置为266、288。

添加字幕

添加关键帧

步骤57 将当前时间设置为00:00:10:20，将"位置"设置为887、288。

步骤58 将当前时间设置为00:00:14:20，单击"位置"右侧的"添加/移除关键帧"按钮。

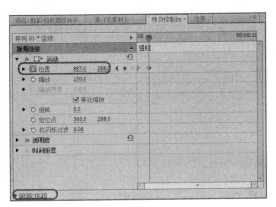

设置参数

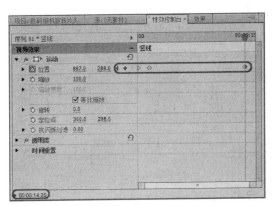

添加关键帧

步骤59 将当前时间设置为00:00:15:10,将"位置"设置为263、288。

步骤60 将当前时间设置为00:00:10:08,在视频轨道3中添加"横线"字幕,将其开始位置与编辑标示线对齐,将其持续时间设置为00:00:05:02。

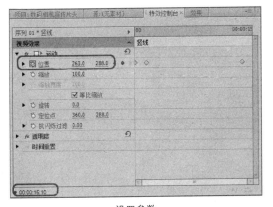

设置参数

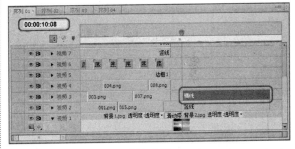

添加字幕

步骤61 选择添加的字幕,切换至"特效控制台"面板,单击"位置"左侧的"切换动画"按钮,将"位置"设置为360、-192。

步骤62 将当前时间设置为00:00:10:20,将"位置"设置为360、96。

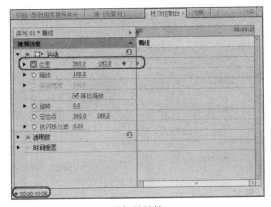

添加关键帧

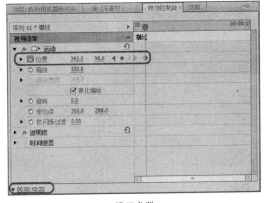

设置参数

步骤63 将当前时间设置为00:00:14:20,单击"位置"右侧的"添加/移除关键帧"按钮。

步骤64 将当前时间设置为00:00:15:10,将"位置"设置为360、407。

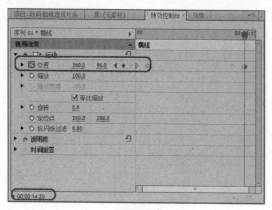

添加关键帧

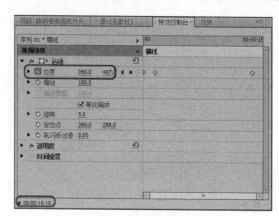

设置参数

步骤65 将当前时间设置为00:00:10:20，在视频轨道4中添加"底板"字幕，并将其持续时间设置为00:00:03:21。

步骤66 使用同样的方法为其添加"滑动带"特效。

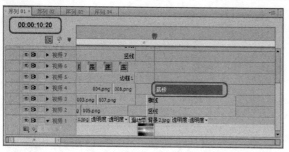

添加字幕并设置持续时间

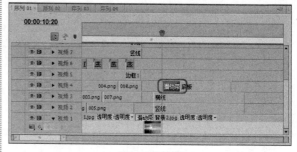

添加切换特效

步骤67 选择添加的特效，切换至"特效控制台"面板，在该面板中单击"从南到北"按钮。

步骤68 将当前时间设置为00:00:11:20，在视频轨道5中添加"序列03"，并在"特效控制台"中将其"位置"设置为294.0、288。

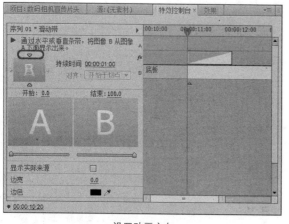

设置动画方向

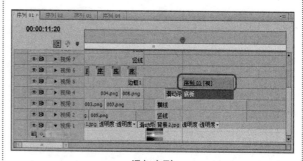

添加序列

步骤69 确认当前时间为00:00:11:20，在视频轨道6中添加"001.png"素材文件，并将其持续时间设置为00:00:02:21。

步骤70 切换至"特效控制台"面板，展开"运动"选项，单击"位置"左侧的"切换动画"按钮，并将"位置"设置为786、288，将"缩放"设置为20。

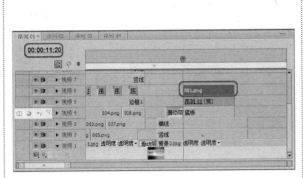

添加字幕

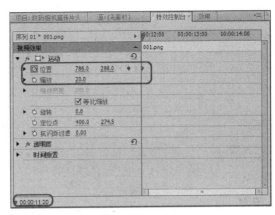

添加关键帧并设置参数

步骤71 将当前时间设置为00:00:12:01，将"位置"设置为620、288。

步骤72 将当前时间设置为00:00:12:07，单击"位置"右侧的"添加/移除关键帧"按钮◇。

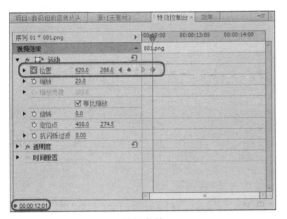

设置参数

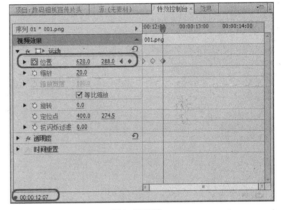

添加关键帧

步骤73 将当前时间设置为00:00:12:10，将"位置"设置为620、629。

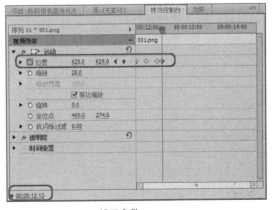

设置参数

步骤74 将当前时间设置为00:00:12:10，在视频轨道7中添加"002.png"素材文件，并将其结尾处与视频轨道4中的结尾处对齐。

步骤75 选择添加的素材文件，切换至"特效控制台"面板，将"缩放"设置为40，单击"位置"左侧的"切换动画"按钮，并将位置设置为780、288。

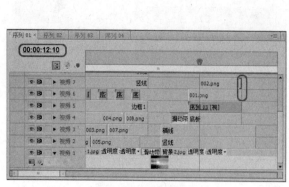

添加素材并设置持续时间

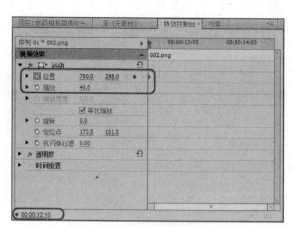

添加关键帧并设置参数

步骤76 将当前时间设置为00:00:12:15,将"位置"设置为622、288。

步骤77 将当前时间设置为00:00:12:21,单击"位置"右侧的"添加/移除关键帧"按钮 。

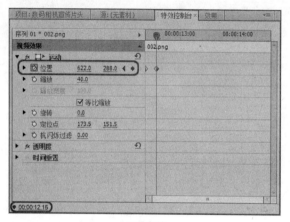

设置参数

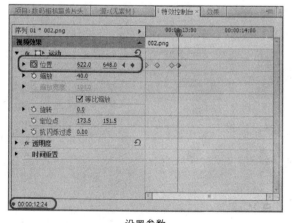

添加关键帧

步骤78 将当前时间设置为00:00:12:24,将"位置"设置为622、648。

设置参数

步骤79 使用同样的方法,制作其他视频轨道中的效果。

步骤80 将当前时间设置为00:00:12:01,在视频轨道11中添加"序列04"。

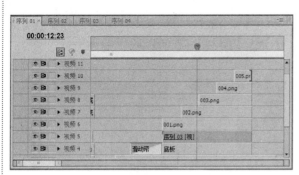

添加完成后的效果

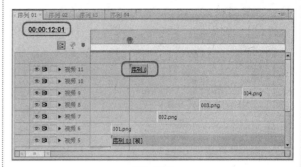

添加序列

步骤81　将当前时间设置为00:00:12:15，在视频轨道11中添加"序列04"。

步骤82　使用同样的方法制作其他时间段内的动画。

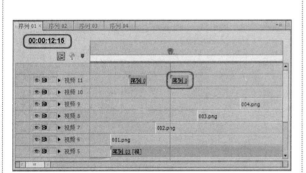

添加序列

添加完成后的效果

步骤83　将当前时间设置为00:00:15:10，在视频轨道2中添加"001.png"素材文件。

步骤84　选择添加的素材文件，切换至"特效控制台"面板，将"缩放"设置为23，单击"位置"左侧的"切换动画"按钮，并将"位置"设置为-90、460。

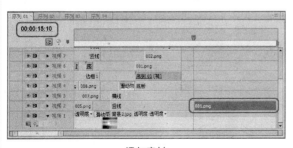

添加素材

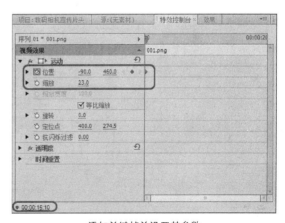

添加关键帧并设置其参数

步骤85　将当前时间设置为00:00:15:20，将"位置"设置为630、460。

步骤86　将当前时间设置为00:00:16:00，在视频轨道3中添加"002.png"素材文件，并将其结尾处与视频轨道1中的素材的结尾处对齐。

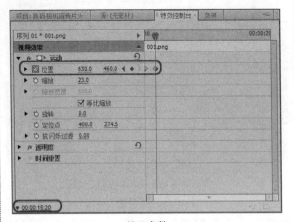

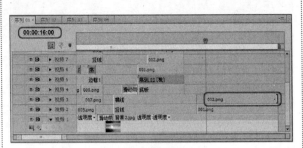

设置参数　　　　　　　　添加素材

步骤87　选择添加的素材文件，切换至"特效控制台"面板，将"缩放"设置为45，单击"位置"左侧的"切换动画"按钮，并将"位置"设置为-80、460。

步骤88　将当前时间设置为00:00:16:10，将"位置"设置为450、460。

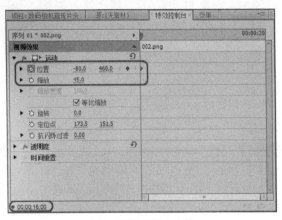

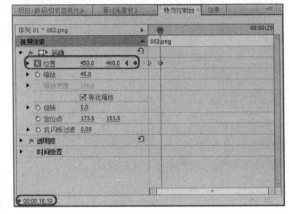

添加关键帧并设置参数　　　　　设置参数

步骤89　使用同样的方法在视频轨道6、视频轨道7中添加素材文件，并为其设置动画效果。

步骤90　将当前时间设置为00:00:17:20。在视频轨道6中添加"数码相机"字幕，并将其持续时间设置为00:00:02:15。

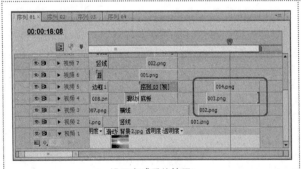

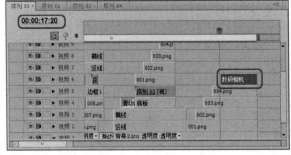

设置完成后的效果　　　　　　添加字幕

步骤91　切换至"特效控制台"面板，单击"位置"右侧的"切换动画"按钮，将"位置"设置为-211、288。

步骤92　将当前时间设置为00:00:19:20，将"位置"设置为360、288。

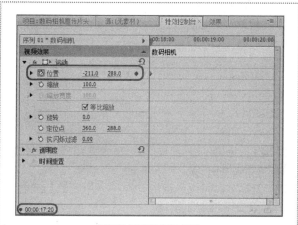

添加关键帧并设置参数

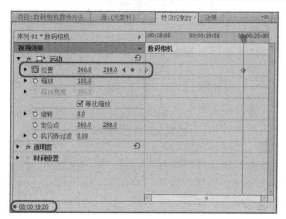

设置参数

步骤93 使用前面讲到的方法，将多余的音频文件解除链接并删除。

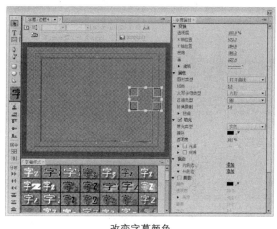

改变字幕颜色

11.3.5 导入音频文件

动画部分已经制作完成了，一个好的片头不仅有好看的动画效果，而且还要有与其相结合的音乐，那么这个片头就非常完美了，下面为制作完成的动画效果添加音乐效果。

将当前时间设置为00:00:00:00，在音频轨道1中添加"背景音效.wav"素材文件，并将其持续时间设置为00:00:20:10。

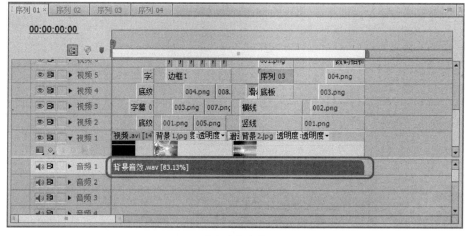

添加音频文件

|11.4 | 制作儿童电子相册

本节讲解儿童电子相册实例的制作过程。

11.4.1 儿童图像的预览与导入

在制作儿童电子相册之前，首先应收集相应的图像文件及背景音乐，然后将收集的文件及背景音乐导入至软件中，具体的操作步骤如下。

步骤1 运行Premiere Pro CS6软件，在欢迎界面中单击"新建项目"按钮，在"新建项目"对话框中选择项目的保存路径，在项目名称中进行命名，单击"确定"按钮。

步骤2 进入"新建序列"对话框，在"序列预置"选项卡中的"有效预置"区域下选择"DV-24P|标准48kHz"选项，对"序列名称"进行命名，单击"确定"按钮。

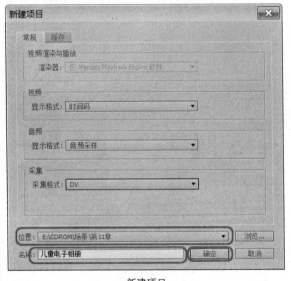

新建项目

新建序列

步骤3 进入操作页面，在"项目"面板的"名称"区域下双击鼠标，在弹出的对话框中选择随书附带光盘中的"CDROM\素材\第11章\制作儿童电子相册"文件夹中除"字幕图"文件夹外的所有文件，单击"打开"按钮。

步骤4 由于导入的"第11章"文件夹中包括PSD文件，所以在导入的过程中会弹出"导入为"选项，将其定义为"序列"，单击"确定"按钮，将后面的PSD文件"导入为"定义为"单个图层"。

导入素材

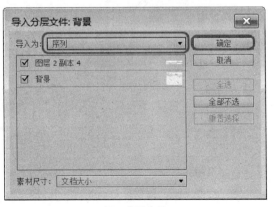

设置分层文件

步骤5 导入素材后，在"项目"面板中新建一个"第11章"文件夹，将导入的文件拖至该文件夹中。	**步骤6** 选择"序列 | 添加轨道"命令，弹出"添加视音轨"对话框，在"视频轨"区域下添加7条视频轨，单击"确定"按钮。

新建"第11章"文件夹

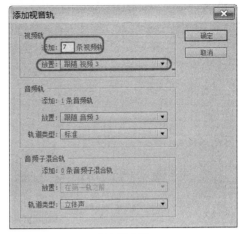

添加视频轨

11.4.2 添加背景音乐

步骤1 在"项目"面板中展开"第11章"文件夹，将"背景音乐.mp3"文件拖至"序列"窗口的"音频1"轨道中。	**步骤2** 设置当前时间为00:00:10:06，将"背景 | 背景图像.psd"文件拖至"序列"窗口的"视频1"轨道中，将其结束处与编辑标示线对齐，添加"交叉叠化"特效。

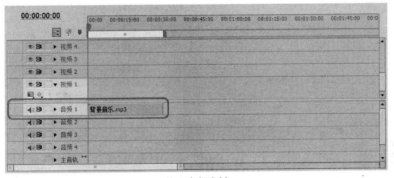

拖入音频素材

步骤3 确定"背景\背景图像.psd"文件选中的情况下激活"特效控制台"面板，设置当前时间为00:00:09:18，将"运动"区域下的"缩放比例"设置为132，单击"透明度"右侧的◆按钮，添加一个"透明度"关键帧，设置当前时间为00:00:10:06，设置"透明度"为0%。

11.4.3 创建图、标题

步骤1 按Ctrl+T键新建"图01"字幕，使用"圆角矩形"工具在"字幕设计"栏中创建圆角矩形，在"字幕属性"栏中设置"变换"区域下的"宽度"、"高度"为199.2、255，设置"X位置"、"Y位置"分别为328.2、241；在"属性"区域下设置"圆角大小"为8%；在"填充"区域下勾选"材质"复选框，单击"材质"右侧的▪按钮，在打开的对话框中选择随书附带光盘中的CDROM\素材\第11章\字幕图\1.jpg"文件，单击"打开"按钮。

步骤2 添加一个"外边侧"，设置"大小"为6，将"颜色"设置为白色；勾选"阴影"复选框，设置"色彩"为"白色"，"透明度"为50%，"角度"为-211.4°，"距离"为3，"大小"为2，"扩散"为20。

步骤3 使用同样的方法创建其他的图。

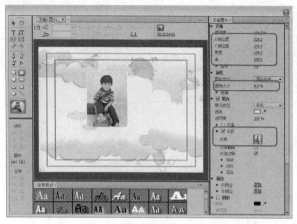
设置"图01"

创建"图02"

步骤4 新建"标题"字幕，将"字幕设计"栏中的内容删除，使用"字幕工具"栏中的 T 工具在"字幕设计"栏中输入文字，在"字幕样式"栏中选择样式，然后在右侧的属性组中将字体设置为"FZPangWa-M18S"，将"字体大小"设置为110。

创建并设置"代"

步骤5 使用同样的方法，创建设置"代"字幕。

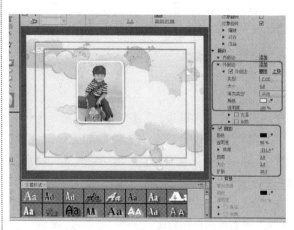
创建并设置"01"

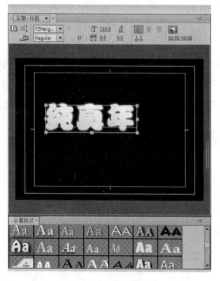
创建并设置"标题"

11.4.4 编辑素材

步骤1 设置完成后关闭"字幕"面板，将时间设置为00:00:02:08，将"图01"拖至"序列"面板的"视频2"轨道中，与编辑标示线对齐。

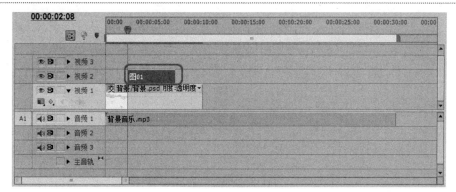

拖入"01"

步骤2 确定"图01"选中的情况下激活"特效控制台"面板，设置当前时间为00:00:02:08，在"运动"区域下单击"位置"左侧的 ⊘ 按钮，打开动画关键帧的记录，设置其参数为869.8、752.1，设置时间为00:00:02:18，设置"位置"为377.1、294，单击"旋转"左侧的 ⊘ 按钮，打开动画关键帧的记录。

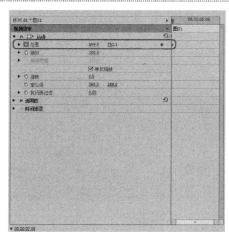

设置两处关键帧

步骤3 设置当前时间为00:00:02:23，设置"旋转"为19°；再将时间设置为00:00:03:03，设置"旋转"为−11°。

设置两处"旋转"关键帧　　　　　　　　设置两处"旋转"关键帧

步骤4 将时间设置为00:00:03:08，设置"旋转"为7°，设置当前时间为00:00:03:13，单击"位置"右侧的"添加/移除关键帧"按钮 ◈，设置"旋转"为-21°。设置当前时间00:00:04:00，设置"位置"为-99.2、-125.3。

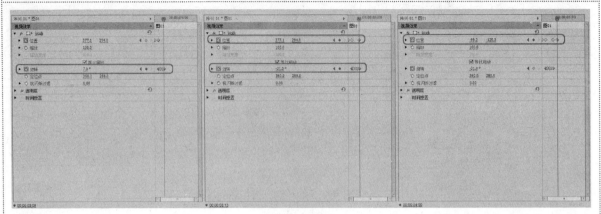

设置三处关键帧

步骤5 设置当前时间为00:00:04:00，将"图02"拖至"序列"面板的"视频3"轨道中，与编辑标示线对齐。

步骤6 确定"图02"选中的情况下激活"特效控制台"面板，设置"运动"区域下的"位置"为90.2、699.1，单击左侧的"切换动画"按钮 ◔，打开动画关键帧的记录。

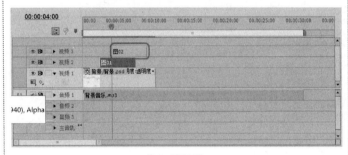

拖入"图02"

设置"位置"关键帧

步骤7 设置当前时间为00:00:04:10，设置"位置"为343.3、290，单击"位置"右侧的"添加/移除关键帧"按钮 ◈，设置当前时间为00:00:04:15，"旋转"设置为20°，单击旋转左侧的"切换动画"按钮 ◔，设置当前时间为00:00:04:20，"旋转"设置为-3°，设置当前时间为00:00:05:00，"旋转"设置为13°。

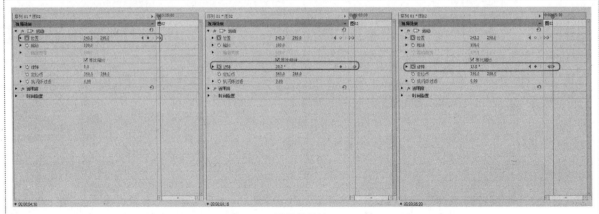

设置关键帧

步骤8 设置当前时间为00:00:05:05，单击"位置"右侧的"添加或移除关键帧"按钮，将"旋转"设置为"35"，设置当前时间为00:00:05:15，设置"位置"关键帧为817.7、–131.3。

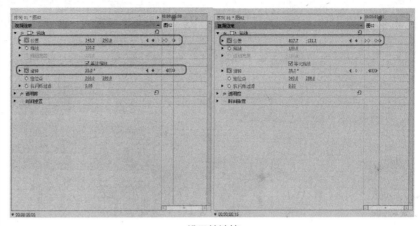

设置关键帧

步骤9 设置当前时间为00:00:05:16，将"图03"拖至"序列"面板的"视频4"轨道中，与编辑标示线对齐，拖动"图03"的结束处至00:00:10:06位置。

步骤10 设置当前时间为00:00:05:16，设置"透明度"为0%，单击左侧"切换动画"按钮 ，设置当前时间为00:00:07:07，设置"透明度"为100%，设置当前时间为00:00:09:15，设置"透明度"为100%，设置当前时间为00:00:10:06，设置"透明度"为0%。

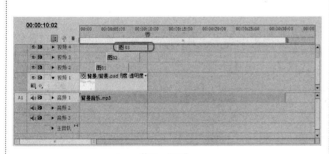

拖入"03"

设置关键帧

步骤11 再将当前时间设置为00:00:07:08，拖动"图04"至"序列"面板的"视频5"轨道中，与编辑标示线对齐，并将其结束处与"图03"的结束处对齐。

步骤12 将当前时间设置为00:00:07:08，设置"位置"关键帧为360、288，单击"位置"左侧的"切换动画"按钮 ，将当前时间设置为00:00:08:23，设置"位置"关键帧为645、288。

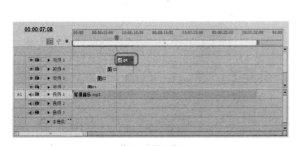

拖入"图04"

设置关键帧

步骤13 将"图层2副本4背景图像.psd"文件拖至"序列"面板的"视频8"轨道中。

步骤14 确定"图层2副本4背景图像.psd"文件选中的情况下激活"特效控制台"面板,设置"位置"为360、300,单击"位置"左侧的"切换动画"按钮 ⏱,打开动画关键帧的记录,将"缩放比例"设置为130,设置当前时间为00:00:00:04,设置"位置"为360、280。

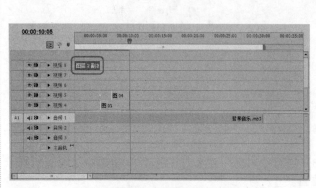

拖入"图层2副本4背景图像.psd"

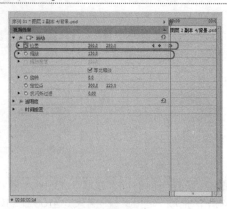

设置关键帧

步骤15 在"特效控制台"面板中,选择"位置"的两个关键帧,按Ctrl+C键复制关键帧,设置当前时间为00:00:00:08,按Ctrl+V键粘贴关键帧。

步骤16 使用同样的方法每隔四帧粘贴关键帧。

步骤17 在"序列"面板中对"图层2副本4背景图像.psd"文件进行复制粘贴。

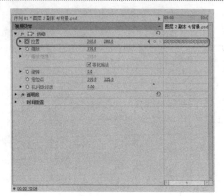

设置关键帧

复制"图层2副本4背景图像.psd"

步骤18 设置当前时间为00:00:09:08,将当前"位置"关键帧删除后,设置当前时间00:00:09:18,设置"透明度"为100%,单击"位置"左侧的"切换动画"按钮 ⏱,设置当前时间为00:00:10:06,设置"位置"关键帧为360、-240,设置"透明度"为0%。

步骤19 设置当前时间为00:00:13:03,将"图像04.jpg"文件拖至"序列"面板的"视频1"轨道中,与编辑标识线对齐。

步骤20 将时间设置为00:00:26:11,拖动"图像04.jpg"文件的结束处与编辑标示线对齐。

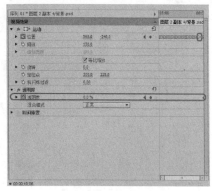

设置关键帧

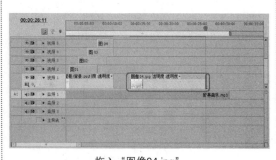

拖入"图像04.jpg"

步骤21 设置当前时间为00:00:10:06，将"动态背景01.gif"文件添加至视频轨道拖至"序列"面板的"视频1"轨道中，与编辑标识线对齐，使用同样的方法，在添加两个动态背景。

步骤22 设置当前时间为00:00:10:06，将"图像03.jpg"文件拖至"序列"面板中的"视频2"轨道上，与"动态背景01.gif"对齐，设置"位置"关键帧为286，、390，设置"缩放"为66。将"图像01.jpg"和"图像02.jpg"拖入"视频2"轨道上，与"动态背景01.gif"对齐，"图像01.jpg"与"图像03.jpg"的数值一样，将"图像02.jpg"的"位置"设置为286、390，设置"缩放"为50。

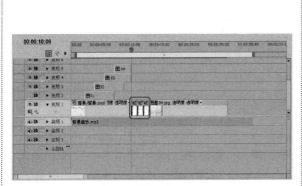

拖入"动态背景01.gif"

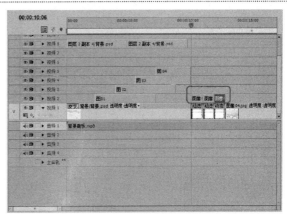

拖入图像

步骤23 在"图像03.jpg"和"图像01.jpg"中间，添加"百叶窗"效果。

步骤24 在"图像01.jpg"和"图像02.jpg"中间，添加"随机擦除"效果。

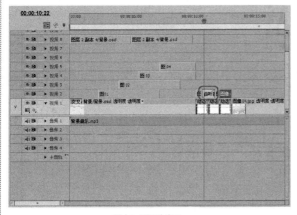

添加"百叶窗"

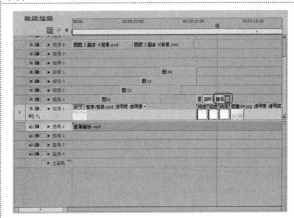

添加"随机擦除"

步骤25 设置当前时间为00:00:13:08，将"图06.jpg"文件添加至"视频2"轨道中，与编辑标示线对齐，单击"位置"左侧的"切换动画"按钮，设置"位置"关键帧为683.1、646。

步骤26 设置当前时间00:00:13:18，设置"位置"关键帧为393.1、273。

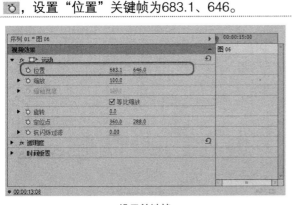

设置关键帧

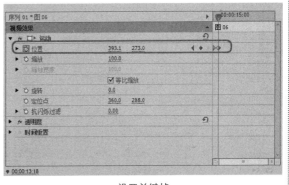

设置关键帧

步骤27 设置当前时间00:00:13:24，单击"位置"右侧的"添加或移除关键帧"按钮◆。

步骤28 设置当前时间00:00:14:05，设置"位置"关键帧为209.1、273，设置当前时间为00:00:14:08，单击"位置"右侧的"添加/移除关键帧"按钮◆。

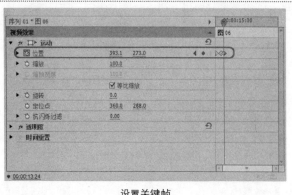

设置关键帧

步骤29 设置当前时间为00:00:14:14，设置"位置"关键帧为99.1、–6。

步骤30 设置当前时间为00:00:14:21，设置"位置"关键帧为53.1、–131。

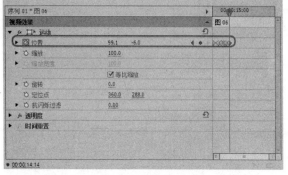

设置关键帧

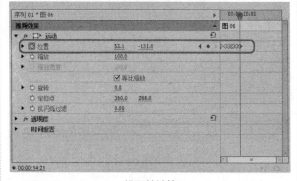

设置关键帧

步骤31 设置当前时间为00:00:13:08，将"图05.jpg"文件拖至"序列"面板中的"视频3"轨道上，设置"位置"关键帧为67、651.7。

步骤32 设置当前时间为00:00:13:18，设置"位置"为396、281.7，设置当前时间为00:00:13:24，单击"位置"右侧的"添加/移除关键帧"按钮◆。

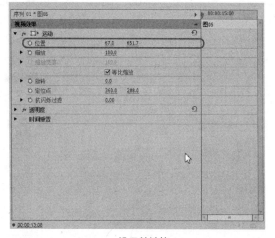

设置关键帧

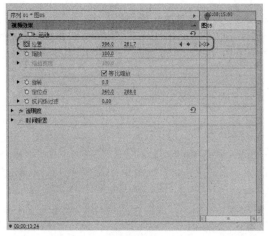

设置关键帧

步骤33 设置当前时间为00:00:14:05，设置"位置"为533、281.7，设置当前时间为00:00:14:08，单击"位置"右侧的"添加/移除关键帧"按钮◆。

步骤34 设置当前时间为00:00:14:14，设置"位置"关键帧为656、12.7。

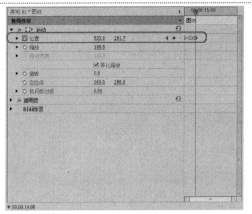

设置关键帧

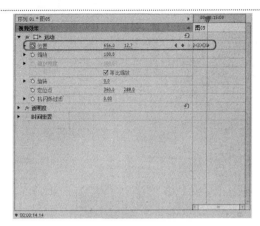

设置关键帧

步骤35 设置当前时间为00:00:14:21，设置"位置"关键帧为703、-125.3。

步骤36 设置当前时间为00:00:14:21，将"图08.jpg"拖入"序列"面板的"视频4"轨道，设置"位置"关键帧为754、600。单击"位置"左侧的"切换动画"按钮○。

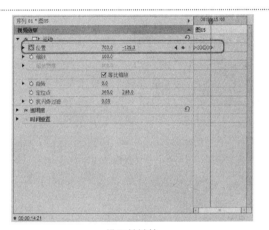

设置关键帧

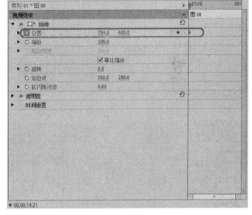

设置关键帧

步骤37 设置当前时间为00:00:15:12，设置"位置"关键帧420、300。

步骤38 设置当前时间为00:00:15:19，设置"位置"关键帧为290、300，设置当前时间为00:00:16:01，单击"位置"右侧的"添加/移除关键帧"按钮◆，设置当前时间00:00:16:06，单击"位置"右侧的"添加/移除关键帧"按钮◆。

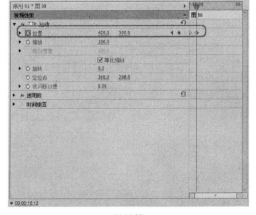

关键帧

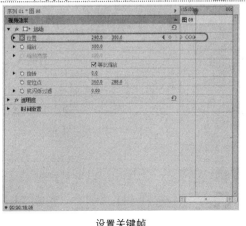

设置关键帧

步骤39 设置当前时间为00:00:16:17，设置"位置"关键帧为37.1、-121.2。

步骤40 设置当前时间为00:00:14:21，将"图07.jpg"拖入"序列"面板的"视频5"轨道中，设置"位置"关键帧为92、604.5，单击"位置"左侧的"切换动画"按钮 ○。

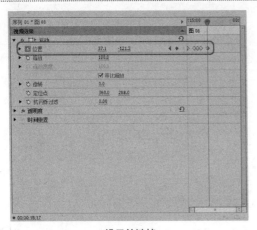

设置关键帧

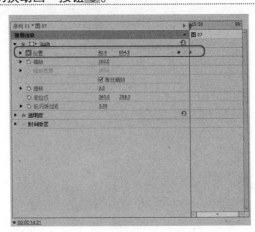

设置关键帧

步骤41 设置当前时间为00:00:15:12，设置"位置"关键帧为420、300。

步骤42 设置当前时间为00:00:15:19，设置"位置"关键帧为590、300，设置当前时间00:00:16:01，单击"位置"右侧的"添加/移除关键帧"按钮 ◆。

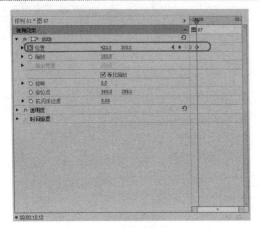

设置关键帧

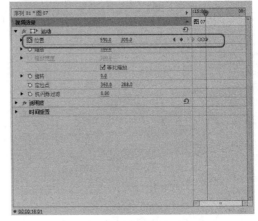

设置关键帧

步骤43 设置当前时间为00:00:16:06，设置"位置"关键帧为595.3、286.8。

步骤44 设置当前时间为00:00:16:12，设置"位置"关键帧为689.2、72.3。

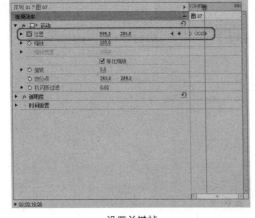

设置关键帧

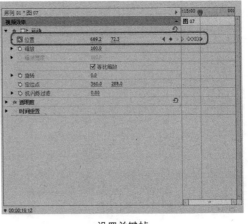

设置关键帧

步骤45 设置当前时间为00:00:16:18，设置"位置"关键帧为865.2、-68.7。

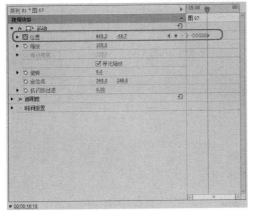

设置关键帧

步骤46 设置当前时间为00:00:16为12，将"图09.jpg"拖至"序列"面板中的"视频6"上，设置"位置"关键帧为651.2、612.6。单击"位置"左侧的"切换动画"按钮 ○ 。

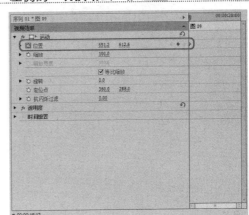

设置关键帧

步骤47 设置当前时间为00:00:17:02，设置"位置"关键帧为437.6、324.3。

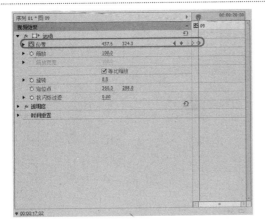

设置关键帧

步骤48 设置当前时间为00:00:17:05，设置"位置"关键帧为260、300，设置当前时间为00:00:17:08，单击"位置"右侧的"添加/移除关键帧"按钮 ◆ 。

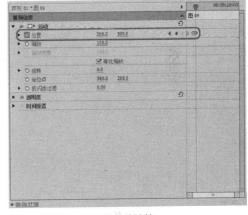

设置关键帧

步骤49 设置当前时间为00:00:18:05，设置"位置"关键帧为-26、-87。

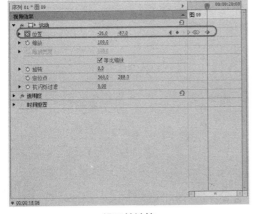

设置关键帧

步骤50 设置当前时间为00:00:16:12，将"图10.jpg"拖入"序列"面板的"视频7"轨道中，设置"位置"关键帧为104.5、611。单击"位置"左侧的"切换动画"按钮 ○ 。

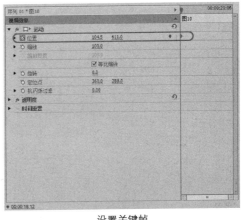

设置关键帧

步骤51 设置当前时间为00:00:17:02，设置"位置"关键帧为436.5、323。	**步骤52** 设置当前时间为00:00:17:05，设置"位置"关键帧为590、300，设置当前时间为00:00:17:08，单击"位置"右侧的"添加/移除关键帧"按钮◆。
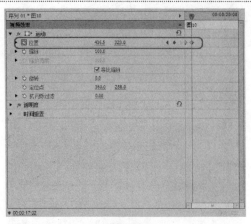 设置关键帧	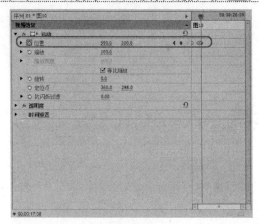 设置关键帧
步骤53 设置当前时间为00:00:18:05，设置"位置"关键帧为886、-23。	**步骤54** 设置当前时间为00:00:18:05，将"图层2副本/背景"拖至"序列"面板中的"视频8"轨道上，与标识线对齐，设置"位置"关键帧为360、472.7，设置"缩放"为132。
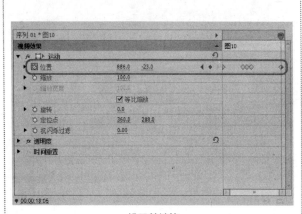 设置关键帧	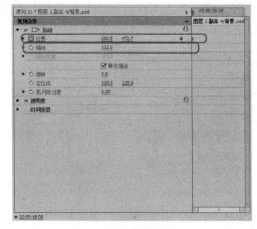 设置关键帧
步骤55 设置当前时间为00:00:19:04，设置"位置"为360、-262.8。	**步骤56** 设置当前时间为00:00:18:11，将"图像05.jpg"文件拖至"序列"面板的"视频2"轨道中，与编辑标示线对齐，将"图像05.jpg"文件的结束处与"图像04.jpg"文件的结束处对齐。
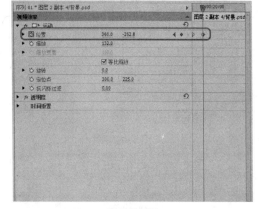 设置关键帧	 拖入"图像05.jpg"

步骤57 确定"图像05.jpg"文件选中的情况下,为其添加"裁剪"特效,激活"特效控制台"面板,将"裁剪"区域下的"顶部"设置为90%,单击其左侧的"切换动画"按钮 ⚙,打开动画关键帧的记录。设置当前时间为00:00:19:04,设置"顶部"为0%。	**步骤58** 设置当前时间为00:00:19:13,将"图11.jpg"文件拖至"序列"面板中的"视频3"轨道上,设置"位置"关键帧为266.7、230.6,"旋转"设置为40°。
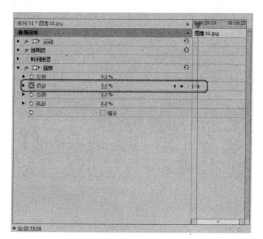 设置"顶部"	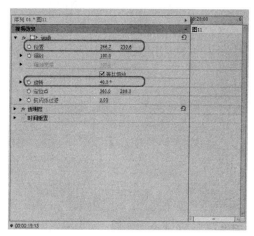 设置关键帧
步骤59 设置当前时间为00:00:19:21,将"图12.jpg"文件拖至"序列"面板中的"视频4"轨道上,与编辑标识线对齐,将"图12.jpg"与"图11.jpg"结束处对齐,设置"位置"关键帧为487.1、185.1,"旋转"设置为−15°。	**步骤60** 设置当前时间为00:00:20:10,将"图13.jpg"文件拖至"序列"面板中的"视频5"轨道上,与编辑标示线对齐,将"图13.jpg"与"图12.jpg"结束处对齐,设置"位置"关键帧为525.3、442,"旋转"设置为−10°。
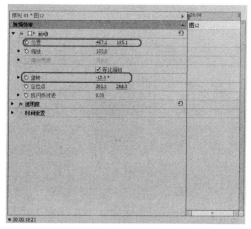 设置关键帧	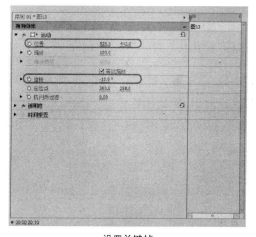 设置关键帧
步骤61 设置当前时间为00:00:20:15,将"图14.jpg"文件拖至"序列"面板中的"视频6"轨道上,与编辑标示线对齐,设置"缩放"为140,单击"缩放"左侧的"切换动画"按钮 ⚙,设置当前时间为00:00:20:20,设置"缩放"为120。	**步骤62** 设置当前时间为00:00:20:22,设置"位置"关键帧为254、422.3,设置"透明度"为0%,单击"透明度"左侧的"切换动画"按钮 ⚙。

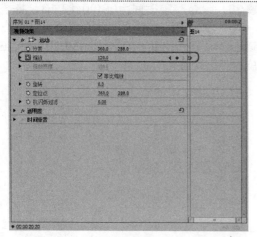

设置"缩放"

设置"透明度"

步骤63 设置当前时间为00:00:20:23,设置"缩放"为300,单击"缩放"左侧的"切换动画"按钮 。

步骤64 设置当前时间为00:00:21:08,设置"缩放"为100,设置"透明度"为100%。

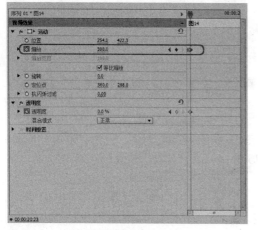

设置缩放

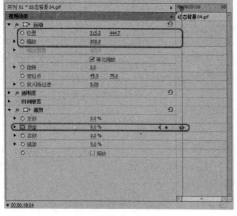

设置"缩放"和"透明度"

步骤65 设置当前时间为00:00:18:12,将"动态背景04.gif"文件拖至"序列"面板中的"视频7"轨道上,激活"特效控制台",设置"位置"关键帧为315.3、444.7,设置"缩放"为308,添加"裁剪"效果,设置"顶部"为90%,设置当前时间为00:00:19:04,设置"顶部"为0%。

步骤66 设置当前时间为00:00:24:12,将"动态背景04.gif"文件拖至"序列"面板中的"视频7"轨道中,将"动态背景04.gif"与"图14.jpg"结束处对齐。

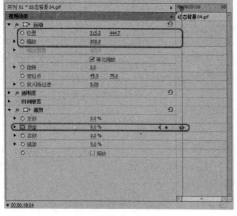

设置"裁剪"

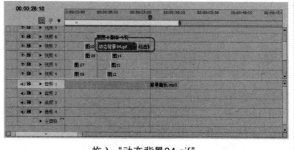

拖入"动态背景04.gif"

步骤67 激活"特效控制台",设置"位置"关键帧为315.3、444.7,设置"缩放"为308,添加"裁剪"效果,设置"顶部"为90%,设置当前时间为00:00:25:04,设置"顶部"为0%。

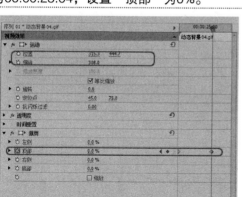

设置"裁剪"

步骤68 设置当前时间为00:00:09:00,将"动态背景03.gif"拖至"视频9"轨道中,设置"位置"关键帧为360、288,设置"缩放"为300,与"图层2副本4.jpg"结束处对齐。

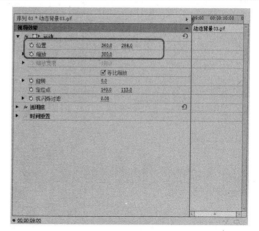

设置关键帧

步骤69 设置当前时间为00:00:10:07,将"动态背景03.gif"拖至"序列"面板中的"视频9"轨道上,设置"位置"关键帧为360、288,设置"缩放"为300。

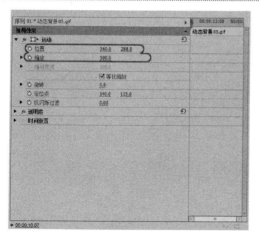

设置关键帧

步骤70 设置当前时间为00:00:10:08,将"动态背景03.gif"拖至"序列"面板中的"视频9"轨道上,设置"位置"关键帧为360、288,设置"缩放"为300,再复制同样的"动态背景03.gif"7个,与"图层2副本4/背景"结束处对齐。

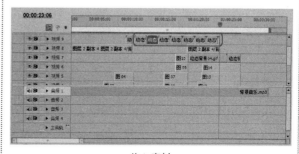

拖入素材

步骤71 将"图像06.jpg"文件拖至"序列"面板的"视频1"轨道上,与文件"图像04.jpg"文件的结束处对齐,拖动文件的结束处至00:00:29:05位置处。

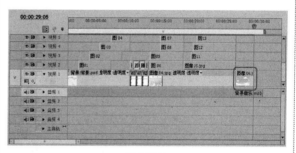

拖入素材

11.4.5 创建并编辑 "儿童电子相册02" 序列

步骤1 新建 "儿童电子相册02" 序列，将 "动态背景05.gif" 文件拖至 "序列：儿童电子相册02" 面板的 "视频1" 轨道上。

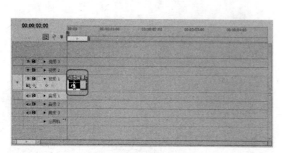

拖入 "动态背景05.gif"

步骤2 确定 "动态背景05.gif" 文件选中的情况下激活 "特效控制台" 面板，设置 "位置" 为33、60。

设置关键帧

步骤3 将 "动态背景05.gif" 文件拖至 "序列：儿童电子相册02" 面板的 "视频2" 轨道上。

拖入 "动态背景05.gif"

步骤4 确定 "视频2" 轨道上的 "动态背景05.gif" 文件选中的情况下，激活 "特效控制台" 面板，设置 "位置" 为104、60。

设置关键帧

步骤5 使用同样的方法排列。

排列背景

步骤6 按Ctrl+C键复制 "动态背景05.gif"，依次复制两个，与第一个对齐。

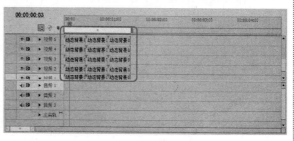

复制

11.4.6 编辑"儿童电子相册01"序列

步骤1 激活"序列：儿童电子相册01"窗口，设置当前时间为00:00:26:12，将"儿童电子相册02"序列拖至"儿童电子相册01"序列面板中的"视频9"轨道上，与编辑标示线对齐，设置"位置"关键帧为360、288。	**步骤2** 设置当前时间为00:00:27:23，将"儿童电子相册02"序列拖至"儿童电子相册01"序列面板中的"视频9"轨道上，与编辑标识线对齐，并与"图像06.jpg"结束对齐。

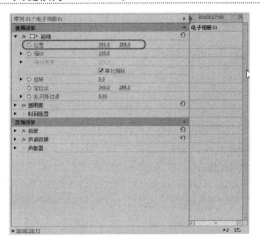

设置关键帧

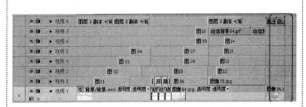

拖入"儿童电子相册02"

步骤3 设置当前时间为00:00:26:12，将"标题"拖至"序列"面板中的"视频2"轨道上，与"图像06"对齐。	**步骤4** 设置当前时间为00:00:26:14，设置"位置"关键帧为360、571.9，单击"位置"左侧的"切换动画"按钮。

拖入"标题"

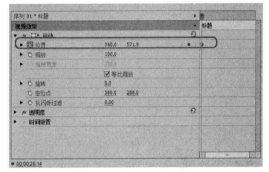

设置关键帧

步骤5 设置当前时间为00:00:26:16，设置"位置"关键帧为360、240。	**步骤6** 设置当前时间为00:00:27:24，将"代"拖至"序列"面板中"视频4"轨道上，与"标题"对齐。设置"位置"关键帧为310、257，设置"缩放"为200。

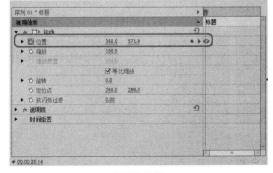

设置关键帧

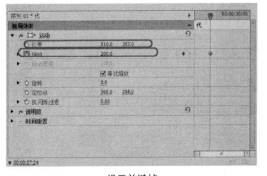

设置关键帧

步骤7 设置当前时间为00:00:28:09，设置"缩放"为100，设置"旋转"为0°，单击"旋转"左侧的"切换动画"按钮 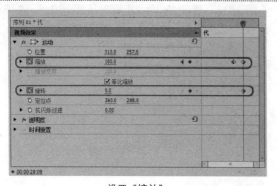。

步骤8 设置当前时间为00:00:28:12，设置"旋转"为10°。

设置"缩放"

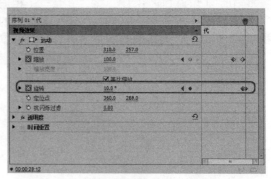

设置旋转

步骤9 设置当前时间为00:00:28:15，设置"旋转"为0°。

步骤10 设置当前时间为00:00:26:21，将"动态背景02.gif"拖动至视频3轨道中，使其与编辑标示线对齐，其结束处与"代"结束处对齐，然后选中"动态背景02.gif"，设置"位置"关键帧为350、425，设置"缩放"为173。

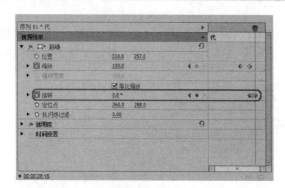

设置"旋转"

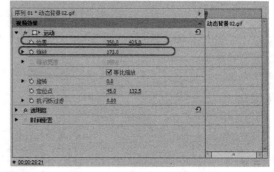

设置关键帧

步骤11 激活"序列"面板，选择菜单"文件 | 导出 | 媒体"命令，进入"导出设置"对话框，将"导出设置"区域下的"格式"设置为Microsoft AVI，在"输出名称"右侧设置输出的路径及名称，设置"视频编解码器"为"Intel Indeo Video4.5"，"品质"设置为100%，"场类型"设置为"逐行"，单击"确定"按钮。

附录A 操作习题答案

第1章

1. 选择题
（1）A （2）A

2. 填空题
（1）RGB色彩模式、灰度模式、Lab色彩模式、HSB色彩模式

（2）信号质量高、制作水平高、系统寿命长、升级方便、网络化

（3）操作题（略）

第2章

1. 选择题
（1）A （2）A

2. 填空题
（1）合并所有图层、合并图层、单个图层、序列

（2）项目

（3）操作题（略）

第3章

1. 选择题
（1）B （2）A （3）B

2. 填空题
（1）M

（2）标记点

（3）操作题（略）

第4章

1. 选择题
（1）A （2）B

2. 填空题
（1）子素材的持续时间和结束时间、将子素材转换为主素材

（2）速度持续时间

（3）剃刀工具

（4）操作题（略）

第5章

1. 选择题

（1）A （2）B （3）C （4）B （5）C

2. 填空题
（1）加速效果、32位效果

（2）00:00:05:00

（3）时间滑块

（4）操作题（略）

第6章

1. 选择题
（1）C （2）A

2. 填空题
（1）黑白

（2）色调分离

（3）操作题（略）

第7章

1. 选择题
（1）B （2）C （3）A

2. 填空题
（1）独立的

（2）钢笔工具

（3）操作题（略）

第8章

1. 选择题
（1）B （2）D （3）B

2. 填空题
（1）淡入、淡出

（2）调音台

（3）操作题（略）

第9章

1. 选择题
（1）A （2）B

2. 填空题
（1）Microsoft AVI

（2）WAV文件

（3）操作题（略）